薛威考研数学系列

概率论与数理统计辅导精讲

（数学一、三通用）

薛 威 编著

科 学 出 版 社

北 京

内容简介

本书按照最新考研数学大纲的要求，精讲了考研数学概率论与数理统计部分的全部知识点，同时以历年考研数学真题中的典型题目及精解分析为主线，对各知识点进行巩固加深. 本书设置了考试要求及考点精讲、内容精讲及典型题型、专题精讲及解题技巧三个模块，另外还设置了名师点睛、规律总结、易错提示、思路点拨等小栏目. 相比其他考研数学辅导图书有以下特色：(1)紧扣大纲要求，精选历年考研真题，分模块分阶段地指导考生科学备考；(2)精心设计本书模块和栏目，辅助考生深入思考和总结测评；(3)配套视频讲解浓缩新东方名师十余年考研数学面授精华.

本书可供准备参加研究生入学考试(数学一、数学三)的考生作为复习教材使用，也可供本科院校需要学习概率论与数理统计的大学生及讲授该课程的青年教师作为参考资料.

图书在版编目(CIP)数据

概率论与数理统计辅导精讲：数学一、三通用/薛威编著. —北京：科学出版社，2020.1
(薛威考研数学系列)
ISBN 978-7-03-064189-2

Ⅰ. ①概… Ⅱ. ①薛… Ⅲ.①概率论-研究生-入学考试-自学参考资料 ②数理统计-研究生-入学考试-自学参考资料 Ⅳ. ①O21

中国版本图书馆 CIP 数据核字 (2020) 第 002168 号

责任编辑：王胡权／责任校对：杨聪敏
责任印制：师艳茹／封面设计：迷底书装

科学出版社 出版
北京东黄城根北街 16 号
邮政编码：100717
http://www.sciencep.com

三河市骏杰印刷有限公司印刷
科学出版社发行　各地新华书店经销
*
2020 年 1 月第　一　版　开本：787×1092　1/16
2020 年 1 月第一次印刷　印张：12
字数：285 000

定价：45.80 元
(如有印装质量问题，我社负责调换)

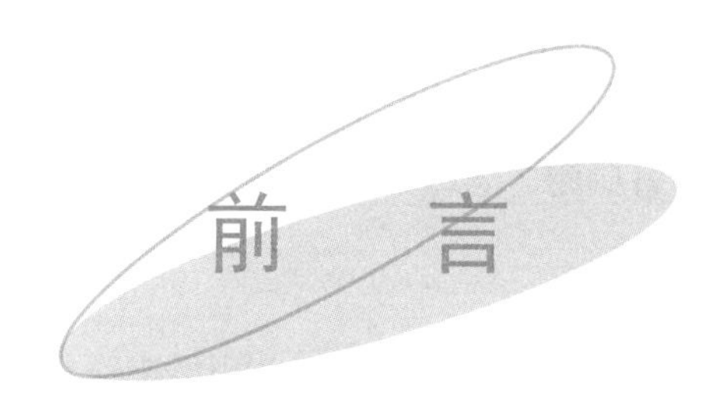

前言

研究生入学考试作为一门选拔高层次人才的考试, 带有极强的应试色彩, 而考研数学作为理工和经济类考生投入精力最多, 可能效果却不佳的科目, 一直是广大考生复习过程中的痛. 近年来, 考研数学难度一直在缓慢地提升, 为了帮助考生更高效率地复习考研数学, 考取高分, 作者将在新东方近万小时的授课经验提炼成"薛威考研数学系列"图书 (包含《高等数学辅导精讲》《线性代数辅导精讲》《概率论与数理统计辅导精讲》), 希望能帮助广大考生考上理想的院校.

作者的教学理念就是: 计算熟练! 题型熟练! 真题熟练!

执行的教学过程就是: 背三遍! 记三遍! 算三遍!

最终的教学结果就是: 心态稳! 计算熟! 分数高!

一、考研数学概率统计部分复习注意事项

1. 以直观理解为主, 以记忆公式为辅

概率统计课程概念性质多, 计算公式多, 而且容易混淆. 通过对概念和定理直观理解, 来加强记忆. 例如大数定律、中心极限定理的直观理解, 会有利于公式的记忆, 解题思路就会明确, 计算就会容易很多.

2. 以真题题型为主, 以归纳总结为辅

概率统计题型基本固定, 题目灵活性小, 把握住概念本质, 按步骤解题即可, 一般难度不大. 注意结合真题题型, 把常用公式加以分类总结, 熟练运用. 概率统计考研真题数目不多, 要求全部真题三个务必, (一) 务必思路清晰; (二) 务必步骤完整; (三) 务必计算熟练. 熟练掌握真题重点题型之后, 要归纳总结解题技巧, 加快解题速度.

3. 以做题练习为主, 以听课学习为辅

考研数学一般要经历这么几个阶段: **看懂题目**、**听懂讲解**、**独立解题**、**步骤完整**、**计算迅速**、**答案正确**. 复习过程中, 听课很重要, 但只是听懂讲解还不够, 如果不反复练习做题, 考场上就会发现, 题目虽然能看懂, 但是计算不出来, 这时候只有望卷兴叹, 默默哭泣, 这是很多考生考场上吃亏的原因. 题目听得懂, 距离真正掌握解题方法还有很大差距. 要求考生在听懂视频讲解的同时, 将这些题目反复演算至少三遍, 以此来巩固已掌握的知识点并培养扎实的计算能力, 这才是考场上高水平发挥的保证.

4. 以高效复习为主, 不搞题海战术

考生复习时间有限, 高效的复习才是制胜的关键. 虽然考研数学分值占比高, 但是专业课的复习也很重要, 考生不可能把所有时间都用在复习数学上, 本书及配套视频讲解, 可以帮助考生提高学习效率, 考生要跟随老师, 把典型真题的解题思路、解题方法和解题技巧融会贯通, 不要浪费宝贵时间盲目刷题 (尤其是偏题怪题).

二、本书几大特色及使用方法

1. 紧扣大纲要求, 精选历年考研真题, 分模块分阶段地指导考生科学备考

本书设置了三大模块: 考试要求及考点精讲、内容精解及典型题型、专题精讲及解题技巧, 几个模块的简单介绍及使用方法如下:

考试要求及考点精讲模块采用表格对全国硕士研究生招生考试大纲 (以下简称大纲) 分科目进行说明, 并对考点进行了简要说明. 让考生对大纲考试要求和考试内容一目了然, 心中有数, 鉴于近年来考试题目难度增加, 为了更加灵活地应对考试要求, 采取就高不就低的原则, 在没有扩大复习范围的前提下, 按大纲要求中的最高要求来编排内容.

内容精解及典型题型模块适合基础阶段复习使用, 其中典型题型部分以历年真题为主, 题型全, 难度递进, 基本覆盖了历年考研数学真题中所有典型题型和解题方法, 要求考生至少认真学两遍. 第一遍认真记笔记, 熟悉知识点, 熟悉题型和熟悉计算. 第二遍先独立做题, 看能不能流畅解答, 然后再归纳解题方法和技巧, 验证解答步骤.

专题精讲及解题技巧模块适合强化阶段复习使用, 题目计算强度大, 解题技巧高, 方法综合性强, 会运用到跨章节的知识点, 难度略高于考试要求, 体现考研命题的规律和趋势. 建议基础较弱考生在第二轮复习的时候再重点消化理解, 基础较好的考生第一轮基础阶段也可以参考.

2. 精心设计本书模块和栏目, 辅助考生深入思考和总结测评

全书采用两条主线贯穿始终, **一条是以知识点为纲, 另一条以典型题型为纲.** 建议考生先看一遍知识点讲解再看典型题目, 熟悉主要知识点的考生也可以直接看典型题型, 碰到不熟悉的知识点时再查看, 考生在第二遍、第三遍复习时也可只看典型题型和专题精解.

在内容精讲和典型题型后面设置了**【名师点睛】【规律总结】【易错提示】【思路点拨】**等小栏目, 辅助考生总结重要的概念、方法、技巧; 归纳解题思路和解题步骤; 辨析容易混淆的概念、易错的知识点; 把握解题技巧和命题规律.

每个例题后面均设置有自我总结测评框 □□□, 考生可以用来记录自己复习的进程, 也可以用来标注题目的难度, 还可以用来记录自己做题时的错题, 以便准确记录本题的状态、加深印象, 在第二遍、第三遍的复习中做到有的放矢, 提高复习效率.

3. 配套视频讲解浓缩十余年考研数学面授精华

微信扫描本书封底的第一个二维码, 即可获得由新东方名师薛威老师亲手打磨, 全新录制的视频讲解, 讲解紧扣大纲要求, 解题步骤清晰细致, 手写板书规范严谨, 符合有志于高分考生自学体验. 由浅入深, 过渡到真题高分要求.

概率统计配套视频课程紧扣重点题型的讲解, 总结了"概率统计六大重点题型". 大家可以在视频中认真理解, 仔细消化.

考生可以结合视频, 认真听讲解、记笔记, 体会每一步推导原理. 第一遍不能快进, 要求细细品味、慢慢咀嚼, 要熟练掌握知识点、解题方法和计算技巧. 第二遍要独立做题, 努力写出答案步骤, 增强对解题技巧的记忆. 第三遍, 要完整地写出解题步骤和快速计算出正确答案.

三、本书适用人群及使用提示

1. 本书适用人群

(1) 参加研究生入学考试 (数学一、数学三) 的大学生或在职备考人员.

(2) 本科院校希望期末得高分和奖学金的大学生, 立志于保研的大学生学霸.

(3) 参加经济类联考 (简称 396) 的考生.

2. 本书使用提示

(1) **基础较弱的考生: 必须三遍!** 第一遍, 结合配套视频, 学习知识点和相应的例题, 认真记笔记. 第二遍, 对典型题型部分的题目, 先试着自己能不能独立写出解答过程, 不会的题目, 要结合讲解, 对比做好笔记, 整理好错题笔记. 第三遍, 重点突出地做一遍, 以前的错题和不会的难题再做一遍, 巩固薄弱知识点和归纳题型.

(2) **基础较强的考生: 至少也要两遍!** 第一遍, 听视频讲解知识点, 看看典型题型部分的题目自己能不能独立做出来, 做出来后, 再对比讲解, 整理笔记, 总结思路, 归纳方法. 第二遍, 将第一遍的错题和难题, 独立再做一遍, 结合视频或讲义, 总结归纳心得和体会.

四、致奋战在考研之路上的我们

王国维在《人间词话》中, 有着这样一段话: 古今之成大事业、大学问者, 必经过三种之境界: "昨夜西风凋碧树. 独上高楼, 望尽天涯路. " 此第一境也. "衣带渐宽终不悔, 为伊消得人憔悴. " 此第二境也. "众里寻他千百度, 蓦然回首, 那人却在灯火阑珊处. " 此第三境也. 其实每一个考研高分获得者也大抵要经历这三种境界, 第一境界, 乃对人生的迷茫, 是参加工作还是考研继续深造, 这是每一个大学生都必须面对的人生选择问题, 在漫漫长夜我们曾觉得孤独而不知前路几何. 第二境界, 乃确定了考研目标, 在考研复习的道路上, 我们三更眠、五更起, 我们啃教材、看视频、刷题目, 可是这一阶段自己做题却仍然不得要领, 于是形体消瘦却无怨无悔地继续复习. 第三境界, 乃是在足够的复习积累后, 量变转化为质变, 不经意间已对考研内容了然于胸、驾轻就熟, 在研究生入学考试中沉稳发挥, 如愿以偿考上自己梦寐以求的高校或科研院所!

最后, 送上几句贴心话:

- *考研之路是孤独的, 找一个能陪伴你坚持到最后的人, 在漫长的考研征程中共同进步, 必将收获珍贵的友谊!*
- *考研之路是艰辛的, 苦恼、枯燥、汗水过后你将收获满满的成就感, 将来的你, 必将感激今天坚持的自己!*

- 考研之路是幸福的, 衷心祝愿每个努力拼搏的考生都能金榜题名、梦想成真, 踏上人生更加美好的征程!

在十余年教学工作和本书的编写过程中, 作者借鉴和参考了不少优秀著作, 并从一些考生的热情反馈中得到了不少的启发; 本书从前期策划到后期出版, 科学出版社王胡权副编审及其同事们付出了大量心血; 在本书出版过程中, 沈阳师范大学杨淑辉副教授对书稿进行了仔细的审阅; 在此作者对他们的帮助和付出的辛勤劳动表示衷心的感谢!

由于作者水平有限, 加之时间仓促, 本书中难免存在疏漏和不足之处. 恳请广大同仁和读者提出宝贵的批评和建议, 以便我们在今后改进和提高.

薛威

2019 年 10 月于北京

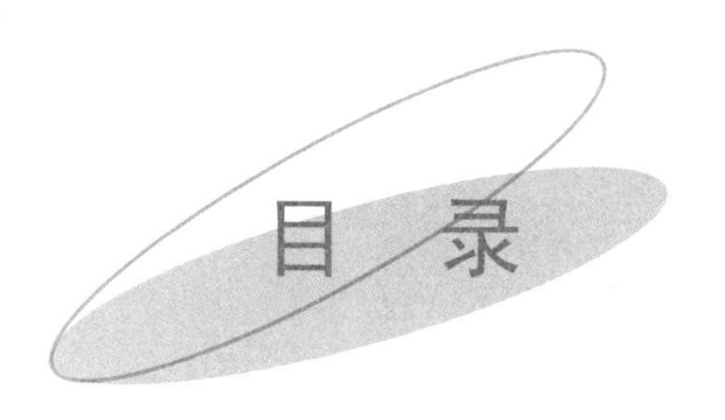

目录

第一章　随机事件和概率

第一节　考试要求及考点精讲

一、考试要求

考试要求	科目	考试内容
了解	数学一 数学三	样本空间 (基本事件空间) 的概念
理解	数学一 数学三	随机事件的概念; 概率、条件概率的概念; 事件独立性的概念; 独立重复试验的概念
会	数学一 数学三	计算古典型概率和几何型概率
掌握	数学一 数学三	事件的关系及运算; 概率的基本性质; 加法公式、减法公式、乘法公式、全概率公式、贝叶斯公式; 用事件独立性进行概率计算; 计算有关事件概率的方法

二、考点精讲

本章的重点包括利用加法公式、减法公式、条件概率公式、乘法公式等计算概率. 重点掌握古典概型和几何概型、n 重伯努利概型计算概率, 事件的表示和用对立事件简化概率的计算.

本章的难点是两两独立和相互独立的联系和区别, 事件独立性判断, 全概率公式和贝叶斯公式的应用.

第二节　内容精讲及典型题型

一、随机事件及其运算

1. 随机试验

满足下述条件的试验称为随机试验, 简称试验.

(1) 可以在相同条件下重复地进行;

(2) 每次试验的可能结果不止一个, 且能事先明确试验的所有可能结果;

(3) 进行一次试验之前不能确定哪一个结果会发生.

2. 样本空间

随机试验 E 的所有可能的结果组成的集合, 称为随机试验的样本空间, 记为 Ω. 样本空间 Ω 中的任意一个元素 (即随机试验 E 的每一个可能结果) 称为随机试验 E 的样本点, 记为 ω, 则 $\omega \in \Omega$.

3. 随机事件

在随机试验 E 中, 样本空间 Ω 的子集称为随机事件, 简称为事件, 随机事件通常用 A, B, C 来表示.

【名师点睛】 在一次随机试验 E 中, 随机事件 A 发生当且仅当随机事件 A 所包含的某个样本点出现.

4. 基本事件

在随机试验 E 中, 由一个样本点 ω 组成的子集 $\{\omega\}$ 称为基本事件.

5. 必然事件

样本空间 Ω 包含所有的样本点, 它是 Ω 自身的子集, 在每次试验中它总是会发生的. 因此, 称样本空间 Ω 为必然事件.

6. 不可能事件

空集 $\varnothing$ 作为样本空间 Ω 的子集, 它不包含任何样本点, 所以在每次试验中都不可能发生, 故称空集 $\varnothing$ 为不可能事件.

7. 事件的关系及运算

在概率统计中, 随机事件总是用样本空间 Ω 的子集来表示. 因此, 随机事件之间的关系本质上可以利用集合之间的关系来表示.

(1) 事件的并 (和): 事件 A 与事件 B 至少有一个发生的事件, 称为事件 A 与事件 B 的并 (或称为事件 A 与 B 的和), 记为 $A \bigcup B$ 或 $A+B$. 事件 A 与事件 B 的并是由事件 A 与 B 事件的所有样本点组成的集合, 如图 1.1 所示.

【推广】

① $\bigcup\limits_{k=1}^{n} A_k = A_1 \bigcup A_2 \cdots \bigcup A_n$, 表示 n 个事件 $A_1, A_2, \cdots, A_n$ 至少有一个发生的事件.

② $\bigcup\limits_{n=1}^{+\infty} A_n = A_1 \bigcup A_2 \bigcup \cdots \bigcup A_n \bigcup \cdots$, 表示无穷多个事件 $A_1, A_2, \cdots, A_n, \cdots$ 至少有一个发生的事件.

(2) 事件的交 (积): 事件 A 与事件 B 同时发生的事件, 称为事件 A 与事件 B 的交 (或称为 A 与 B 的积), 记为 $A \bigcap B$ 或 AB. 事件 A 与 B 的交是事件 A 与 B 的公共样本点组成的集合, 如图 1.2 所示.

【推广】 ① $\bigcap\limits_{k=1}^{n} A_k = A_1 \bigcap A_2 \bigcap \cdots \bigcap A_n$, 表示 n 个事件 $A_1, A_2, \cdots, A_n$ 同时发生的事件.

② $\bigcap\limits_{n=1}^{+\infty} A_n = A_1 \bigcap A_2 \bigcap \cdots \bigcap A_n \bigcap \cdots$, 表示无穷多个事件 $A_1, A_2, \cdots, A_n, \cdots$ 同时发生的事件.

(3) 事件的差: 事件 A 发生且 B 不发生的事件, 称为事件 A 与事件 B 的差, 记为 $A-B$(或 $A\overline{B}$). 事件 A 与 B 的差是由属于事件 A, 而不属于 B 的样本点组成的集合, 如图 1.3 所示.

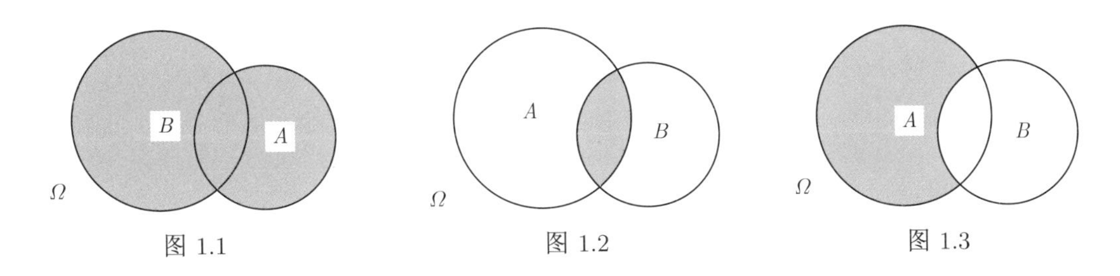

图 1.1　　图 1.2　　图 1.3

(4) 包含关系: 若事件 A 发生必然导致事件 B 发生, 则称事件 B 包含事件 A 或事件 A 包含于事件 B, 记为 $A \subseteq B$ 或 $B \supseteq A$, 也称事件 A 为事件 B 的子事件. 如图 1.4 所示.

(5) 相等关系: 若事件 $A \subseteq B$ 且事件 $B \subseteq A$, 则称事件 A 与事件 B 相等, 记为 $A = B$.

【名师点睛】 事件 A 与事件 B 相等的含义是: 事件 A 发生当且仅当事件 B 发生.

(6) 互斥事件: 若事件 A 与事件 B 满足 $AB = \varnothing$, 则称事件 A 与事件 B 互斥 (或称事件 A 与事件 B 互不相容). 互斥事件表示事件 A 与 B 不能同时发生, 即事件 A 与 B 互斥当且仅当事件 A 与 B 没有公共的样本点. 如图 1.5 所示.

【推广】 若事件组 $A_1, A_2, \cdots, A_n$ 中的任意两个事件都是互斥的, 即对于任意 $i \neq j$, $i, j = 1, 2, \cdots, n$, 有 $A_i \bigcap A_j = \varnothing$ 成立, 则称事件组 $A_1, A_2, \cdots, A_n$ 两两互斥.

(7) 对立事件: 若事件 A 与事件 B 同时满足: $A + B = \Omega$, $AB = \varnothing$, 则称事件 A 与 B 为对立事件, 或称事件 A 与事件 B 为互逆事件, 记为 $\overline{A} = B$ 或 $\overline{B} = A$. 事件 A 与事件 B 为对立事件, 表示事件 A 与事件 B 有且仅有一个发生, 如图 1.6 所示.

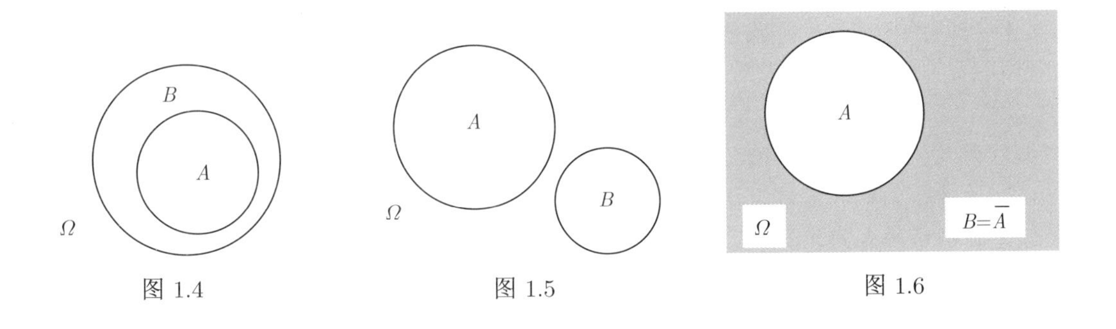

图 1.4　　图 1.5　　图 1.6

【易错提示】 对立事件必为互斥事件, 但互斥事件不一定是对立事件.

8. 事件的运算法则

事件之间的并、交、差、逆关系的运算如下.

(1) 吸收律: 若 $A\subseteq B$, 则 $A\bigcup B=B$, $A\bigcap B=A$.

(2) 交换律: $A\bigcup B=B\bigcup A$, $A\bigcap B=B\bigcap A$.

(3) 结合律: $(A\bigcup B)\bigcup C=A\bigcup(B\bigcup C)$, $(A\bigcap B)\bigcap C=A\bigcap(B\bigcap C)$.

(4) 分配律: $A\bigcap(B\bigcup C)=(A\bigcap B)\bigcup(A\bigcap C)$, $A\bigcup(B\bigcap C)=(A\bigcup B)\bigcap(A\bigcup C)$.

(5) 德 · 摩根律: $\overline{A\bigcup B}=\overline{A}\bigcap\overline{B}$; $\overline{A\bigcap B}=\overline{A}\bigcup\overline{B}$.

【规律总结】 口诀: 长线变短线, 开口换方向.

9. 事件的运算法则的另外一种表示

事件之间的并、交、差、逆关系的运算如下.

(1) 吸收律: 若 $A\subseteq B$, 则 $A+B=B$, $AB=A$.

(2) 交换律: $A+B=B+A$, $AB=BA$.

(3) 结合律: $(A+B)+C=A+(B+C)$, $(AB)C=A(BC)$.

(4) 分配律: $A(B+C)=(AB)+(AC)$, $A+(BC)=(A+B)(A+C)$.

(5) 德 · 摩根律: $\overline{A+B}=\overline{A}\ \overline{B}$; $\overline{AB}=\overline{A}+\overline{B}$.

【规律总结】 口诀: 长线变短线, 加法变乘法.

题型1 事件的表示和运算

【例 1】 下列实验是否为随机试验? 如果是, 请写出所有可能的结果.

(1) E_1: 掷一颗骰子, 观察朝上一面的点数.

(2) E_2: 一批产品中任取一件, 观察是正品还是次品.

(3) E_3: 对一个目标进行射击, 击中为止, 记录射击次数.

(4) E_4: 从一批灯泡中任取一只, 测其寿命. □□□

【解析】 (1) E_1 是随机试验. 所有可能结果为 $\Omega=\{1,2,3,4,5,6\}$.

(2) E_2 是随机试验. 所有可能的结果为 $\Omega=\{$正品, 次品$\}$.

(3) E_3 是随机试验. 所有可能的结果为 $\Omega=\{1,2,\cdots,n,\cdots\}$.

(4) E_4 是随机试验. 所有可能的结果为 $\Omega=\{t|0\leqslant t<+\infty\}$.

【例 2】 以事件 A 表示 “甲种产品畅销, 乙种产品滞销”, 则 A 的对立事件 $\overline{A}$ 为 ( ).

(A) “甲种产品滞销, 乙种产品畅销”. (B) “甲, 乙产品均畅销”.

(C) “甲种产品滞销”. (D) “甲种产品滞销或乙种产品畅销”. □□□

【解析】 设 $B=\{$甲种产品畅销$\}$, $C=\{$乙种产品滞销$\}$, 则由题设知 $A=BC$, 于是对立事件 $\overline{A}=\overline{BC}=\overline{B}\bigcup\overline{C}=\{$甲种产品滞销或乙种产品畅销$\}$. 故选 (D).

【例 3】 对于任意两个事件 A 和 B, 与 $A\bigcup B=B$ 不等价 的是 ( ).

(A) $A\subset B$. (B) $\overline{B}\subset\overline{A}$. (C) $A\overline{B}=\varnothing$. (D) $\overline{A}B=\varnothing$. □□□

【解析】 由题设 $A\bigcup B=B$. 表明 $A\subset B$. 而

$$A\subset B\Leftrightarrow\overline{B}\subset\overline{A}\Leftrightarrow A\overline{B}=\varnothing.$$

只有 $\overline{A}B=\varnothing$ 不与 $A\subset B$ 等价. 故选 (D).

【例 4】 设 A,B 是任意两个随机事件, 则 $(\overline{A}+B)(A+B)(\overline{A}+\overline{B})(A+\overline{B})=$________.

□□□

【解析】 由题设得

$$\begin{aligned}&(\overline{A}+B)(A+B)(\overline{A}+\overline{B})(A+\overline{B})\\=&(\overline{A}A+\overline{A}B+AB+B)(\overline{A}A+\overline{A}\,\overline{B}+\overline{B}A+\overline{B})\\=&B\overline{B}=\varnothing.\end{aligned}$$

二、概率的定义及性质

1. 概率的古典定义

若随机试验的样本空间 Ω 仅含有有限个等可能的样本点 (也称为古典概型), 则事件 A 发生的概率为

$$P(A)=\frac{m}{n},$$

其中, m 为有利于事件 A 的样本点数 (事件 A 所包含的样本点数), n 为 Ω 的样本点数.

2. 概率的几何定义

若随机试验满足:

(1) 样本空间 Ω 是一个可度量的 (几何) 区域;

(2) 每个试验结果出现的可能性是相同的 (试验结果落在 Ω 中任一区域的可能性与该区域的几何度量成正比), 则

$$P(A)=\frac{L(A)}{L(\Omega)}.$$

其中, A 表示 Ω 中任一个可度量的子集, $L(A)$, $L(\Omega)$ 分别表示 A 与 Ω 的度量, 如长度、面积、体积等.

3. 概率的统计定义

在 n 次独立重复试验中, 事件 A 发生的频率具有稳定性, 即它在某一非负数 p 附近波动, 且当 n 越大时, 波动越小, 则称频率的稳定值 p 为事件 A 发生的概率, 即 $P(A)=p$.

4. 概率的公理化定义

设 Ω 是随机试验 E 的样本空间, P 是定义在事件集到实数集 R 上的映射, 若映射 P 满足以下三个条件.

(1) 非负性：对于每一个事件 A, 有 $P(A) \geqslant 0$;

(2) 规范性：对于必然事件 Ω, 有 $P(\Omega)=1$;

(3) 可列可加性：若 $A_1, A_2, \cdots, A_n, \cdots$ 是两两互斥的事件, 即 $A_iA_j=\varnothing, i \neq j, i, j=1,2,\cdots$, 有

$$P(A_1+A_2+\cdots+A_n+\cdots)=P(A_1)+P(A_2)+\cdots+P(A_n)+\cdots,$$

则称 P 为事件 A 的概率.

5. 概率的性质

(1) 非负性：对任意 $A \subseteq \Omega$, 有 $0 \leqslant P(A) \leqslant 1$.

(2) 规范性：$P(\varnothing)=0$, $P(\Omega)=1$.

(3) 有限可加性：设 $A_1, A_2, \cdots, A_n$ 是有限个两两互斥的事件, 即对于 $A_iA_j=\varnothing$, $i \neq j, i, j=1,2,\cdots,n$ 成立, 则有

$$P(A_1+A_2+\cdots+A_n)=P(A_1)+P(A_2)+\cdots+P(A_n).$$

(4) 减法公式：对于任意的随机事件 A, B, 有 $P(B-A)=P(B\overline{A})=P(B)-P(AB)$.

(5) 逆事件的概率：对于任意的随机事件 A, 有 $P(\overline{A})=1-P(A)$.

(6) 可比性：设 A, B 是两个任意的随机事件, 若 $A \subseteq B$, 则 $P(A) \leqslant P(B)$, 且有

$$P(B-A)=P(B)-P(A).$$

(7) 加法公式：对于任意的随机事件 A, B, 有 $P(A+B)=P(A)+P(B)-P(AB)$.

【名师点睛】 三个事件的加法公式:

$$P(A+B+C)=P(A)+P(B)+P(C)-P(AB)-P(AC)-P(BC)+P(ABC).$$

题型2 概率的计算

【例 1】 设随机事件 A, B 及其和事件 $A \bigcup B$ 的概率分别是 0.4, 0.3 和 0.6, 若 $\overline{B}$ 表示 B 的对立事件, 那么积事件 $A\overline{B}$ 的概率 $P(A\overline{B})=$________. □□□

【解析】 由题设得

$$0.6=P(A+B)=P(A)+P(B)-P(AB)=0.4+0.3-P(AB),$$

解得 $P(AB)=0.1$, 故由减法公式得

$$P(A\overline{B})=P(A-B)=P(A)-P(AB)=0.4-0.1=0.3.$$

【例 2】 已知 A,B 两个事件满足条件 $P(AB)=P(\bar{A}\bar{B})$, 且 $P(A)=p$, 则 $P(B)=$______.

□□□

【解析】 由

$$\begin{aligned}P(AB)=P(\overline{A}\,\overline{B})&=1-P(A\bigcup B)=1-[P(A)+P(B)-P(AB)]\\&=1-p-P(B)+P(AB),\end{aligned}$$

故 $P(B)=1-p$.

【例 3】 A 和 B 是任意两个概率不为零的不相容事件, 则下列结论正确的是 (　).

(A) $\overline{A}$ 与 $\overline{B}$ 不相容.　　(B) $\overline{A}$ 与 $\overline{B}$ 相容.

(C) $P(AB)=P(A)P(B)$.　　(D) $P(A-B)=P(A)$.

□□□

【解析】 因为 A 和 B 是任意两个概率不为零的不相容事件, 于是 $AB=\varnothing$, 所以 $A-B=A$, 故 $P(A-B)=P(A)$. 故选 (D).

【例 4】 若事件 A 和 B 同时发生的概率 $P(AB)=0$, 则 (　).

(A) A 和 B 互不相容 (互斥).　　(B) AB 是不可能事件.

(C) AB 未必是不可能事件.　　(D) $P(A)=0$ 或 $P(B)=0$.

□□□

【解析】 由 $P(AB)=0$ 不能推出 $AB=\varnothing$, 故可排除 (A), (B). 而 (D) 也明显不对, 故选 (C).

举例说明: 若随机变量 X 服从 $(0,2)$ 上的均匀分布, $A=\{X\leqslant 1\},B\{X\geqslant 1\}$, 则 $P(AB)=P\{X=1\}=0$, 但 $AB=\{X=1\}$ 不是不可能事件, 即 A 和 B 不互斥, 且 $P(A)=P(B)=\dfrac{1}{2}$.

【易错提示】 由事件的概率, 推不出事件的关系.

【例 5】 已知 $P(A)=P(B)=P(C)=\dfrac{1}{4},P(AB)=0,P(AC)=P(BC)=\dfrac{1}{6}$, 则事件 A,B,C 全不发生的概率为________.

□□□

【解析】 因为 $ABC\subset AB$, 所以 $0\leqslant P(ABC)\leqslant P(AB)=0$, 故 $P(ABC)=0$, 所求概率为

$$\begin{aligned}P(\overline{A}\,\overline{B}\,\overline{C})&=1-P(A+B+C)\\&=1-[P(A)+P(B)+P(C)-P(AB)-P(AC)-P(BC)+P(ABC)]\\&=1-\left(\frac{1}{4}\times 3-0-\frac{1}{6}\times 2+0\right)=\frac{7}{12}.\end{aligned}$$

【例 6】 设当事件 A 与 B 同时发生时, 事件 C 必发生, 则 (　).

(A) $P(C) \leqslant P(A)+P(B)-1$.　　(B) $P(C) \geqslant P(A)+P(B)-1$.

(C) $P(C)=P(AB)$.　　(D) $P(C)=P(A \bigcup B)$.　　□□□

【解析】 因为 $AB \subset C$, 所以 $P(AB) \leqslant P(C)$, 又因为 $P(A+B) \leqslant 1$, 故

$$P(C) \geqslant P(AB)=P(A)+P(B)-P(A+B) \geqslant P(A)+P(B)-1.$$

故选 (B).

三、古典概率和几何概型

1. 加法原理

完成某事有 k 类方法, 在每类方法中, 又分别有 $m_1, m_2, \cdots, m_k$ 种方法, 则完成此事共有 $m_1+m_2+\cdots+m_k$ 种方法.

2. 乘法原理

完成某事需要 k 个步骤, 在每个步骤中, 又分别 $m_1, m_2, \cdots, m_k$ 有种方法, 则完成此事共有 $m_1 \cdot m_2 \cdot \cdots \cdot m_k$ 种方法.

3. 排列

从 n 个不同的元素中任取 k 个 $(1 \leqslant k \leqslant n)$ 元素, 按一定的顺序排成一列, 称为从 n 个元素中选 k 个元素的一个排列, 这样的排列种数有

$$\mathrm{A}_n^k=n(n-1)(n-2) \cdots(n-k+1)=\frac{n!}{(n-k)!}.$$

4. 全排列

把 n 个不同的元素按一定的顺序排成一列称为一个全排列, n 个不同的元素的全排列的种数为

$$\mathrm{A}_n^n=n(n-1)(n-2) \cdots 2 \cdot 1=n!.$$

5. 重复排列

从 n 个不同的元素中有放回的取 k 个元素, 按照一定的顺序排成一列, 其排列的种数为

$$N=n \times n \times \cdots \times n=n^k.$$

6. 组合

从 n 个不同的元素中任取 k 个 $(0 \leqslant k \leqslant n)$, 不计顺序组成一组, 则称为从 n 个元素中取出 k 个元素的一个组合, 这样的组合种数有

$$\mathrm{C}_n^k=\left(\begin{array}{c}n \\ k\end{array}\right)=\frac{A_n^k}{k!}=\frac{n!}{k!(n-k)!}.$$

【规律总结】 (1) $\mathrm{C}_n^k=\mathrm{C}_n^{n-k}$. (2) $\mathrm{C}_n^k+\mathrm{C}_n^{k-1}=\mathrm{C}_{n+1}^k$.

7. 古典概型

如果随机试验 E 满足以下两个条件:

(1) 样本空间 Ω 中只含有限个样本点, 即 $\Omega=\{\omega_1,\omega_2,\cdots,\omega_n\}$;

(2) 每个样本点出现的可能性相等,

则称该试验 E 为具有古典概型的随机试验.

【定理】设 Ω 为古典概型随机试验 E 的样本空间, A 为任一随机事件, 则有

$$P(A)=\frac{|A|}{|\Omega|}.$$

其中, 对任意一个集合 A, 记号 $|A|$ 表示集合 A 中所含元素的个数; $|\Omega|$ 表示样本空间 Ω 中所含样本点的个数, 即 $\Omega=\{\omega_1,\omega_2,\cdots,\omega_n\}$, 则有 $|\Omega|=n$.

【名师点睛】 古典概型中的常见概率计算问题.

(1) 摸球问题: 设袋中装有 m 个白球和 n 个黑球, 黑、白两种球形状完全相同, 则有

① 从袋中任取 $a+b$ 个球, 所取的球中恰有 a 个白球、b 个黑球的概率为 $\dfrac{\mathrm{C}_m^a\mathrm{C}_n^b}{\mathrm{C}_{m+n}^{a+b}}$, 其中 $0\leqslant a\leqslant m, 0\leqslant b\leqslant n$.

② 从袋中任意连续取出 $k+1(k+1\leqslant m+n)$ 个球, 若每球被取出后不放回, 则最后取出的球是白球的概率为 $\dfrac{\mathrm{A}_m^1\mathrm{A}_{m+n-1}^k}{\mathrm{A}_{m+n}^{k+1}}=\dfrac{m}{m+n}$.

(2) 分房问题: 将 n 个人等可能的分配到 N 个房间, 则

① 指定 n 个房间各有一个人的概率为 $\dfrac{\mathrm{A}_n^n}{N^n}$.

② 恰有 n 个房间各有一个人的概率为 $\dfrac{\mathrm{C}_N^n\mathrm{A}_n^n}{N^n}$.

③ 指定的某个房间中恰有 $m(m\leqslant n)$ 人的概率 $\dfrac{\mathrm{C}_n^m(N-1)^{n-m}}{N^n}$.

(3) 随机取数问题: 从 $0,1,2,\cdots,9$ 这 10 个数字中任意选出三个不同的数字.

① 三个数中不含有 2 和 4 的概率为 $\dfrac{\mathrm{C}_8^3}{\mathrm{C}_{10}^3}$.

② 三个数中不含有 2 或 4 的概率为 $\dfrac{\mathrm{C}_9^3}{\mathrm{C}_{10}^3}+\dfrac{\mathrm{C}_9^3}{\mathrm{C}_{10}^3}-\dfrac{\mathrm{C}_8^3}{\mathrm{C}_{10}^3}$.

8. 几何概型

若随机试验 E 满足以下两个条件:

(1) 样本空间 Ω 可以看成某个几何区域, 即这个几何区域中的每个点都可以看成是这个样本空间 Ω 中的样本点, 且 $0<m(\Omega)<+\infty$;

(2) 每个样本点都是等可能出现的;

则称此试验 E 为具有几何概型的随机试验.

【定理】设 Ω 为具有几何概型的随机试验 E 的样本空间, A 为随机试验 E 的任一随机事件, 则 A 的概率为

$$P(A)=\frac{m(A)}{m(\Omega)}.$$

【易错提示】 设 $\Omega=[0,2]$, $A=\{1\}$, $B=(0,2)$ 则

$$P(A)=\frac{m(A)}{m(\Omega)}=\frac{0}{2}=0,\quad P(B)=\frac{m(B)}{m(\Omega)}=\frac{2}{2}=1.$$

显然, 事件 A 的概率 $P(A)=0$, 但 $A\neq\varnothing$, A 不是不可能事件. 因此, 概率为 0 的随机事件不一定是不可能事件 $\varnothing$. 同理, 事件 B 的概率为 $P(B)=1$, 但 $B\neq\Omega$, B 不是必然事件 Ω. 因此, 概率为 1 的随机事件不一定是必然事件 Ω. 总结可得: 由概率推不出事件及其之间的关系.

题型3 古典概型和几何概型

【例 1】 从 $0,1,2,\cdots,9$ 等十个数字中任意选出三个不同的数字, 试求下列事件的概率: $A_1=\{$三个数字中不含 0 和 5$\}$; $A_2=\{$三个数字中不含 0 或 5$\}$ □□□

【解析】 由题设得

$$P(A_1)=\frac{C_8^3}{C_{10}^3}=\frac{7}{15},\quad P(A_2)=\frac{2C_9^3-C_8^3}{C_{10}^3}=\frac{14}{15}.$$

【例 2】 将 C, C, E, E, I, N, S 七个字母随机地排成一行, 那么恰好排成英文单词 SCIENCE 的概率为________. □□□

【解析】 将七个字母任一种可能排列作为基本事件, 则基本事件总数为 $n=7!$, 而有利事件的基本事件数为 $1\times2\times1\times2\times1\times1\times1=4$, 故所求概率为

$$P=\frac{4}{7!}=\frac{1}{1260}.$$

【例 3】 设袋中有红、白、黑球各 1 个, 从中有放回地取球, 每次取 1 个, 直到三种颜色的球都取到时停止, 则取球次数恰好为 4 的概率为________. □□□

【解析 1】 对于有放回取球, 基本事件总数显然为 3^4. 有利事件数可如下考虑: 第 4 次取到第 3 种颜色的球, 共有 3 种取法; 前 3 次里取得另外 2 种不同颜色的球, 每次共有 2 种可能取法, 3 次有 $2^3=8$ 种取法, 同时要除去 3 次取同一色共 2 种取法, 所以前 3 次取得 2 种不同颜色的球, 共有 $8-2=6$ 种取法, 因此有利事件数为 $(2^3-2)\times3=18$. 故所求概率为 $\dfrac{18}{3^4}=\dfrac{2}{9}$.

【解析 2】 对于有放回取球, 基本事件总数为 3^4. 有利事件数可如下考虑: 前 3 次里取到且仅取到 2 种不同颜色的球, 从而必有 1 种颜色取到 2 次, 第 4 次取到第 3 种颜色的球. 首先从 3 种颜色球中任取 2 种, 共有 C_3^2 种取法, 所取的 2 种颜色有 1 种在前 3 次里被取到 2 次的不同取法有 C_3^2 种, 然后这 2 种颜色交换次序, 有 C_2^1 种方法, 因此有利事件数为 $C_3^2C_3^2C_2^1=18$. 故所求概率为 $\dfrac{18}{3^4}=\dfrac{2}{9}$.

【例 4】若在区间 $(0,1)$ 中随机地取两个数, 则事件 "两数之和小于 $\dfrac{6}{5}$" 的概率为_______.

□□□

【解析】 设这两个数为 x 和 y, 则 (x,y) 的取值范围是如图 1.7 所示的正方形区域 G, 而事件 "两数之和小于 $\dfrac{6}{5}$" 即 "$x+y<\dfrac{6}{5}$" 使 (x,y) 的取值范围为图中区域 D, 根据几何概率得

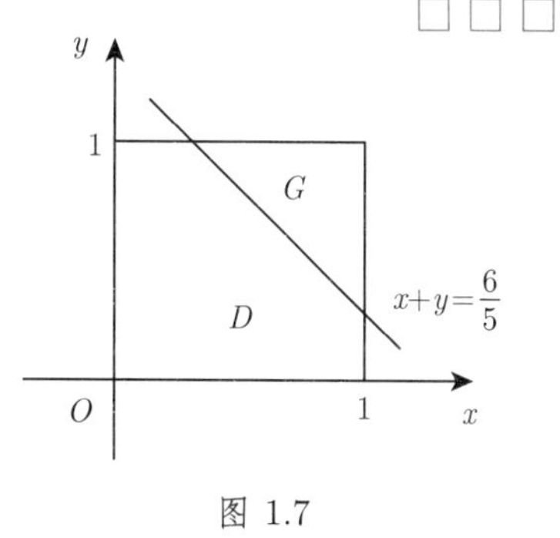

图 1.7

$$P\left\{(x,y)|\,0<x+y<\frac{6}{5}\right\}=\frac{S_D}{S_G}=\frac{1-\frac{1}{2}\cdot\left(\frac{4}{5}\right)^2}{1^2}=\frac{17}{25}.$$

【例 5】 在区间 $(0,1)$ 中随机地取两个数, 则这两个数之差的绝对值小于 $\dfrac{1}{2}$ 的概率为________.

□□□

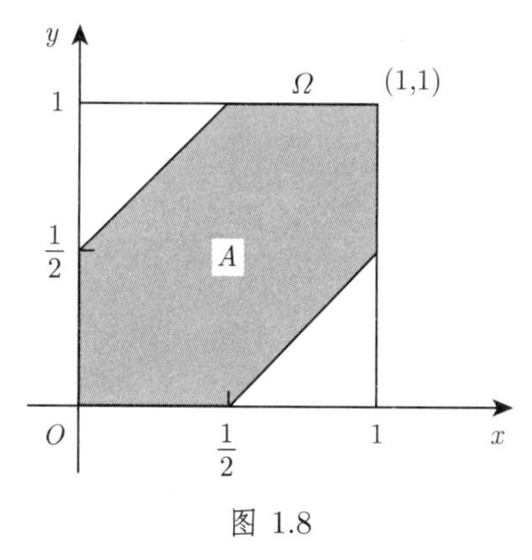

图 1.8

【解析】 用 X 和 Y 分别表示随机抽取的两个数, 则 $0<X<1$, $0<Y<1$, X,Y 的所有可能取值对应的以 1 为边长的正方形 Ω, 其面积为 1. 事件 "两个数之差的绝对值小于 $\dfrac{1}{2}$" 即 $\left\{(x,y)|\,|X-Y|<\dfrac{1}{2}\right\}$ 对应图 1.8 中的阴影部分 A, 面积为 $\dfrac{3}{4}$, 故所求概率等于

$$P\left\{(x,y)|\,|x-y|<\frac{1}{2}\right\}=\frac{S_A}{S_\Omega}=\frac{3}{4}.$$

【例 6】 随机地向半圆 $0<y<\sqrt{2ax-x^2}$(a 为正常数) 内掷一点, 点落在半圆内任何区域的概率与区域的面积成正比, 则原点和该点的连线与 x 轴夹角小于 $\dfrac{\pi}{4}$ 的概率为________.

□□□

【解析】 由 $0<y<\sqrt{2ax-x^2}$ 所确定的区域如图 1.9 所示. 过原点 O 作线段 OC, 使其与 x 轴的夹角为 $\dfrac{\pi}{4}$. 记阴影部分区域为 D, 则根据几何概率的定义, 所求概率为

$$P=\frac{S_D}{S_{半圆}}=\frac{2}{\pi a^2}S_D=\frac{2}{\pi a^2}\iint\limits_D \mathrm{d}x\mathrm{d}y=\frac{2}{\pi a^2}\int_0^{\frac{\pi}{4}}\mathrm{d}\theta\int_0^{2a\cos\theta}r\mathrm{d}r$$
$$=\frac{2}{\pi a^2}\int_0^{\frac{\pi}{4}}2a^2\cos^2\theta\mathrm{d}\theta=\frac{2}{\pi}\int_0^{\frac{\pi}{4}}(1-\cos 2\theta)\,\mathrm{d}\theta=\frac{1}{2}+\frac{1}{\pi}.$$

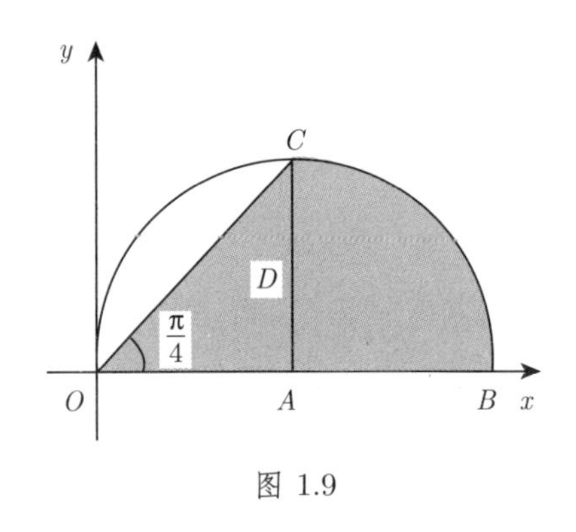

图 1.9

四、伯努利概型

1. 伯努利概型的概念

若随机试验只有两个结果 A 和 $\overline{A}$, 其中事件 A 发生的概率为 $P(A)=p$, 事件 $\overline{A}$ 发生的概率 $P(\overline{A})=1-p$, 则称此试验 E 为伯努利概型的随机试验.

2. n 重伯努利概型

若某随机试验 E 可以看成将伯努利试验独立重复地进行 n 次试验, 则称此随机试验 E 为具有 n 重伯努利概型的随机试验.

3. n 重伯努利概型的概率计算公式

【定理】设 n 重伯努利概型的随机试验 E 中的事件 A 发生的概率 $P(A)=p(0<p<1)$, 则随机事件 A 发生 k 次的概率为

$$P\{X=k\}=\mathrm{C}_n^k p^k(1-p)^{n-k}, \quad k=0,1,2,\cdots,n.$$

题型4 伯努利概型的计算

【例 1】 设在一次试验中事件 A 发生的概率为 p, 现进行 n 次独立试验, 则 A 至少发生一次的概率为________; 而事件 A 至多发生一次的概率为________. □□□

【解析】 由伯努利概型计算公式得, A 至少发生一次的概率为

$$\sum_{k=1}^{n}\mathrm{C}_n^k p^k(1-p)^{n-k}=1-\mathrm{C}_n^0 p^0(1-p)^n=1-(1-p)^n.$$

A 至多发生一次的概率为

$$\mathrm{C}_n^0 p^0(1-p)^n+\mathrm{C}_n^1 p^1(1-p)^{n-1}=(1-p)^n+np(1-p)^{n-1}.$$

【思路点拨】 要注意至少一次和至多一次这类事件问题的转化.

【例 2】 一射手对同一目标独立地进行四次射击, 若至少命中一次的概率为 $\dfrac{80}{81}$, 则该射手的命中率为________. □□□

【解析】 设该射手的命中率为表示对同一目标独立地进行次射击中命中目标的次数, 则

$$P\{X \geqslant 1\} = \frac{80}{81},$$

而
$$P\{X \geqslant 1\} = 1 - P\{X = 0\} = 1 - (1-p)^4,$$

故
$$(1-p)^4 = 1 - \frac{80}{81} = \frac{1}{81},$$

解得 $p_1 = \dfrac{2}{3}, p_2 = \dfrac{4}{3}$(舍去). 故命中率为 $\dfrac{2}{3}$.

【例 3】 设在三次独立试验中, 事件 A 出现的概率相等. 若已知 A 至少出现一次的概率等于 $\dfrac{19}{27}$, 则事件 A 在每次试验中出现的概率为________. □□□

【解析】 设在每次试验中 A 出现的概率为 p, 三次试验中 A 出现的次数为 X 则

$$\frac{19}{27} = P\{X \geqslant 1\} = 1 - P\{X = 0\} = 1 - \mathrm{C}_3^0 p^0 (1-p)^3 = 1 - (1-p)^3,$$

解得 $p = \dfrac{1}{3}$.

【例 4】 某人向同一目标独立重复射击, 每次射击命中目标的概率为 $p\,(0 < p < 1)$, 则此人第 4 次射击恰好第 2 次命中目标的概率为 ( ). □□□

(A) $3p(1-p)^2$. (B) $6p(1-p)^2$. (C) $3p^2(1-p)^2$. (D) $6p^2(1-p)^2$.

【解析】 设 A 表示事件 "此人第 4 次射击恰好第 2 次命中目标", 所求概率为

$$P(A) = \mathrm{C}_3^1 p(1-p)^2 \cdot p = 3p^2(1-p)^2,$$

故选 (C).

五、条件概率和乘法公式

1. 条件概率的概念

设 A, B 是任意两个随机事件, 且 $P(A) > 0$, 则称 $P(B\,|A) = \dfrac{P(AB)}{P(A)}$ 为在事件 A 发生条件下事件 B 发生的条件概率.

2. 条件概率的性质

条件概率也是概率, 因此具有概率的性质. 若 $P(A)>0$,

(1) 非负性: $0 \leqslant P(B|A) \leqslant 1$.

(2) 规范形: $P(\Omega|A)=1, P(\varnothing|A)=0$.

(3) 逆事件的条件概率: $P(\overline{B}|A)=1-P(B|A)$.

(4) 加法公式: $P\{(B_1+B_2)|A\}=P(B_1|A)+P(B_2|A)-P(B_1B_2|A)$.

(5) 减法公式: $P\{(B-C)|A\}=P(B|A)-P(BC|A)$.

3. 乘法公式

(1) 若 $P(A)>0$, 则 $P(AB)=P(A)P(B|A)$;

(2) 若 $P(B)>0$, 则 $P(AB)=P(B)P(A|B)$.

【推论】 设 A,B,C 为任意三个随机事件, 且 $P(AB)>0$, 则有

$$P(ABC)=P(A)P(B|A)P(C|AB).$$

题型5 乘法公式和条件概率公式

【例 1】 设 10 件产品有 4 件不合格品, 从中任取两件, 已知所取出的两件产品中至少有一件是不合格品, 则另一件是不合格品的概率为________. □□□

【解析】 记 $A=\{$从 10 件产品中任取两件, 两件都是不合格品$\}$,

$B=\{$从 10 件产品中任取两件, 至少有一件是不合格品$\}$, 则所求概率为 $P(A|B)$. 得

$$P(A)=\frac{\mathrm{C}_4^2}{\mathrm{C}_{10}^2}=\frac{2}{15}, \quad P(B)=1-\frac{\mathrm{C}_6^2}{\mathrm{C}_{10}^2}=\frac{2}{3},$$

显然 $A\subset B$, 故

$$P(AB)=P(A)=\frac{2}{15}.$$

由条件概率计算公式知

$$P(A|B)=\frac{P(AB)}{P(B)}=\frac{\frac{2}{15}}{\frac{2}{3}}=\frac{1}{5}.$$

【例 2】 一批产品共有 10 个正品和 2 个次品, 任意抽取两次, 每次抽 1 个, 抽出后不再放回, 则第二次抽出的是次品的概率为________. □□□

【解析 1】 由抽签原理 (抽签与先后次序无关), 不放回抽样中第二次抽得次品的概率与第一次抽得次品的概率相同, 都是 $\frac{2}{12}=\frac{1}{6}$.

【解析 2】 记 A 表示 “第二次抽出的是次品”, 则由古典概型知 $P(A)=\frac{11\times 2}{12\times 11}=\frac{1}{6}$.

【解析 3】 记 A_i 表示 “第 i 次抽出的是次品”, $i=1,2$ 则由全概率公式得

$$P(A_2)=P(A_1)P(A_2|A_1)+P(\overline{A}_1)P(A_2|\overline{A}_1)=\frac{1}{6}\times\frac{1}{11}+\frac{5}{6}\times\frac{2}{11}=\frac{1}{6}.$$

【例 3】 假设一批产品中一、二、三等品各占 60%, 30%, 10%, 从中随意取出一件, 结果不是三等品, 则取到的是一等品的概率为________. □□□

【解析】记 $A_1=\{$取到的是一等品$\}$, $A_3=\{$取到的是三等品$\}$, 则所求概率为 $P(A_1|\overline{A}_3)$. 由已知得 $P(A_1)=0.6$, $P(A_3)=0.1$, 故由条件概率公式得

$$P(A_1|\overline{A}_3)=\frac{P(A_1\overline{A}_3)}{P(\overline{A}_3)}=\frac{P(A_1)-P(A_1A_3)}{1-P(A_3)}=\frac{0.6}{1-0.1}=\frac{2}{3}.$$

【例 4】 已知 $0<P(B)<1$, 且 $P\{(A_1+A_2)|B\}=P(A_1|B)+P(A_2|B)$, 则下列选项成立的是( ).

(A) $P\{(A_1+A_2)|\overline{B}\}=P(A_1|\overline{B})+P(A_2|\overline{B})$.

(B) $P(A_1B+A_2B)=P(A_1B)+P(A_2B)$.

(C) $P(A_1+A_2)=P(A_1|B)+P(A_2|B)$.

(D) $P(B)=P(A_1)(B|A_1)+P(A_2)(B|A_2)$. □□□

【解析】 由题设 $P\{(A_1+A_2)|B\}=P(A_1|B)+P(A_2|B)$ 知

$$\frac{P(A_1B+A_2B)}{P(B)}=\frac{P(A_1B)}{P(B)}+\frac{P(A_2B)}{P(B)}$$

又因为 $P(B)>0$, 所以有 $P(A_1B+A_2B)=P(A_1B)+P(A_2B)$. 故选 (B).

【例 5】 设 A,B,C 是随机事件, A 与 C 互不相容, $P(AB)=\frac{1}{2}$, $P(C)=\frac{1}{3}$, 则 $P(AB|\overline{C})=$________. □□□

【解析】 因为 A 与 C 互不相容, 所以 $P(AC)=0$. 又 $ABC\subset AC$, 所以 $P(ABC)=0$, 故

$$P(AB|\overline{C})=\frac{P(AB\overline{C})}{P(\overline{C})}=\frac{P(AB)-P(ABC)}{1-P(C)}=\frac{\frac{1}{2}}{1-\frac{1}{3}}=\frac{3}{4}.$$

【例 6】 设 A,B 为随机事件, 且 $P(B)>0, P(A|B)=1$, 则必有 ( ).

(A) $P(A\cup B)>P(A)$.　　(B) $P(A\cup B)>P(B)$.

(C) $P(A\cup B)=P(A)$.　　(D) $P(A\cup B)=P(B)$. □□□

【解析】 由于 $P(A|B)=\frac{P(AB)}{P(B)}$, 而 $P(A|B)=1$, 所以 $P(AB)=P(B)$, 从而

$$P(A\cup B)=P(A)+P(B)-P(AB)=P(A),$$

故选 (C).

【例 7】 设 A,B 为随机事件. 若 $0<P(A)<1, 0<P(B)<1$, 则 $P(A|B)>P(A|\overline{B})$ 的充分必要条件是 ( ).

(A) $P(B|A)>P(B|\overline{A})$.　　(B) $P(B|A)<P(B\overline{A})$.

(C) $P(\overline{B}|A)>P(B|\overline{A})$.　　(D) $P(\overline{B}|A)<P(B|\overline{A})$. □□□

【解析】 由 $P(A|B) > P(A|\overline{B})$, 得

$$\frac{P(AB)}{P(B)} > \frac{P(A\overline{B})}{P(\overline{B})}.$$

由公式得 $P(A\overline{B}) = P(A) - P(AB), P(\overline{B}) = 1 - P(B)$, 代入整理得

$$P(AB) > P(A)P(B),$$

等式两边同时减去 $P(AB)P(A)$ 得,

$$P(AB)\left[1 - P(A)\right] > P(A)\left[P(B) - P(AB)\right],$$

即

$$P(AB)P(\overline{A}) > P(A)P(B\overline{A}),$$

故 $\dfrac{P(AB)}{P(A)} > \dfrac{P(B\overline{A})}{P(\overline{A})}$, 所以 $P(B|A) > P(B|\overline{A})$. 故选 (A).

六、两两独立和相互独立

1. 两个事件的独立性

设 A, B 是两个随机事件, 若 $P(AB) = P(A)P(B)$, 则称事件 A, B 独立.

2. 三个事件两两独立

设 A, B, C 是三个随机事件, 若等式组

$$\begin{cases} P(AB) = P(A)P(B), \\ P(AC) = P(A)P(C), \\ P(BC) = P(B)P(C) \end{cases}$$

成立, 则称事件 A, B, C 两两独立.

3. 三个事件相互独立

设 A, B, C 是三个随机事件, 若等式组

$$\begin{cases} P(AB) = P(A)P(B), \\ P(AC) = P(A)P(C), \\ P(BC) = P(B)P(C), \\ P(ABC) = P(A)P(B)P(C) \end{cases}$$

成立, 则称事件 A, B, C 相互独立.

4. n 个事件两两独立

如果有 $n(n \geqslant 2)$ 个事件, $A_1, A_2, \cdots, A_n$ 中任意两个事件均相互独立, 即对任意 $1 \leqslant i < j \leqslant n$, 均有 $P(A_iA_j) = P(A_i)P(A_j)$, 则称 n 个事件 $A_1, A_2, \cdots, A_n$ 两两独立.

5. n 个事件相互独立

设 $A_1, A_2, \cdots, A_n$ 为 $n(n \geqslant 2)$ 个事件, 如果对于其中任意 $k(2 \leqslant k \leqslant n)$ 个事件, $A_{i_1}, A_{i_2}, \cdots, A_{i_k} \quad (1 \leqslant i_1 < i_2 < \cdots < i_k \leqslant n)$, 均有

$$P(A_{i_1} A_{i_2} \cdots A_{i_k}) = P(A_{i_1}) P(A_{i_2}) \cdots P(A_{i_k}).$$

则称这 n 个事件 $A_1, A_2, \cdots, A_n$ 相互独立.

【易错提示】 相互独立可推出两两独立, 但两两独立推不出相互独立.

6. 事件独立的性质

(1) 若事件 A, B 相互独立, 则 A 与 $\overline{B}$ 相互独立, $\overline{A}$ 与 B 相互独立, $\overline{A}$ 与 $\overline{B}$ 相互独立.

(2) 若 $0 < P(A) < 1$, 则

$$\begin{aligned} \text{事件}A, B\text{独立} &\Leftrightarrow P(AB) = P(A)P(B) \Leftrightarrow P(B) = P(B|A) \\ &\Leftrightarrow P(B) = P(B|\overline{A}) \Leftrightarrow P(B|A) = P(B|\overline{A}). \end{aligned}$$

【证明】 由于 A 的概率不等于 0 和 1, 知题中两个条件概率都存在.

必要性　由事件 A 与 B 独立, 知事件 $\overline{A}$ 与 B 也独立, 因此

$$P(B|A) = P(B), P(B|\overline{A}) = P(B),$$

从而 $P(B|A) = P(B|\overline{A})$.

充分性　由 $P(B|A) = P(B|\overline{A})$, 易得

$$\frac{P(AB)}{P(A)} = \frac{P(\overline{A}B)}{P(A)} = \frac{P(B) - P(AB)}{1 - P(A)},$$

即 $$P(AB)[1 - P(A)] = P(A)P(B) - P(A)P(AB), P(AB) = P(A)P(B),$$

故 A 和 B 独立.

(3) 若 $0 < P(A) < 1, 0 < P(B) < 1$ 则

$$P(B|A) + P(\overline{B}|\overline{A}) = 1 \Leftrightarrow \text{事件}A, B\text{独立}.$$

(4) 若 $P(A) = 0$ 或 $P(A) = 1$, 则 A 与任何事件都独立.

【证明】设 B 为任意随机事件, 若 $P(A) = 0$, 则 $0 \leqslant P(AB) \leqslant P(A) = 0$, 即 $P(AB) = 0$. 因为 $P(A)P(B) = 0$, 所以 $P(AB) = P(A)P(B)$, 即 A 与任何事件都独立.

若 $P(A) = 1$, 则 $P(\bar{A}) = 0$, 事件 $\bar{A}$ 与任意事件 B 独立, 根据性质 1 可知, 即 A 与任何事件 B 都独立.

(5) 必然事件 Ω 及不可能事件 $\varnothing$ 与任意事件都独立.

(6) 当 $P(A) > 0$ 时, $P(B) > 0$, (1) 事件 A, B 独立, 则事件 A, B 一定不互斥; (2) 事件 A, B 互斥, 则事件 A, B 不独立.

【证明】 若事件 A,B 独立, 则 $P(AB)=P(A)P(B)$. 因为 $P(A)>0,P(B)>0$, 所以

$$P(AB)>0,$$

因此, $AB\neq\varnothing$, 即 A,B 不互斥.

反之, 若事件 A,B 互斥, 则 $AB=\varnothing$. 因为 $P(A)>0,P(B)>0$, 所以

$$P(AB)\neq P(A)P(B),$$

因此 A,B 不独立.

【名师点睛】 若没有任何前提条件, 则事件 A,B 独立和事件 A,B 互斥没有任何关系.

(7) 若 $A_1,A_2,\cdots,A_n$ 相互独立, 则 $\sigma_1(A_1,A_2,\cdots,A_k)$ 与 $\sigma_2(A_{k+1},A_{k+2},\cdots,A_n)$ 独立. 其中 $\sigma_1(A_1,A_2,\cdots,A_k)$ 表示由事件 $A_1,A_2,\cdots,A_k$ 通过事件之间的运算得到的事件, $\sigma_2(A_{k+1},A_{k+2},\cdots,A_n)$ 表示由事件 $A_{k+1},A_{k+2},\cdots,A_n$ 通过事件之间的运算得到的事件.

题型6 事件的独立性

【例 1】 假设 $P(A)=0.4,P(A\cup B)=0.7$, 那么

(1) 若 A 与 B 互不相容, 则 $P(B)=$________.

(2) 若 A 与 B 相互独立, 则 $P(B)=$________. □□□

【解析】 因为 $P(A\cup B)=P(A)+P(B)-P(AB)$,

(1) 若 A 与 B 互不相容, 则 $AB=\varnothing$, 所以

$$P(B)=P(A\cup B)-P(A)+P(AB)=0.7-0.4=0.3.$$

(2) 若 A 与 B 相互独立, 则 $P(AB)=P(A)P(B)$, 于是有

$$P(A\cup B)=P(A)+P(B)-P(A)P(B),$$

$$P(B)=\frac{P(A\cup B)-P(A)}{1-P(A)}=\frac{0.7-0.4}{1-0.4}=0.5.$$

【例 2】 设随机事件 A 与 B 相互独立, 且 $P(B)=0.5,P(A-B)=0.3$, 则 $P(B-A)=$ ( ).

(A) 0.1.　　(B) 0.2.　　(C) 0.3.　　(D) 0.4. □□□

【解析】 因为事件 A 与 B 相互独立, 得

$$P(A-B)=P(A)-P(AB)=P(A)-P(A)P(B),$$

且

$$P(A)-0.5P(A)=0.3,$$

所以 $P(A)=0.6$, 则

$$P(B-A)=P(B)-P(A)P(B)=0.2.$$

故选 (B).

【例 3】 设 A,B,C 是三个相互独立的随机事件, 且 $0<P(C)<1$, 则在下列给定的四对事件中相互不独立的是 (　).

(A) $\overline{A+B}$ 与 C.　　(B) $\overline{AC}$ 与 $\overline{C}$.　　(C) $\overline{A-B}$ 与 $\overline{C}$.　　(D) $\overline{AB}$ 与 $\overline{C}$. □□□

【解析】 由于 A,B,C 是三个相互独立的随机事件, 故其中任意两个事件的和、差、交、逆与另一个事件或其逆是相互独立的, 根据这一性质 (A), (C), (D) 三项中的两事件是相互独立的, 故选 (B).

【例 4】 设 A,B,C 三个事件两两独立, 则 A,B,C 相互独立的充分必要条件是 (　).

(A) A 与 BC 独立.　　(B) AB 与 $A\bigcup C$ 独立.

(C) AB 与 AC 独立.　　(D) $A\bigcup B$ 与 $A\bigcup C$ 独立. □□□

【解析】 显然, 在 A,B,C 三个事件两两独立的前提下, A,B,C 相互独立的充要条件是 (A), 因为若 A 与 BC 独立, 则

$$P(ABC)=P(A)\cdot P(BC)=P(A)\cdot P(B)\cdot P(C).$$

故 A,B,C 相互独立, 反之亦然. 其余各项都无法推出以上结果. 故选 (A).

【例 5】 将一枚硬币独立地掷两次, 引进事件: $A_1=\{$掷第一次出现正面$\}$, $A_2=\{$掷第二次出现正面$\}$, $A_3=\{$正, 反面各出现一次$\}$, $A_4=\{$正面出现两次$\}$, 则事件 (　).

(A) A_1,A_2,A_3 相互独立.　　(B) A_2,A_3,A_4 相互独立.

(C) A_1,A_2,A_3 两两独立.　　(D) A_2,A_3,A_4 两两独立. □□□

【解析】 A_4 发生则 A_1,A_2 必发生, 所以 A_4 与 A_2 不独立, 故 (B), (D) 结论不正确; 若 A_3 发生则 A_1 与 A_2 中有一个且仅有一个发生, 故 A_1,A_2,A_3 不相互独立; A_1 与 A_2 是相互独立的, A_1 与 A_3 是独立的, 同样 A_2 与 A_3 也是独立的, 故选 (C).

【例 6】 设两两相互独立的三事件 A,B 和 C 满足条件: $ABC=\varnothing$,　$P(A)=P(B)=P(C)<\frac{1}{2}$, 且已知 $P(A\bigcup B\bigcup C)=\frac{9}{16}$, 则 $P(A)=$________. □□□

【解析】 根据加法公式,

$$P(A+B+C)=P(A)+P(B)+P(C)-P(AB)-P(AC)-P(BC)+P(ABC).$$

由于 A,B,C 两两相互独立, $ABC=\varnothing, P(A)=P(B)P(C)$, 故

$$P(AB)=P(AC)=P(BC)=P^2(A),\quad P(ABC)=P(\varnothing)=0,$$

因而
$$P(A\bigcup B\bigcup C)=3P(A)-3P^2(A)=\frac{9}{16},$$

解得 $P(A)=\frac{3}{4}$, $P(A)=\frac{1}{4}$. 根据题设, $P(A)<\frac{1}{2}$, 故 $P(A)=\frac{1}{4}$.

【例 7】 设 $0<P(A)<1, 0<P(B)<1$,　$P(A|B)+P(\overline{A}|\overline{B})=1$, 则 (　).

(A) 事件 A 和 B 互不相容.　　(B) 事件 A 和 B 互相对立.

(C) 事件 A 和 B 互不独立.　　(D) 事件 A 和 B 相互独立.　　□□□

【解析】 由已知 $P(A|B)+P(\overline{A}|\overline{B})=1$ 及条件概率公式得

$$P(A|B)=1-P(\overline{A}|\overline{B})=1-\left[1-P(A|\overline{B})\right]=P(A|\overline{B}),$$

于是有
$$\frac{P(AB)}{P(B)}=\frac{P(A\overline{B})}{P(\overline{B})}=\frac{P(A)-P(AB)}{1-P(B)},$$

即
$$P(AB)-P(AB)P(B)=P(B)P(A)-P(B)P(AB),$$

得
$$P(AB)=P(A)P(B).$$

即事件 A 和 B 相互独立, 故选 (D).

【例 8】 设 A,B,C 为三个随机事件, 且 A 与 C 相互独立, B 与 C 相互独立, 则 $A\bigcup B$ 与 C 相互独立的充分必要条件是 (　).

(A) A 与 B 相互独立.　　(B) A 与 B 互不相容.

(C) AB 与 C 相互独立.　　(D) AB 与 C 互不相容.　　□□□

【解析】 $A\bigcup B$ 与 C 相互独立的充分必要条件是

$$P((A+B)C)=P(A+B)P(C).$$

而
$$P((A+B)C)=P(AC+BC)=P(AC)+P(BC)-P(ABC)$$
$$=P(A)P(C)+P(B)P(C)-P(ABC),$$

$$P(A+B)P(C)=\left[P(A)+P(B)-P(AB)\right]P(C)$$
$$=P(A)P(C)+P(B)P(C)-P(AB)P(C),$$

因此等式 $P((A+B)C)=P(A+B)P(C)$ 成立的充要条件是

$$P(ABC)=P(AB)P(C),$$

即 AB 与 C 相互独立. 故选 (C).

七、全概率公式和贝叶斯公式

1. 完备事件组

设样本空间 Ω 中的随机事件组 $A_1,A_2,\cdots,A_n$ 满足:

(1) $A_1+A_2+\cdots+A_n=\Omega$;

(2) $A_iA_j=\varnothing,\ i\neq j,\ i,j=1,2,\cdots,n$,

则称随机事件组 $A_1,A_2,\cdots,A_n$ 为样本空间 Ω 的完备事件组 (或称完全事件组).

2. 全概率公式

设 $A_1, A_2, \cdots, A_n$ 为样本空间 Ω 的完备事件组, 且 $P(A_i) > 0, i = 1, 2, \cdots, n$, 则对任意随机事件 B, 有

$$P(B) = \sum_{i=1}^{n} P(A_i) P(B|A_i).$$

3. 贝叶斯公式

设 $A_1, A_2, \cdots, A_n$ 为样本空间 Ω 的完备事件组, 且 $P(A_i) > 0, i = 1, 2, \cdots, n$, 若 $P(B) > 0$, 则有

$$P(A_i|B) = \frac{P(A_i)P(B|A_i)}{\sum\limits_{i=1}^{n} P(A_i)P(B|A_i)}, i = 1, 2, \cdots, n.$$

【名师点睛】 全概率公式是由因找果, 贝叶斯公式是由果找因.

题型7 全概率公式和贝叶斯公式

【例 1】 从数 1,2,3,4 中任取一个数, 记为 X, 再从 $1, \cdots, X$ 中任取一个数, 记为 Y, 则 $P\{Y = 2\} =$________. □□□

【解析】 由全概率公式得

$$P\{Y = 2\} = \sum_{k=2}^{4} P\{X = k\} P\{Y = 2|X = k\} = \sum_{k=2}^{4} \frac{1}{4} \times \frac{1}{k} = \frac{13}{48}.$$

【例 2】 设工厂 A 和工厂 B 的产品的次品率分别为 1%和 2%, 现从 A 厂和 B 厂的产品分别占 60%和 40%的一批产品中随机抽取一件, 发现是次品, 则该次品属 A 厂产品的概率是________. □□□

【解析】 设事件 $A = \{$抽取的产品是A厂生产的$\}$, $B = \{$抽取的产品是B厂生产的$\}$, $C = \{$抽取的产品是次品$\}$, 由题意得

$$P(A) = 0.6, \quad P(B) = 0.4, \quad P(C|A) = 0.01, \quad P(C|B) = 0.02,$$

由贝叶斯公式得

$$P(A|C) = \frac{P(A)P(C|A)}{P(A)P(C|A) + P(B)P(C|B)} = \frac{0.6 \times 0.01}{0.6 \times 0.01 + 0.4 \times 0.02} = \frac{3}{7}.$$

【例 3】 三个箱子, 第一个箱子有 4 个黑球 1 个白球, 第二个箱子中有 3 个黑球 3 个白球, 第三个箱子中有 3 个黑球 5 个白球, 现随机地取一个箱子, 再从这个箱子中取 1 个球, 这个球为白球的概率等于________, 已知取出的是白球, 此球属于第二箱子的概率是________. □□□

【解析】 记 $B=\{从箱子中取出的是白球\}$, $A_i=\{取的是第i个箱子\}$, $i=1,2,3$ 则

$$P(A_1)=P(A_2)=P(A_3)=\frac{1}{3},$$

$$P(B|A_1)=\frac{1}{5}, P(B|A_2)=\frac{3}{6}, P(B|A_3)=\frac{5}{8}.$$

由全概率公式得取出的这个球为白球的概率为

$$\begin{aligned}P(B)&=P(A_1)P(B|A_1)+P(A_2)P(B|A_2)+P(A_3)P(B|A_3)\\&=\frac{1}{3}\times\frac{1}{5}+\frac{1}{3}\times\frac{3}{6}+\frac{1}{3}\times\frac{5}{8}=\frac{53}{120}.\end{aligned}$$

由贝叶斯公式得, 当取出的球是白球时, 此球属于第二个箱子的概率为

$$\begin{aligned}P(A_2|B)&=\frac{P(A_2)P(B|A_2)}{P(A_1)P(B|A_1)+P(A_2)P(B|A_2)+P(A_3)P(B|A_3)}\\&=\frac{\frac{1}{3}\times\frac{1}{2}}{\frac{1}{3}\times\frac{1}{5}+\frac{1}{3}\times\frac{1}{2}+\frac{1}{3}\times\frac{5}{8}}=\frac{20}{53}.\end{aligned}$$

第三节　专题精讲及解题技巧

专题一　n 重伯努利模型的应用

【例 1】 设随机变量在 $[2,5]$ 上服从均匀分布, 现在对 X 进行三次独立观测. 试求至少有两次观测值大于 3 的概率. □□□

【解析】 以 A 表示事件 "对 X 的观测值大于 3", 由条件知, X 的密度函数为

$$f(x)=\begin{cases}\frac{1}{3}, & 若, 2\leqslant x\leqslant 5,\\ 0, & 其他.\end{cases}$$

故

$$P(A)=P\{X>3\}=\int_3^5\frac{1}{3}\mathrm{d}x=\frac{2}{3}.$$

以 Y 表示三次观测值大于 3 的次数 (即在三次独立观测中事件 A 出现的次数). 显然 Y 服从参数为 $n=3, p=\frac{2}{3}$ 的二项分布, 即 $Y\sim B\left(3,\frac{2}{3}\right)$ 因此, 所求概率为

$$P\{Y\geqslant 2\}=\mathrm{C}_3^2\left(\frac{2}{3}\right)^2\frac{1}{3}+\mathrm{C}_3^3\left(\frac{2}{3}\right)^3=\frac{20}{27}.$$

【例 2】 设随机变量 X 的概率密度为 $f(x)=\begin{cases}2x, & 0<x<1,\\ 0, & 其他,\end{cases}$ 以 Y 表示对 X 的三

次独立重复观察中事件 $\left\{X \leqslant \frac{1}{2}\right\}$ 出现的次数, 则 $P(Y=2)=$________. □□□

【解析】 因为

$$P\left\{X \leqslant \frac{1}{2}\right\}=\int_{-\infty}^{\frac{1}{2}} f(x)\,\mathrm{d}x=\int_{0}^{\frac{1}{2}} 2x\mathrm{d}x=\frac{1}{4}.$$

则 Y 服从参数为 $n=3, p=\frac{1}{4}$ 的二项分布, 即 $Y \sim B\left(3, \frac{1}{4}\right)$, 因此所求概率

$$P\{Y=2\}=\mathrm{C}_{3}^{2}\left(\frac{1}{4}\right)^{2}\left(\frac{3}{4}\right)=\frac{9}{64}.$$

专题二 全概率公式和贝叶斯公式的应用

【例 1】 假设有两箱同种零件, 第一箱内装 50 件, 其中 10 件一等品; 第二箱内装 30 件, 其中 18 件一等品. 现从两箱中随机挑出一箱, 然后从该箱中先后随机取出两个零件 (取出的零件均不放回), 试求:

(Ⅰ) 先取出的零件是一等品的概率 p;

(Ⅱ) 在先取出的零件是一等品的条件下, 第二次取出的零件仍然是一等品的条件概率 q. □□□

【解析】 设 $B_i=\{\text{取出的零件为第}i\text{箱中的}\}$, $A_j=\{\text{第}j\text{次取出的是一等品}\}$, $i, j=1,2$, 显然 B_1, B_2 为完备事件组, 故由全概率公式得

(Ⅰ) $P=P(A_1)=P(B_1)P(A_1|B_1)+P(B_2)P(A_1|B_2)=\frac{1}{2}\cdot\frac{10}{50}+\frac{1}{2}\cdot\frac{18}{30}=\frac{2}{5}$;

(Ⅱ)

$$\begin{aligned} P(A_1A_2)&=P(B_1)P(A_1A_2|B_1)+P(B_2)P(A_1A_2|B_2)\\ &=\frac{1}{2}\cdot\frac{10\times 9}{50\times 49}+\frac{1}{2}\cdot\frac{18\times 17}{30\times 29}=\frac{276}{1421}, \end{aligned}$$

于是, 由贝叶斯公式得 $q=q=P(A_2|A_1)=\frac{P(A_1A_2)}{P(A_1)}=\frac{690}{1421}\approx 0.48557$.

【例 2】 已知甲、乙两箱中有同种产品, 其中甲箱中装有 3 件合格品和 3 件次品, 乙箱中仅装有 3 件合格品. 从甲箱中任取 3 件产品放入乙箱后, 求:

(Ⅰ) 乙箱中次品件数 X 的数学期望;

(Ⅱ) 从乙箱中任取一件产品是次品的概率. □□□

【解析】 (Ⅰ) 乙箱中次品件数 X 是个随机变量, X 的取值为 $0,1,2,3$. X 的概率分布为

$$P\{X=k\}=\frac{\mathrm{C}_3^k\mathrm{C}_3^{3-k}}{\mathrm{C}_6^3},$$

列表得

X	0	1	2	3
P	$\frac{1}{20}$	$\frac{9}{20}$	$\frac{9}{20}$	$\frac{1}{20}$

因此

$$EX=0\times\frac{1}{20}+1\times\frac{9}{20}+2\times\frac{9}{20}+3\times\frac{1}{20}=\frac{3}{2}.$$

(Ⅱ) 设 A 表示事件“从乙箱中任取一件产品是次品”, 由全概率公式有

$$\begin{aligned}P(A)&=\sum_{k=0}^{3}P\{X=k\}\cdot P\{A|X=k\}\\&=\frac{1}{20}\cdot 0+\frac{9}{20}\cdot\frac{1}{6}+\frac{9}{20}\cdot\frac{2}{6}+\frac{1}{20}\cdot\frac{3}{6}=\frac{1}{4}.\end{aligned}$$

【例 3】 设有来自三个地区的各 10 名、15 名和 25 名考生的报名表, 其中女生的报名表分别为 3 份、7 份和 5 份. 随机地取一个地区的报名表, 从中先后抽出两份.

(Ⅰ) 求先抽到的一份是女生表的概率 p;

(Ⅱ) 已知后抽到的一份是男生表, 求先抽到的一份是女生表的概率 q.　□□□

【解析】 设 $H_i=\{\text{报名表是第}i\text{区考生的}\}\,(i=1,2,3)$,

$$A_j=\{\text{第}j\text{次抽到的报名表是女生的}\}\,(j=1,2),$$

则 $P(H_1)=P(H_2)=P(H_3)=\frac{1}{3}, P(A_1|H_1)=\frac{3}{10}, P(A_1|H_2)=\frac{7}{15}, P(A_1|H_3)=\frac{5}{25}$.

(Ⅰ) $p=P(A_1)=\sum_{i=1}^{3}P(H_i)P(A_1|H_i)=\frac{1}{3}\left(\frac{3}{10}+\frac{7}{15}+\frac{5}{25}\right)=\frac{29}{90}$.

(Ⅱ) 由全概率公式得

$$P(\overline{A}_1|H_1)=\frac{7}{10}, P(\overline{A}_1|H_2)=\frac{8}{15}, P(\overline{A}_1|H_3)=\frac{20}{25}.$$

$$P(A_1\overline{A}_2|H_1)=\frac{7}{30}, P(A_1\overline{A}_2|H_2)=\frac{8}{30}, P(A_1\overline{A}_2|H_3)=\frac{5}{30}.$$

$$P(\overline{A}_2)=P(\overline{A}_1)=\sum_{i=1}^{3}P(H_i)P(\overline{A}_1|H_i)=\frac{1}{3}\left(\frac{7}{10}+\frac{8}{15}+\frac{20}{25}\right)=\frac{61}{90}.$$

$$P(A_1\overline{A}_2)=\sum_{i=1}^{3}P(H_i)P(A_1\overline{A}_2|H_i)=\frac{1}{3}\left(\frac{7}{30}+\frac{8}{30}+\frac{5}{30}\right)=\frac{2}{9}.$$

因此, $q=P(A_1|\overline{A}_2)=\frac{P(A_1\overline{A}_2)}{P(\overline{A}_2)}=\frac{20}{61}$.

第二章　一维随机变量及其分布

第一节　考试要求及考点精讲

一、考试要求

考试要求	科目	考试内容
了解	数学一 数学三	泊松定理的结论和应用条件
理解	数学一 数学三	随机变量的概念; 分布函数的概念及性质; 离散型随机变量及其概率分布的概念; 连续型随机变量及其概率密度的概念
会	数学一 数学三	计算与随机变量相联系的事件的概率; 用泊松分布近似表示二项分布; 求随机变量函数的分布
掌握	数学一 数学三	0-1 分布、二项分布、几何分布、超几何分布、泊松分布及其应用; 泊松定理及其应用的条件; 均匀分布、正态分布、指数分布及其应用

二、考点精讲

本章的重点是分布函数的定义, 包括离散型和连续型. 掌握离散型随机变量的分布律和连续型随机变量的密度函数. 利用常见分布的分布律和分布函数的性质计算概率.

本章的难点是求一维随机变量函数的分布函数, 利用分布函数的定义, 分区间讨论. 其本质上是求分段函数的变限积分.

第二节　内容精讲及典型题型

一、一维随机变量及其分布函数

1. 随机变量

设 E 是随机试验, 样本空间是 $\Omega=\{\omega\}$, 如果对于每一个 $\omega\in\Omega$, 有一个实数 $X(\omega)$ 与

之对应, 即 $X:\Omega\to R$, 称实值函数 $X(\omega)$ 为定义在 Ω 上的随机变量. 随机变量常用大写的英文字母 X,Y,Z 等表示, 用小写英文字母 x,y,z 等表示实数.

【名师点睛】 在概率统计中, "×× 量" 是指随机变量, "×× 值" 是指实数.

2. 分布函数

设 X 是随机试验 E 的一个随机变量, x 为任意实数, 令

$$F(x)=P\{X\leqslant x\},$$

称函数 $F(x)$ 为随机变量 X 的概率分布函数, 简称分布函数, 或记为 $F_X(x)$.

3. 分布函数的性质

随机变量 X 的分布函数 $F(x)$ 当且仅当满足如下条件.

(1) 非负性: $0\leqslant F(x)\leqslant 1$;

(2) 规范性: $F(-\infty)=\lim\limits_{x\to-\infty}F(x)=0, F(+\infty)=\lim\limits_{x\to+\infty}F(x)=1$;

(3) 单调不减性: 设 $x_1<x_2$, 则 $F(x_1)\leqslant F(x_2)$;

(4) 右连续性: $F(x)=F(x+0)=\lim\limits_{\Delta x\to0^+}F(x+\Delta x)$.

【名师点睛】 条件 (2)、(4) 适用于确定分布函数 $F(x)$ 中的未知参数. 条件 (1)(2)(3)(4) 用于判断任意给定的函数 $F(x)$ 是否为某个随机变量的分布函数.

4. 利用分布函数计算概率

设随机变量 X 的分布函数为 $F(x)$, 则有

(1) $P\{X\leqslant a\}=F(a)$;

(2) $P\{X>a\}=1-P\{X\leqslant a\}=1-F(a)$;

(3) $P\{X<a\}=F(a-0)=\lim\limits_{x\to a^-}F(x)$;

(4) $P\{X\geqslant a\}=1-P\{X<a\}=1-F(a-0)$;

(5) $P\{X=a\}=P\{X\leqslant a\}-P\{X<a\}=F(a)-F(a-0)$;

(6) $P\{a<X\leqslant b\}=P\{X\leqslant b\}-P\{X\leqslant a\}=F(b)-F(a)$;

(7) $P\{a<X<b\}=P\{X<b\}-P\{X\leqslant a\}=F(b-0)-F(a)$;

(8) $P\{a\leqslant X\leqslant b\}=P\{X\leqslant b\}-P\{X<a\}=F(b)-F(a-0)$;

(9) $P\{a\leqslant X<b\}=P\{X<b\}-P\{X<a\}=F(b-0)-F(a-0)$.

题型1 一维随机变量分布函数的性质

【例 1】 设 $F_1(x)$ 与 $F_2(x)$ 分别为随机变量 X_1 与 X_2 的分布函数, 为使 $F(x)=aF_1(x)-bF_2(x)$ 是某一随机变量的分布函数, 在下列给定的各组数值中应取 (　).

(A) $a=\frac{3}{5}, b=-\frac{2}{5}$.　　(B) $a=\frac{2}{3}, b=\frac{2}{3}$.

(C) $a=-\frac{1}{2}, b=\frac{3}{2}$.　　(D) $a=\frac{1}{2}, b=-\frac{3}{2}$.　　□□□

【解析】 根据分布函数的性质, $\lim\limits_{x\to+\infty}F(x)=1$, 因此,

$$1=\lim_{x\to+\infty}F(x)=a\lim_{x\to+\infty}F_1(x)-b\lim_{x\to+\infty}F_2(x)=a-b,$$

故选 (A).

【例 2】 设随机变量 X 的分布函数 $F(x)=\begin{cases}0, & x<0,\\ \frac{1}{2}, & 0\leqslant x<1,\\ 1-\mathrm{e}^{-x}, & x\geqslant 1,\end{cases}$ 则 $P\{X=1\}=$ ( ).

(A) 0.　　(B) $\frac{1}{2}$.　　(C) $\frac{1}{2}-\mathrm{e}^{-1}$.　　(D) $1-\mathrm{e}^{-1}$.

□□□

【解析】 因为

$$P\{x=1\}=F(1)-F(1-0)=1-\mathrm{e}^{-1}-\frac{1}{2}=\frac{1}{2}-\mathrm{e}^{-1},$$

故选 (C).

二、离散型随机变量

1. 离散型随机变量

若随机变量 X 的所有可能取值是有限多个或者可列无穷多个, 则称随机变量 X 为离散型随机变量.

2. 分布律的概念

设 X 为离散型随机变量, 它的所有可能取值为 $x_1,x_2,\cdots,x_k,\cdots$, 且 $x_i\neq x_j$, $i\neq j$ 则称它取这些值的概率 $P\{X=x_k\}=p_k$, $k=1,2,\cdots$ 为随机变量 X 的分布律 (也称为分布列). 分布律也可表示为

X	x_1	x_2	x_3	$\cdots$	x_k	$\cdots$
P	p_1	p_2	p_3	$\cdots$	p_k	$\cdots$

3. 分布律的性质

(1) $p_k\geqslant 0$;

(2) $\sum\limits_{k=1}^{+\infty}p_k=1$.

【名师点睛】 求离散型随机变量 X 分布律的步骤.

(1) 求 X 所有可能的取值 $x_1, x_2, \cdots, x_k, \cdots$.

(2) 算概率 $P\{X=x_k\}=p_k$.

(3) 验证 $\sum\limits_{k=1}^{\infty} p_k = 1$ 是否成立.

4. 离散型随机变量的分布函数

设离散型随机变量 X 的分布律为 $P\{X=x_k\}=p_k, \quad (k=1,2,\cdots,n\cdots)$, 则随机变量 X 的分布函数

$$F(x)=P\{X \leqslant x\}=\sum_{x_k \leqslant x} P\{X=x_k\}=\sum_{x_k \leqslant x} p_k, x \in \mathbf{R}.$$

特别地, 设离散型随机变量 X 的取值为有限个, 且 $x_1<x_2<\cdots<x_k<\cdots<x_n$, 则有

$$F(x)=\begin{cases} 0, & x<x_1, \\ p_1, & x_1 \leqslant x<x_2, \\ p_1+p_2, & x_2 \leqslant x<x_3, \\ \cdots & \cdots \\ 1, & x \geqslant x_n. \end{cases}$$

【名师点睛】 若已知离散型随机变量 X 的分布函数

$$F(x)=\begin{cases} 0, & x<x_1, \\ p_1, & x_1 \leqslant x<x_2, \\ p_1+p_2, & x_2 \leqslant x<x_3, \\ \cdots & \cdots \\ 1, & x \geqslant x_n, \end{cases} \quad \text{其中} x_1<x_2<\cdots<x_k<\cdots<x_n,$$

则离散型随机变量 X 的分布律为

(1) 定取值: 随机变量 X 的所有取值, 即分布函数 $F(x)$ 的所有间断点 $x_1, x_2, \cdots, x_k, \cdots, x_n$;

(2) 算概率: 对每一个不同的取值 x_k, 计算出随机事件 $\{X=x_k\}$ 的概率, 计算方法为

$$\begin{aligned} P\{X=x_k\} &= P\{X \leqslant x_k\}-P\{X<x_k\}=F(x_k)-\lim_{x \rightarrow x_k^-} F(x) \\ &=(p_1+p_2+\cdots+p_k)-(p_1+p_2+\cdots+p_{k-1})=p_k; \end{aligned}$$

(3) 验证 “1”, 即所有不同取值 x_k 的概率相加是否等于 1.

三、常见的离散型随机变量分布

1. 0-1 分布

若随机变量 X 只能取 0 与 1 两个值, 且其分布律为

X	0	1
P	$1-p$	p

则称 X 服从 $0-1$ 分布 (或两点分布).

【名师点睛】 $0-1$ 分布对应的是伯努利概型, 即随机事件 A 发生的概率为 $P(A)=p$, 不发生的概率为 $P(\overline{A})=1-p$. 随机事件 A 发生对应于 $X=1$, 事件 A 不发生对应于 $X=0$.

2. 二项分布 $B(n,p)$

设随机事件 A 在任意一次随机试验中发生的概率均是 p, $0<p<1$, X 表示独立重复 n 次伯努利试验 (即 n 重伯努利试验) 中事件 A 发生的次数, 则 X 所有可能的取值为 $0,1,2,\cdots,n$, 且相应的概率为

$$P\{X=k\}=\mathrm{C}_n^k p^k(1-p)^{n-k},\quad k=0,1,\cdots,n.$$

称此随机变量 X 服从参数为 n 和 p 的二项分布, 记为 $X\sim B(n,p)$.

【规律总结】

(1) 设随机变量 $X_1,X_2,\cdots,X_n$ 相互独立, 且都服从 $0-1$ 分布, 则 $X=X_1+X_2+\cdots+X_n$ 服从二项分布 $X\sim B(n,p)$.

(2) 设 $X\sim B(n,p)$, 则当 p 充分小, n 充分大时, X 近似服从参数 $\lambda=np$ 的泊松分布.

(3) 设 $X\sim B(n,p)$, 则当 n 充分大时, X 近似服从正态分布 $N(np,np(1-p))$.

3. 泊松分布

设随机变量 X 的所有可能取值为 $0,1,2,\cdots$, 而取各个值的概率为

$$P\{X=k\}=\frac{\lambda^k}{k!}e^{-\lambda},\quad k=0,1,2,\cdots,$$

其中 $\lambda>0$ 是常数, 则称 X 服从参数为 λ 的泊松分布, 记为 $X\sim P(\lambda)$.

4. 几何分布

设随机变量 X 的所有可能取值为 $1,2,\cdots$, 且取各个值的概率为

$$P\{X=k\}=(1-p)^{k-1}p,\quad k=1,2,\cdots$$

其中 $0<p<1$ 是常数, 则称 X 服从参数为 p 的几何分布, 记为 $X\sim Ge(p)$.

【名师点睛】 几何分布的背景：每次试验中的随机事件 A 发生的概率为 p，独立重复做一个试验，直到事件首次发生为止，X 表示事件 A 首次发生时所进行的试验次数，则随机变量 X 服从参数为 p 的几何分布.

5. 超几何分布

设随机变量 X 的所有可能取值为 $0,1,2,\cdots,l, l=\min\{M,n\}$ 且取各个值的概率为

$$P\{X=k\}=\frac{\mathrm{C}_M^k\mathrm{C}_{N-M}^{n-k}}{\mathrm{C}_N^n},\quad k=0,1,2,\cdots,l, l=\min\{M,n\}.$$

其中 M,N,n 都是正整数，且 $M<N, n<N$，则称 X 服从参数为 M,N 和 n 的超几何分布. 记 $X\sim H(n,M,N)$.

【名师点睛】 超几何分布的背景：在 N 件产品中有 M 件次品，X 表示从中任取 n 件产品中的次品数，则随机变量 X 服从超几何分布.

6. 泊松定理

设随机变量序列 X_n 服从二项分布 $B(n,p_n)$（概率 p_n 与 n 有关），若 p_n 满足 $\lim\limits_{n\to+\infty} np_n=\lambda(\lambda>0$ 为常数)，则有

$$\lim_{n\to+\infty}P\{X_n=k\}=\lim_{n\to+\infty}\mathrm{C}_n^k p_n^k(1-p_n)^{n-k}=\frac{\lambda^k}{k!}\mathrm{e}^{-\lambda}, \text{其中}\quad k=0,1,2,\cdots,n,\cdots.$$

题型2 一维离散型随机变量的分布

【例 1】 已知随机变量 X 的概率分布为 $P\{X=1\}=0.2, P\{X=2\}=0.3, P\{X=3\}=0.5$，试写出 X 的分布函数 $F(x)$. □□□

【解析】 X 的分布函数为 $F(x)=\begin{cases}0, & x<1,\\ 0.2, & 1\leqslant x<2,\\ 0.5, & 2\leqslant x<3,\\ 1, & x\geqslant 3.\end{cases}$

【例 2】 设随机变量 X 的分布函数为 $F(x)=\begin{cases}0, & x<-1,\\ 0.4, & -1\leqslant x<1,\\ 0.8, & 1\leqslant x<3,\\ 1, & x\geqslant 3,\end{cases}$ 则 X 的概率分布为________. □□□

【解析】 因为 $P\{X=x\}=P\{X\leqslant x\}-P\{X<x\}=F(x)-F(x-0)$，所以只有在 $F(x)$ 的不连续点上 $P\{X=x\}$ 不为零，且

$$P\{X=-1\}=F(-1)-F(-1-0)=0.4-0=0.4;$$

$$P\{X=1\}=F(1)-F(1-0)=0.8-0.4=0.4;$$

$$P\{X=3\}=F(3)-F(3-0)=1-0.8=0.2.$$

即 X 的概率分布律为

X	-1	1	3
P	0.4	0.4	0.2

【例 3】 一汽车沿一街道行驶，需要经过三个均设有绿灯信号灯的路口，每个信号灯为红或绿与其他信号灯为红或绿相互独立，且红绿两种信号显示的时间相等. 以 X 表示汽车首次遇到红灯前已通过的路口的个数.

(Ⅰ) 求的概率分布;

(Ⅱ) 求 $E\dfrac{1}{1+X}$. □□□

【解析】 (Ⅰ) 由条件知, X 的可能值为 $0,1,2,3$. 以 $A_i, i=1,2,3$ 表示事件"汽车在第 i 个路口首次遇到红灯"; 则 A_1,A_2,A_3 相互独立, 且

$$P(A_i)=P(\overline{A_i})=\frac{1}{2}, i=1,2,3.$$

于是

$$P\{X=0\}=P(A_1)=\frac{1}{2}, P\{X=1\}=P(\overline{A_1}A_2)=\frac{1}{2^2},$$

$$P\{X=2\}=P(\overline{A_1}\,\overline{A_2}A_3)=\frac{1}{2^3},\quad P\{X=3\}=P(A_1A_2A_3)=\frac{1}{2^3}.$$

因此 X 的概率分布为

X	0	1	2	3
P	$\frac{1}{2}$	$\frac{1}{4}$	$\frac{1}{8}$	$\frac{1}{8}$

(Ⅱ)

$$E\frac{1}{1+X}=\frac{1}{2}+\frac{1}{2}\cdot\frac{1}{4}+\frac{1}{3}\cdot\frac{1}{8}+\frac{1}{4}\cdot\frac{1}{8}=\frac{67}{96}.$$

【例 4】 从学校乘汽车到火车站的途中有 3 个交通岗, 假设在各个交通岗遇到红灯的事件是相互独立的, 并且概率都是 $\frac{2}{5}$. 设 X 为途中遇到红灯的次数, 求随机变量 X 的分布律、分布函数和数学期望. □□□

【解析】 X 服从二项分布 $B\left(3,\frac{2}{5}\right)$, X 的可能取值为 $0,1,2,3$. 从而

$$P\{X=0\}=\left(1-\frac{2}{5}\right)^3=\frac{27}{125},\quad P\{X=1\}=\mathrm{C}_3^1\cdot\frac{2}{5}\cdot\left(1-\frac{2}{5}\right)^2=\frac{54}{125}$$

$$P\{X=2\}=\mathrm{C}_3^2\left(\frac{2}{5}\right)^2\left(1-\frac{2}{5}\right)=\frac{36}{125},\quad P\{X=3\}=\left(\frac{2}{5}\right)^3=\frac{8}{125},$$

即 X 的分布律为

X	0	1	2	3
P	$\frac{27}{125}$	$\frac{54}{125}$	$\frac{36}{125}$	$\frac{8}{125}$

因此, X 的分布函数为

$$F(x)=P\{X\leqslant x\}=\begin{cases}0, & x<0,\\ \dfrac{27}{125}, & 0\leqslant x<1,\\ \dfrac{81}{125}, & 1\leqslant x<2,\\ \dfrac{117}{125}, & 2\leqslant x<3,\\ 1, & x\geqslant 3,\end{cases}$$

故 X 的数学期望为

$$E(X)=0\cdot\frac{27}{125}+1\cdot\frac{54}{125}+2\cdot\frac{36}{125}+3\cdot\frac{8}{125}=\frac{6}{5}.$$

四、连续型随机变量及其分布

1. 连续型随机变量

设随机变量 X 的分布函数为 $F(x)$, 若存在某个非负可积函数 $f(x)$, 使得对任意的实数 $x\in(-\infty,+\infty)$, 都有 $F(x)=\int_{-\infty}^{x}f(t)\mathrm{d}t$, 则称 X 为连续型随机变量, 其中 $f(x)$ 称为 X 的概率密度函数, 简称概率密度或密度函数.

2. 概率密度函数性质

函数 $f(x)$ 为某一连续型随机变量 X 的密度函数的充要条件是

(1) 非负性: $f(x)\geqslant 0$;

(2) 规范性: $\int_{-\infty}^{+\infty}f(x)\mathrm{d}x=1$.

3. 分布函数的性质

(1) $P\{x_1<X\leqslant x_2\}=F(x_2)-F(x_1)=\int_{x_1}^{x_2}f(x)\mathrm{d}x$.

【名师点睛】 连续型随机变量 X 落在某一区间的概率等于 X 的概率密度函数 $f(x)$ 在这段区间上的积分, 即密度函数 $f(x)$ 在这段区间上所围成的曲边梯形的面积.

(2) 若 $f(x)$ 在 x 处连续, 则 $F'(x)=f(x)$.

(3) 设 X 为连续型随机变量, 则对任意的实数 $x\in\mathbf{R}$, 有 $P\{X=x\}=0$ 成立.

题型3　连续型随机变量分布函数的性质

【例 1】 设 X_1 和 X_2 是任意两个相互独立的连续型随机变量, 它们的概率密度分别为 $f_1(x)$ 和 $f_2(x)$, 分布函数分别为 $F_1(x)$ 和 $F_2(x)$, 则 (　).

(A) $f_1(x)+f_2(x)$ 必为某一随机变量的概率密度.

(B) $f_1(x)f_2(x)$ 必为某一随机变量的概率密度.

(C) $F_1(x)+F_2(x)$ 必为某一随机变量的分布函数.

(D) $F_1(x)F_2(x)$ 必为某一随机变量的分布函数. □□□

【解析】 由连续随机变量的密度函数, 分布函数性质, 例证法: 对于 (A)(B) 选项, 举例

$$f_1(x)=\begin{cases}1, & x\in(-1,0],\\ 0, & \text{其他},\end{cases}\quad f_2(x)=\begin{cases}\mathrm{e}^x, & x\in(0,+\infty),\\ 0, & \text{其他},\end{cases}$$

从而 $\int_{-\infty}^{+\infty}[f_1(x)+f_2(x)]\mathrm{d}x=2$, $f_1(x)f_2(x)=0$, 不满足概率密度的性质, 故排除. 对于 (C) 选项, 举例 $F(x)=F_1(x)+F_2(x), F(+\infty)=2$, 不满足分布函数的性质. 故选 (D).

【例 2】设随机变量 X 的概率密度为 $f(x)=\begin{cases}\dfrac{1}{3}, & \text{当}x\in[0,1],\\ \dfrac{2}{9}, & \text{当}x\in[3,6],\text{若}k\text{使得}P\{x\geqslant k\}=\dfrac{2}{3},\\ 0, & \text{其他},\end{cases}$

则 k 的取值范围是________. □□□

【解析】 只要作出 $f(x)$ 的图形如图 2.1, 并理解概率 $P\{X\geqslant k\}$ 表示 $x\geqslant k$ 时 $f(x)$ 与 x 轴围成的面积, 即知 $k\in[1,3]$.

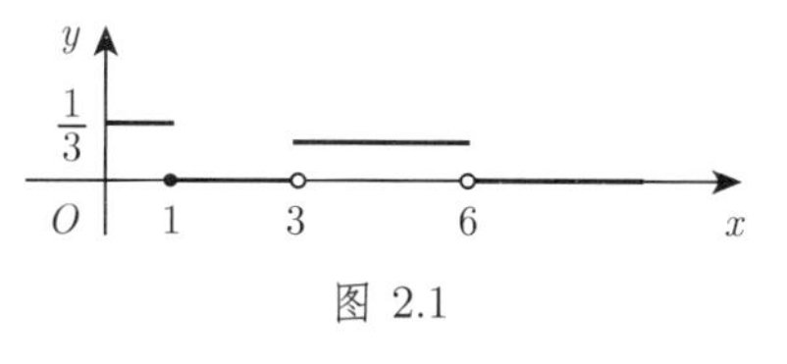

图 2.1

【例 3】 设随机变量 X 的密度函数为 $\varphi(x)$, 且 $\varphi(-x)=\varphi(x), F(x)$ 是 X 的分布函数, 则对任意实数 a, 有 (　).

(A) $F(-a)=1-\int_0^a\varphi(x)\,\mathrm{d}x$.　　(B) $F(-a)=\dfrac{1}{2}-\int_0^a\varphi(x)\,\mathrm{d}x$.

(C) $F(-a)=F(a)$.　　(D) $F(-a)=2F(a)-1$. □□□

【解析】 由题设得

$$F(-a)=\int_{-\infty}^{-a}\varphi(x)\mathrm{d}x=\int_{+\infty}^{a}\varphi(-t)\mathrm{d}(-t)=\int_a^{+\infty}\varphi(x)\mathrm{d}x,$$

且

$$1=\int_{-\infty}^{+\infty}\varphi(x)\mathrm{d}x=\int_{-\infty}^{-a}\varphi(x)\mathrm{d}x+\int_{-a}^{a}\varphi(x)\mathrm{d}x+\int_a^{+\infty}\varphi(x)\mathrm{d}x=2F(-a)+2\int_0^a\varphi(x)\mathrm{d}x$$

所以
$$F(-a)=\frac{1}{2}-\int_0^a \varphi(x)\,\mathrm{d}x.$$
故选 (B).

【例 4】 已知随机变量 X 的概率密度函数 $f(x)=\frac{1}{2}\mathrm{e}^{-|x|}, -\infty<x<+\infty$, 则 X 的概率分布函数 $F(x)=$________. □□□

【解析】 由分布函数定义得 $F(x)=P\{X\leqslant x\}=\int_{-\infty}^{x} f(t)\mathrm{d}t=\int_{-\infty}^{x}\frac{1}{2}\mathrm{e}^{-|t|}\mathrm{d}t.$

当 $x<0$ 时, $F(x)=\int_{-\infty}^{x}\frac{1}{2}\mathrm{e}^{t}\mathrm{d}t=\frac{1}{2}\mathrm{e}^{t}\Big|_{-\infty}^{x}=\frac{1}{2}\mathrm{e}^{x}$;

当 $x\geqslant 0$ 时, $F(x)=\int_{-\infty}^{0}\frac{1}{2}\mathrm{e}^{t}\mathrm{d}t+\int_0^x\frac{1}{2}\mathrm{e}^{-t}\mathrm{d}t=\frac{1}{2}\mathrm{e}^{t}\Big|_{-\infty}^{0}-\frac{1}{2}\mathrm{e}^{-t}\Big|_0^x=1-\frac{1}{2}\mathrm{e}^{-x}.$

故分布函数为
$$F(x)=\begin{cases}\frac{1}{2}\mathrm{e}^{x}, & x<0,\\ 1-\frac{1}{2}\mathrm{e}^{-x}, & x\geqslant 0.\end{cases}$$

五、常见的连续型随机变量分布

1. 均匀分布

(1) 若连续型随机变量 X 的密度函数为
$$f(x)=\begin{cases}\frac{1}{b-a}, & a<x<b,\\ 0, & \text{其他}.\end{cases}$$
则称 X 在区间 (a,b) 上服从均匀分布, 记为 $X\sim U(a,b)$, 其中 a,b 是均匀分布的参数.

(2) 均匀分布的分布函数

若随机变量 X 在区间 (a,b) 上服从均匀分布, 则 X 的分布函数为
$$F(x)=\begin{cases}0, & x<a,\\ \frac{x-a}{b-a}, & a\leqslant x<b,\\ 1, & x\geqslant b.\end{cases}$$

【名师点睛】 改变密度函数在有限个点处的函数值后得到的函数仍是原随机变量的密度函数, 因此, 闭区间 $[a,b]$ 上的均匀分布和开区间 (a,b) 上的均匀分布没有本质上的区别. 若连续性随机变量 X 的密度函数为

$$f(x)=\begin{cases}\dfrac{1}{b-a}, & a\leqslant x\leqslant b,\\ 0, & \text{其他},\end{cases}$$

则称 X 在区间 $[a,b]$ 上服从均匀分布, 记为 $X\sim U[a,b]$, 其中 a,b 是均匀分布的参数.

2. 指数分布

(1) 若随机变量 X 的密度函数为

$$f(x)=\begin{cases}\lambda \mathrm{e}^{-\lambda x}, & x>0,\\ 0, & x\leqslant 0.\end{cases}$$

其中 $\lambda>0$ 为参数, 则称 X 服从参数为 λ 的指数分布, 记为 $X\sim E(\lambda)$.

(2) 指数分布的分布函数

$$F(x)=\begin{cases}1-\mathrm{c}^{-\lambda x}, & x>0,\\ 0, & x\leqslant 0.\end{cases}$$

3. 正态分布

(1) 若连续型随机变量 X 的密度函数为

$$f(x)=\frac{1}{\sqrt{2\pi}\sigma}\mathrm{e}^{-\frac{(x-\mu)^2}{2\sigma^2}},\quad -\infty<x<+\infty,$$

其中 $\mu,\sigma(-\infty<\mu<+\infty,\sigma>0)$ 为常数, 则称 X 服从参数为 μ 和 σ^2 的正态分布, 记为 $X\sim N(\mu,\sigma^2)$, 其图形如图 2.2 所示.

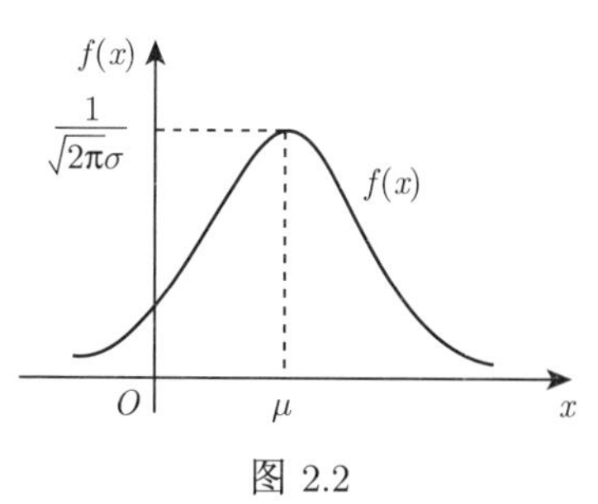

图 2.2

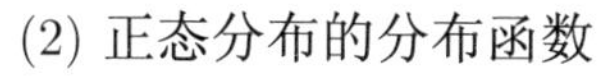
(2) 正态分布的分布函数

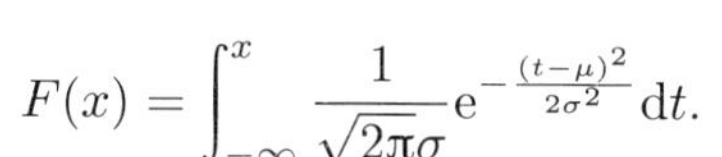

$$F(x)=\int_{-\infty}^{x}\frac{1}{\sqrt{2\pi}\sigma}\mathrm{e}^{-\frac{(t-\mu)^2}{2\sigma^2}}\mathrm{d}t.$$

4. 正态分布密度函数的性质

(1) 若 $X\sim N(\mu,\sigma^2)$, 则随机变量 X 的密度函数曲线关于 $x=\mu$ 对称. 即对于任意 $h>0$, 有 $P\{\mu-h<X\leqslant\mu\}=P\{\mu<X\leqslant\mu+h\}$.

(2) 当 $x=\mu$ 时, 密度函数 $f(x)$ 达到最大值

$$f(\mu)=\frac{1}{\sqrt{2\pi}\sigma},$$

并且 x 离 μ 越远, $f(x)$ 的值越小.

(3) 因为任何一个密度函数 $f(x)$ 在 $(-\infty,+\infty)$ 内围成的曲边梯形的面积为 1, 所以服从参数为 μ 和 σ 的正态分布的随机变量 X 一定满足

$$P\{X\leqslant\mu\}=P\{X<\mu\}=P\{X\geqslant\mu\}=P\{X>\mu\}=\frac{1}{2}.$$

5. 正态分布和的分布

(1) 若 $X\sim N(\mu,\sigma^2)$, 则 $Y=aX+b$ 也服从正态分布, 且 $Y\sim N(a\mu+b,(a\sigma)^2)$.

(2) 若 $X_1\sim N(\mu_1,\sigma_1^2)$ 和 $X_2\sim N(\mu_2,\sigma_2^2)$ 相互独立, 则 $Y=X_1+X_2$ 也服从正态分布, 且 $Y\sim N(\mu_1+\mu_2,\sigma_1^2+\sigma_2^2)$.

【易错提示】 若 $X_1\sim N(\mu_1,\sigma_1^2)$ 和 $X_2\sim N(\mu_2,\sigma_2^2)$ 不独立, 则 $Y=X_1+X_2$ 不一定服从正态分布.

6. 标准正态分布

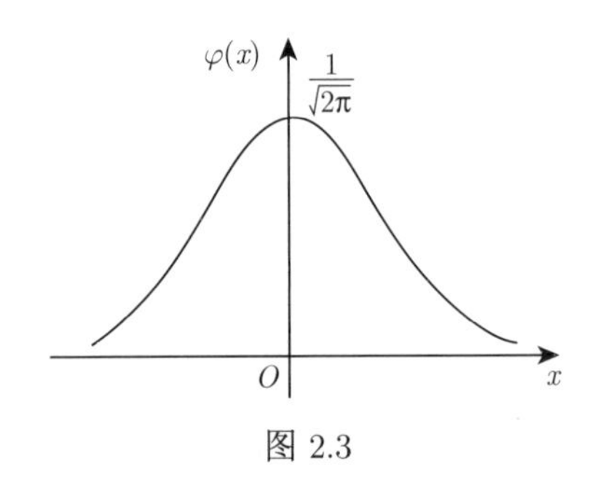

图 2.3

若随机变量 X 服从参数 $\mu=0,\sigma^2=1$ 的正态分布, 则称随机变量 X 服从标准正态分布, 记为 $X\sim N(0,1)$. 标准正态分布的密度函数用 $\varphi(x)$ 表示, 因此有

$$\varphi(x)=\frac{1}{\sqrt{2\pi}}\mathrm{e}^{-\frac{x^2}{2}},-\infty<x<+\infty.$$

标准正态分布密度函数 $\varphi(x)$ 的图形如图 2.3 所示.

分布函数用 $\Phi(x)$ 表示,

$$\Phi(x)=\int_{-\infty}^{x}\frac{1}{\sqrt{2\pi}}\mathrm{e}^{-\frac{t^2}{2}}\mathrm{d}t,\quad -\infty<x<+\infty.$$

7. 标准正态分布的性质

若 $X\sim N(0,1)$, 则密度函数 $\varphi(x)$ 和分布函数 $\Phi(x)$ 有如下性质:

(1) $\varphi(-x)=\varphi(x)$, 即 $\varphi(x)$ 是偶函数, 关于 y 轴对称;

(2) $\Phi(-x)=1-\Phi(x)$;

(3) $\Phi(0)=\frac{1}{2}$;

(4) $P\{|X|\leqslant a\}=2\Phi(a)-1$.

8. 正态分布的标准化

若 $X\sim N(\mu,\sigma^2)$, 令 $Y=\frac{X-\mu}{\sigma}$, 则 $Y=\frac{X-\mu}{\sigma}\sim N(0,1)$. 这个过程称为正态分布的标准化过程. 若 $X\sim N(\mu,\sigma^2)$, 则有

$$P\{X\leqslant x\}=P\left\{\frac{X-\mu}{\sigma}\leqslant\frac{x-\mu}{\sigma}\right\}=\Phi\left(\frac{x-\mu}{\sigma}\right),$$

$$P\{x_1 < X \leqslant x_2\} = P\left\{\frac{x_1-\mu}{\sigma} < \frac{X-\mu}{\sigma} \leqslant \frac{x_2-\mu}{\sigma}\right\} = \Phi\left(\frac{x_2-\mu}{\sigma}\right) - \Phi\left(\frac{x_1-\mu}{\sigma}\right).$$

9. 正态分布的上 α 分位点

设 $X \sim N(0,1)$, 对于给定的 $\alpha \in (0,1)$, 若实数 u_α 满足条件: $P\{X > u_\alpha\} = \alpha$, 则称 u_α 为标准正态分布的上 α 分位点.

题型4 利用均匀分布和指数分布计算概率

【例 1】 若随机变量 ξ 在 $(1,6)$ 上服从均匀分布, 则方程 $x^2+\xi x+1=0$ 有实根的概率是________. □□□

【解析】 由题设, ξ 的概率密度函数为

$$f(x) = \begin{cases} \dfrac{1}{5}, & 1 < x < 6, \\ 0, & \text{其他}. \end{cases}$$

而方程 $x^2+\xi x+1=0$ 有实根的充要条件为 $\Delta = \xi^2 - 4 \geqslant 0$, 因此所求的概率为

$$P\{\Delta = \xi^2 - 4 \geqslant 0\} = P\{\xi \geqslant 2\} + P\{\xi \leqslant -2\} = \int_2^6 \frac{1}{5}\mathrm{d}x = \frac{4}{5}.$$

【例 2】 设随机变量 Y 服从参数为 1 的指数分布, a 为常数且大于零, 则 $P\{Y \leqslant a+1 | Y > a\} =$________. □□□

【解析】 由题设得

$$P\{Y \leqslant a+1 | Y > a\} = \frac{P\{a < Y \leqslant a+1\}}{P\{Y > a\}} = \frac{\displaystyle\int_a^{a+1} \mathrm{e}^{-x}\mathrm{d}x}{\displaystyle\int_a^{+\infty} \mathrm{e}^{-x}\mathrm{d}x} = 1 - \frac{1}{\mathrm{e}}.$$

【例 3】 某仪器装有三只独立工作的同型号电子元件, 其寿命 (单位: 小时) 都服从同一指数分布, 分布密度为 $f(x) = \begin{cases} \dfrac{1}{600}\mathrm{e}^{-\frac{x}{600}}, & \text{若}x > 0, \\ 0, & \text{若} \leqslant 0, \end{cases}$ 且各元件的状态相互独立, 试求: 在仪器使用的最初 200 小时内, 至少有一只电子元件损坏的概率 α. □□□

【解析】 设三只元件编号分别为 1,2,3; 以 $A_i\,(i=1,2,3)$ 表示事件 "在仪器使用的最初 200 小时内, 第 i 只元件损坏"; 以 $X_i(i=1,2,3)$ 表示 "第 i 只元件的使用寿命". 由题意知 $X_i(i=1,2,3)$ 服从密度为 $f(x)$ 的指数分布. 易见

$$P(\bar{A}_i) = P\{X_i > 200\} = \int_{200}^{+\infty} \frac{1}{600}\mathrm{e}^{-\frac{x}{600}}\mathrm{d}x = \mathrm{e}^{-\frac{1}{3}}.$$

所求事件的概率

$$\alpha = P(A_1 + A_2 + A_3) = 1 - P(\overline{A_1}\,\overline{A_2}\,\overline{A_3}) = 1 - \left(e^{-\frac{1}{3}}\right)^3 = 1 - e^{-1}.$$

题型5　正态分布的相关计算

【例 1】 设 $f(x) = ke^{-x^2+2x-1}, -\infty < x < +\infty$ 是一个概率密度, 则 $k =$________.

□□□

【解析】 由题设, X 服从正态分布, 故

$$f(x) = ke^{-x^2+2x-1} = ke^{-(x-1)^2} = ke^{\frac{-(x-1)^2}{2(\sqrt{\frac{1}{2}})^2}},$$

与正态分布比较得 $X \sim N\left(1, \frac{1}{2}\right)$, 于是 $k = \dfrac{1}{\sqrt{2\pi}\sqrt{\frac{1}{2}}} = \dfrac{1}{\sqrt{\pi}}$.

【例 2】 若随机变量 X 服从均值为 2, 方差为 σ^2 的正态分布, 且 $P\{2 < X < 4\} = 0.3$, 则 $P\{X < 0\} =$________.

□□□

【解析】 由 $X \sim N(2, \sigma^2)$, 知 $\dfrac{X-2}{\sigma} \sim N(0,1)$. 于是有

$$P(2 < X < 4) = P\left(\frac{2-2}{\sigma} < \frac{X-2}{\sigma} < \frac{4-2}{\sigma}\right) = P\left\{0 < \frac{X-2}{\sigma} < \frac{2}{\sigma}\right\}$$

$$= \Phi\left(\frac{2}{\sigma}\right) - \Phi(0) = \Phi\left(\frac{2}{\sigma}\right) - 0.5 = 0.3.$$

因此 $\Phi\left(\dfrac{2}{\sigma}\right) = 0.8$. 故

$$P\{X < 0\} = P\left(\frac{X-2}{\sigma} < \frac{0-2}{\sigma}\right) = \Phi\left(-\frac{2}{\sigma}\right) = 1 - \Phi\left(\frac{2}{\sigma}\right) = 1 - 0.8 = 0.2.$$

【例 3】 设随机变量 X 服从正态分布 $N(\mu, \sigma^2)$, 则随着 σ 的增大, 概率 $P\{|X-\mu| < \sigma\}$ (　).

(A) 单调增大.　　(B) 单调减小.　　(C) 保持不变.　　(D) 增减不定.

□□□

【解析】 因为 $X \sim N(\mu, \sigma^2)$, 所以 $\dfrac{X-\mu}{\sigma} \sim N(0,1)$, 于是

$$P\{|X-\mu| < \sigma\} = P\left\{\frac{|X-\mu|}{\sigma} < 1\right\} = 2\Phi(1) - 1.$$

所求概率 $P\{|X-\mu|<\sigma\}$ 不随 σ 的变化而变化, 故选 (C).

【例 4】 设随机变量 X 与 Y 均服从正态分布, $X\sim N(\mu,4^2),Y\sim N(\mu,5^2)$, 记 $p_1=P\{X\leqslant\mu-4\},p_2=P\{Y\geqslant\mu+5\}$, 则 (　).

(A) 对任何实数 μ, 都有 $p_1=p_2$.　　(B) 对任何实数 μ, 都有 $p_1<p_2$.

(C) 只对 μ 的个别值, 才有 $p_1=p_2$.　(D) 对任何实数 μ, 都有 $p_1>p_2$.　□□□

【解析】 因为 $X\sim N(\mu,4^2),Y\sim N(\mu,5^2)$, 由标准正态分布的性质可知:

$$\frac{X-\mu}{4}\sim N(0,1),\quad \frac{Y-\mu}{5}\sim N(0,1).$$

所以

$$p_1=P\{X\leqslant\mu-4\}=P\left\{\frac{X-\mu}{4}\leqslant-1\right\}=\Phi(-1)=1-\Phi(1).$$

$$p_2=P\{Y\geqslant\mu+5\}=P\left\{\frac{Y-\mu}{5}\geqslant1\right\}=1-P\left\{\frac{Y-\mu}{5}<1\right\}=1-\Phi(1).$$

即对任何实数 μ, 都有 $p_1=p_2$, 故选 (A).

【例 5】 设随机变量 X 服从正态分布 $N(0,1)$, 对给定的 $\alpha(0<\alpha<1)$, 数 u_α 满足 $P\{X>u_\alpha\}=\alpha$. 若 $P\{|X|<x\}=\alpha$, 则 x 等于 (　).

(A) $u_{\frac{\alpha}{2}}$.　　(B) $u_{1-\frac{\alpha}{2}}$.　　(C) $u_{\frac{1-\alpha}{2}}$.　　(D) $u_{1-\alpha}$.　□□□

【解析】 由标准正态分布概率密度的对称性, 可知 $P\{X\leqslant-x\}=P\{X\geqslant x\}$, 则

$$\begin{aligned}\alpha=P\{|X|<x\}&=1-P\{|X|\geqslant-x\}\\&=1-[P\{X\geqslant x\}+P\{X\leqslant-x\}]\\&=1-2P\{X\geqslant x\},\end{aligned}$$

故

$$P\{X\geqslant x\}=P\{X>x\}=\frac{1-\alpha}{2},$$

再由 u_α 的定义知 $x=u_{\frac{1-\alpha}{2}}$, 故选 (C).

【例 6】 设随机变量 X 与 Y 独立, 且 X 服从均值为 1, 标准差 (均方差) 为 $\sqrt{2}$ 的正态分布, 而 Y 服从标准正态分布, 试求随机变量 $Z=2X-Y+3$ 的概率密度函数.　□□□

【解析】 因为 X 与 Y 是相互独立且都服从正态分布的随机变量, 其线性组合仍然服从正态分布, 故只需确定 Z 的均值 $E(Z)$ 和方差 $D(Z)$.

由于

$$E(Z)=2E(X)-E(Y)+3=5,\quad D(Z)=2^2D(X)+D(Y)=9.$$

所以 $Z\sim N(5,9)$, 故 Z 的概率密度函数为 $f_z(z)=\dfrac{1}{3\sqrt{2\pi}}\mathrm{e}^{-\frac{(z-5)^2}{18}}$.

六、一维随机变量函数的分布

1. 离散型随机变量函数的分布

设 X 是离散型随机变量, 且其分布律为 $P\{X=x_k\}=p_k$, $k=1,2,\cdots$, 令随机变量 $Y=g(X)$, 若 $y=g(x)$ 一切可能的值两两不等, 则 $P\{Y=g(x_k)\}=p_k$, $k=1,2,\cdots$ 就是 Y 的分布律, 否则将相等的 $y=g(x)$ 值对应的概率相加, 即可得离散型随机变量 $Y=g(X)$ 的分布律.

【规律总结】 离散型随机变量函数分布律的计算步骤如下.

(1) 定取值: 确定随机变量 $Y=g(X)$ 的取值.
因为随机变量 X 的所有取值为 $x_1,x_2,\cdots,x_k,\cdots$, 所以随机变量 $Y=g(X)$ 的所有取值为

$$g(x_1),g(x_2),\cdots,g(x_k),\cdots$$

(2) 算概率: 计算随机变量 $Y=g(X)$ 取值 $g(x_k)$ 时的概率 $k=1,2,\cdots$

$$P\{Y=g(x_k)\}=P\{g(X)=g(x_k)\}=P\{X=x_k\}=p_k,\ k=1,2,\cdots$$

(3) 并取值: 对于随机变量 $Y=g(X)$ 的取值 $g(x_1),g(x_2),\cdots,g(x_k),\cdots$ 相等者概率相加, 即得到 $Y=g(X)$ 的分布律.

2. 连续型随机变量函数的分布

设随机变量 X 的密度函数为 $f_X(x)$, 令随机变量 $Y=g(X)$, 求随机变量 $Y=g(X)$ 的密度函数 $f_Y(y)$.

【定义法】 (1) 随机变量 $Y=g(X)$ 的分布函数:

$$F_Y(y)=P\{Y\leqslant y\}=P\{g(X)\leqslant y\}=\int_{g(x)\leqslant y}f_X(x)\mathrm{d}x.$$

(2) 求随机变量 $Y=g(X)$ 的密度函数 $f_Y(y)=F_Y'(y)$.

【公式法】 设连续型随机变量 X 的密度函数为 $f_X(x)$, $-\infty<x<+\infty$, 又设函数 $y=g(x)$ 单调且处处可导, 并具有反函数 $x=h(y)$, 则 $Y=g(X)$ 也是连续型随机变量, 且其密度函数为

$$f_Y(y)=\begin{cases} f_X(h(y))\cdot|h'(y)|, & \alpha<y<\beta, \\ 0, & \text{其他}. \end{cases}$$

其中 $\alpha=\min\{g(-\infty),g(+\infty)\}$, $\beta=\max\{g(-\infty),g(+\infty)\}$.

题型6 一维随机变量函数的分布

【例 1】 已知随机变量 X 的分布律为

X	1	2	3	$\cdots$	n	$\cdots$
P	$\frac{1}{2}$	$\left(\frac{1}{2}\right)^2$	$\left(\frac{1}{2}\right)^3$	$\cdots$	$\left(\frac{1}{2}\right)^n$	$\cdots$

求 $Y=\sin\left(\frac{\pi}{2}X\right)$ 的分布律. □□□

【解析】 $Y=\sin\left(\frac{\pi}{2}X\right)$ 有三个可能取值 $-1,0,1$. 由题设得

$$P\{Y=-1\}=\frac{1}{2^3}+\frac{1}{2^7}+\frac{1}{2^{11}}+\cdots=\frac{2}{15};$$
$$P\{Y=0\}=\frac{1}{2^2}+\frac{1}{2^4}+\frac{1}{2^6}+\cdots=\frac{1}{3};$$
$$P\{Y=1\}=\frac{1}{2^1}+\frac{1}{2^5}+\frac{1}{2^9}+\cdots=\frac{8}{15}.$$

【例 2】 设随机变量 X 的概率密度为 $f_X(x)=\frac{1}{\pi(1+x^2)}$, 求随机变量 $Y=1-\sqrt[3]{X}$ 的概率密度函数 $f_Y(y)$. □□□

【解析】 因为 Y 的分布函数

$$F_Y(y)=P\{Y\leqslant y\}=P\left\{1-\sqrt[3]{X}\leqslant y\right\}=P\left\{X\geqslant(1-y)^3\right\}$$
$$=\int_{(1-y)^3}^{+\infty}\frac{\mathrm{d}x}{\pi(1+x^2)}=\frac{1}{\pi}\arctan x\Big|_{(1-y)^3}^{+\infty}=\frac{1}{\pi}\left[\frac{\pi}{2}-\arctan(1-y)^3\right].$$

故 Y 的概率密度函数为

$$f_Y(y)=F_Y'(y)=\frac{3(1-y)^2}{\pi[1+(1-y)^6]}.$$

【例 3】 假设随机变量 X 在区间 $(1,2)$ 上服从均匀分布. 试求随机变量 $Y=\mathrm{e}^{2X}$ 的概率密度 $f(y)$. □□□

【解析】 由条件知, X 的密度函数为 $f(x)=\begin{cases}1, & 1<x<2,\\ 0, & \text{其他}.\end{cases}$ $F(y)=P\{Y\leqslant y\}$ 为 Y 的分布函数, 则有

$$F(y)=\begin{cases}0, & y\leqslant \mathrm{e}^2,\\ \displaystyle\int_1^{\frac{1}{2}\ln y}\mathrm{d}x, & \mathrm{e}^2<y<\mathrm{e}^4,\\ 1, & y\geqslant \mathrm{e}^4.\end{cases}$$

因此
$$f(y)=F'(y)=\begin{cases}\frac{1}{2y}, & \mathrm{e}^2<y<\mathrm{e}^4,\\ 0, & \text{其他}.\end{cases}$$

【例 4】 设随机变量 X 服从 $(0,2)$ 上的均匀分布, 则随机变量 $Y=X^2$ 在 $(0,4)$ 内的概率分布密度 $f_Y(y)=$________. □□□

【解析】 由已知条件, X 在区间 $(0,2)$ 上服从均匀分布, 得 X 的概率密度函数为

$$f_X(x)=\begin{cases}\dfrac{1}{2}, & 0<x<2,\\ 0, & \text{其他}\end{cases}$$

Y 的分布函数　$F_Y(y)=P\{Y\leqslant y\}=P\left\{X^2\leqslant y\right\}$.

当 $y<0$ 时, $F_Y(y)=0$.

当 $0\leqslant y<4$ 时,

$$\begin{aligned}F_Y(y)&=P\{Y\leqslant y\}=P\left\{X^2\leqslant y\right\}=P\{-\sqrt{y}\leqslant X\leqslant\sqrt{y}\}\\&=\int_{-\sqrt{y}}^{\sqrt{y}}f_X(x)\,\mathrm{d}x=\int_0^{\sqrt{y}}\frac{1}{2}\,\mathrm{d}x=\frac{1}{2}\sqrt{y}.\end{aligned}$$

当 $y\geqslant 4$ 时, $F_Y(y)=1$.

即

$$F_Y(y)=\begin{cases}0, & y<0,\\ \dfrac{1}{2}\sqrt{y}, & 0\leqslant y<4,\\ 1, & y\geqslant 4,\end{cases}$$

故 Y 的概率密度函数为

$$f_Y(y)=F_Y'(y)=\begin{cases}\dfrac{1}{4\sqrt{y}}, & 0\leqslant y<4,\\ 0, & \text{其他}.\end{cases}$$

故随机变量 Y 在 $(0,4)$ 内的概率分布密度为 $f_Y(y)=\dfrac{1}{4\sqrt{y}}$.

【例 5】 设 $X\sim N(0,1)$.

(Ⅰ) 求 $Y=\mathrm{e}^X$ 的概率密度;

(Ⅱ) 求 $Y=2X^2+1$ 的概率密度;

(Ⅲ) 求 $Y=|X|$ 的概率密度.　　□□□

【解析】 (Ⅰ) 当 $y<0$ 时, $F_Y(y)=P\{Y\leqslant y\}=0$.

当 $y\geqslant 0$ 时, $F_Y(y)=P\{Y\leqslant y\}=P\left\{\mathrm{e}^X\leqslant y\right\}=P\{X\leqslant\ln y\}=\dfrac{1}{\sqrt{2\pi}}\displaystyle\int_{-\infty}^{\ln y}\mathrm{e}^{-\frac{1}{2}x^2}\mathrm{d}x$.

故密度函数

$$f(y)=\begin{cases}0, & y<0,\\ \dfrac{1}{\sqrt{2\pi}y}\mathrm{e}^{-\frac{1}{2}(\ln y)^2}, & y\geqslant 0.\end{cases}$$

(Ⅱ) 当 $y<1$ 时, $F_Y(y)=P\{Y\leqslant y\}=0$.

当 $y\geqslant 1$ 时, $F_Y(y)=P\{Y\leqslant y\}=P\left\{2X^2+1\leqslant y\right\}$

$$=P\left\{-\sqrt{\frac{y-1}{2}}\leqslant X\leqslant\sqrt{\frac{y-1}{2}}\right\}=\frac{1}{\sqrt{2\pi}}\int_{-\sqrt{\frac{y-1}{2}}}^{\sqrt{\frac{y-1}{2}}}\mathrm{e}^{-\frac{1}{2}x^2}\mathrm{d}x.$$

故密度函数

$$f(y)=\begin{cases}0, & y<1,\\ \dfrac{1}{2\sqrt{\pi(y-1)}}\mathrm{e}^{-\frac{y-1}{4}}, & y\geqslant 1.\end{cases}$$

(Ⅲ) 当 $y<0$ 时, $F_Y(y)=P\{Y\leqslant y\}=0$.
当 $y\geqslant 0$ 时, $F_Y(y)=P\{Y\leqslant y\}=P\{|X|\leqslant y\}=P\{-y\leqslant X\leqslant y\}=\dfrac{1}{\sqrt{2\pi}}\int_{-y}^{y}\mathrm{e}^{-\frac{1}{2}x^2}\mathrm{d}x$.
故密度函数

$$f(y)=\begin{cases}0, & y<0,\\ \sqrt{\dfrac{2}{\pi}}\mathrm{e}^{-\frac{1}{2}y^2}, & y\geqslant 0.\end{cases}$$

第三节　专题精讲及解题技巧

专题一　一维随机变量函数的分布函数综合题

【例 1】 设随机变量 X 的概率密度函数为

$$f(x)=\begin{cases}\dfrac{1}{\pi}, & -\dfrac{\pi}{2}<x<\dfrac{\pi}{2},\\ 0, & \text{其他}.\end{cases}$$

求 $Y=\sin X$ 的分布函数. □□□

【解析】 Y 的分布函数为

$$F_Y(y)=P\{Y\leqslant y\}=P\{\sin X\leqslant y\}.$$

当 $y<-1$ 时, $F_Y(y)=0$;
当 $-1\leqslant y<1$ 时,

$$F_Y(y)=P\{X\leqslant \arcsin y\}=\int_{-\frac{\pi}{2}}^{\arcsin y}\frac{1}{\pi}\mathrm{d}x=\frac{\arcsin y+\dfrac{\pi}{2}}{\pi};$$

当 $y\geqslant 1$ 时, $F_Y(y)=1$.

【例 2】 设随机变量 X 的概率密度函数为 $f(x)=\begin{cases}\dfrac{1}{5}, & -1<x<2,\\ \dfrac{2}{5}, & 3<x<4,\\ 0, & \text{其他}.\end{cases}$ 求 $Y=|X|$ 的分布函数. □□□

【解析】 Y 的分布函数为

$$F_Y(y)=P\{Y\leqslant y\}=P\{|X|\leqslant y\}.$$

当 $y<0$ 时，$F_Y(y)=0$;

当 $0\leqslant y<1$ 时，$F_Y(y)=P\{-y\leqslant X\leqslant y\}=\int_{-y}^{y}\frac{1}{5}\mathrm{d}x=\frac{2}{5}y$;

当 $1\leqslant y<2$ 时，$F_Y(y)=P\{-1\leqslant X<y\}=\int_{-1}^{y}\frac{1}{5}\mathrm{d}x=\frac{y+1}{5}$;

当 $2\leqslant y<3$ 时，$F_Y(y)=P\{-1\leqslant X<2\}=\int_{-1}^{2}\frac{1}{5}\mathrm{d}x=\frac{3}{5}$;

当 $3\leqslant y<4$ 时，

$$F_Y(y)=P\{-1\leqslant X<2\}+P\{3\leqslant X<y\}=\int_{-1}^{2}\frac{1}{5}\mathrm{d}x+\int_{3}^{y}\frac{2}{5}\mathrm{d}x=\frac{3}{5}+\frac{2}{5}(y-3);$$

当 $y\geqslant 4$ 时，$F_Y(y)=1$.

【例 3】 设随机变量 X 的概率密度为 $f_X(x)=\begin{cases}\frac{1}{2}, & -1<x<0,\\ \frac{1}{4}, & 0\leqslant x<2,\\ 0, & \text{其他}.\end{cases}$

令 $Y=X^2, F(x,y)$ 为二维随机变量 (X,Y) 的分布函数, 求 (Ⅰ) Y 的概率密度 $f_Y(y)$; (Ⅱ) $\mathrm{Cov}(X,Y)$; (Ⅲ) $F\left(-\frac{1}{2},4\right)$. □□□

【解析】 (Ⅰ) Y 的分布函数为

$$F_Y(y)=P\{Y\leqslant y\}=P\left\{X^2\leqslant y\right\}.$$

当 $y<0$ 时, $F_Y(y)=0, f_Y(y)=0$.

当 $0\leqslant y<1$ 时，

$$\begin{aligned}F_Y(y)&=P\{-\sqrt{y}\leqslant X\leqslant\sqrt{y}\}\\&=P\{-\sqrt{y}\leqslant X<0\}+P\{0\leqslant X\leqslant\sqrt{y}\}\\&=\frac{1}{2}\sqrt{y}+\frac{1}{4}\sqrt{y}=\frac{3}{4}\sqrt{y}.\end{aligned}$$

当 $1\leqslant y<4$ 时，

$$\begin{aligned}F_Y(y)&=P\{-1\leqslant X<0\}+P\{0\leqslant X\leqslant\sqrt{y}\}\\&=\frac{1}{2}+\frac{1}{4}\sqrt{y}.\end{aligned}$$

当 $y\geqslant 4$ 时, $F_Y(y)=1, f_Y(y)=0$.

故 Y 的概率密度为

$$f_Y(y)=\begin{cases}\frac{3}{8\sqrt{y}}, & 0<y<1,\\ \frac{1}{8\sqrt{y}}, & 1\leqslant y<4,\\ 0, & \text{其他}.\end{cases}$$

(Ⅱ)
$$EX=\int_{-\infty}^{+\infty}xf_X(x)\,\mathrm{d}x=\int_{-1}^{0}\frac{1}{2}x\mathrm{d}x+\int_{0}^{2}\frac{1}{4}x\mathrm{d}x=\frac{1}{4},$$

$$EY=EX^2=\int_{-\infty}^{+\infty}x^2f_X(x)\,\mathrm{d}x=\int_{-1}^{0}\frac{1}{2}x^2\mathrm{d}x+\int_{0}^{2}\frac{1}{4}x^2\mathrm{d}x=\frac{5}{6},$$

$$E(XY)=EX^3=\int_{-\infty}^{+\infty}x^3f_X(x)\,\mathrm{d}x=\int_{-1}^{0}\frac{1}{2}x^3\mathrm{d}x+\int_{0}^{2}\frac{1}{4}x^3\mathrm{d}x=\frac{7}{8},$$

故 $\mathrm{Cov}(X,Y)=E(XY)-EX\cdot EY=\dfrac{2}{3}$.

(Ⅲ)
$$\begin{aligned}F\left(-\frac{1}{2},4\right)&=P\left\{X\leqslant-\frac{1}{2},Y\leqslant4\right\}=P\left\{X\leqslant-\frac{1}{2},X^2\leqslant4\right\}\\&=P\left\{X\leqslant-\frac{1}{2},-2\leqslant X\leqslant2\right\}=P\left\{-2\leqslant X\leqslant-\frac{1}{2}\right\}\\&=P\left\{-1<X\leqslant-\frac{1}{2}\right\}=\frac{1}{4}.\end{aligned}$$

【例 4】 设随机变量 X 的概率密度函数为 $f(x)=\begin{cases}\dfrac{1}{4}, & |x|<1,\\ \dfrac{1}{8}, & 1<|x|<3,\\ 0, & \text{其他}.\end{cases}$

求 $Y=g(X)=\begin{cases}X^2+1, & X<1,\\ 2, & X\geqslant1\end{cases}$ 的分布函数. □□□

【解析】 Y 的分布函数为

$$F_Y(y)=P\{Y\leqslant y\}=P\{g(X)\leqslant y\}.$$

当 $y<1$ 时,
$$F_Y(y)=0;$$

当 $1\leqslant y<2$ 时,
$$F_Y(y)=P\{g(X)\leqslant y\}=P\left\{X^2+1\leqslant y\right\}=\int_{-\sqrt{y-1}}^{\sqrt{y-1}}\frac{1}{4}\mathrm{d}x=\frac{\sqrt{y-1}}{2}.$$

当 $2\leqslant y<10$ 时,
$$\begin{aligned}F_Y(y)&=P\left\{-\sqrt{y-1}\leqslant X\leqslant-1\right\}+P\{-1\leqslant X\leqslant1\}+P\{1\leqslant X<3\}\\&=\int_{-\sqrt{y-1}}^{-1}\frac{1}{8}\mathrm{d}x+\int_{-1}^{1}\frac{1}{4}\mathrm{d}x+\int_{1}^{3}\frac{1}{8}\mathrm{d}x\\&=\frac{5}{8}+\frac{\sqrt{y-1}}{8}.\end{aligned}$$

当 $y\geqslant10$ 时,
$$F_Y(y)=1.$$

【例 5】 设随机变量 X 的概率密度为 $f(x)=\begin{cases}\dfrac{1}{9}x^2, & 0<x<3,\\ 0, & 其他.\end{cases}$ 令随机变量

$$Y=\begin{cases}2, X\leqslant 1,\\ X, 1<X<2,\\ 1, X\geqslant 2.\end{cases}$$

(Ⅰ) 求 Y 的分布函数; (Ⅱ) 求概率 $P\{X\leqslant Y\}$. □□□

【解析】 (Ⅰ) 由题设知, $P\{1\leqslant Y\leqslant 2\}=1$. 记 Y 的分布函数为 $F_Y(y)$, 则

当 $y<1$ 时, $F_Y(y)=0$;

当 $y\geqslant 2$ 时, $F_Y(y)=1$;

当 $1\leqslant y<2$ 时,

$$\begin{aligned}F_Y(y)&=P\{Y\leqslant y\}=P\{Y=1\}+P\{1<Y\leqslant y\}\\&=P\{X\geqslant 2\}+P\{1<X\leqslant y\}=\int_2^3\frac{x^2}{9}\mathrm{d}x+\int_1^y\frac{x^2}{9}\mathrm{d}x\\&=\frac{y^3+18}{27}.\end{aligned}$$

所以 Y 的分布函数为

$$F_Y(y)=\begin{cases}0, & y<1,\\ \dfrac{y^3+18}{27}, & 1\leqslant y<2,\\ 1, & y\geqslant 2.\end{cases}$$

(Ⅱ)
$$P\{X\leqslant Y\}=P\{X<2\}=\int_0^2\frac{x^2}{9}\mathrm{d}x=\frac{8}{27}.$$

【例 6】 假设随机变量 X 服从指数分布, 则随机变量 $Y=\min\{X,2\}$ 的分布函数 ( ).

(A) 是连续函数. (B) 至少有两个间断点. (C) 是阶梯函数. (D) 恰有一个间断点.

□□□

【解析】 令 $F_Y(y)=P\{Y<y\}=P\{\min\{X,2\}<y\}$.

当 $y<0$ 时, $F_Y(y)=0$.

当 $0\leqslant y<2$ 时,

$$\begin{aligned}F_Y(y)&=P\{Y<y\}=P\{\min\{X,2\}<y\}\\&=\int_{-\infty}^y f(x)\mathrm{d}x=\int_0^y\lambda\mathrm{e}^{-\lambda x}\mathrm{d}x=1-\mathrm{e}^{-\lambda y}.\end{aligned}$$

当 $y\geqslant 2$ 时, $F_Y(y)=P\{Y<y\}=P\{\min\{X,2\}<y\}=1$.

分布函数 $F_Y(y)$ 如图 2.4 所示, 因而 $F_Y(y)$ 恰有一个间断点.

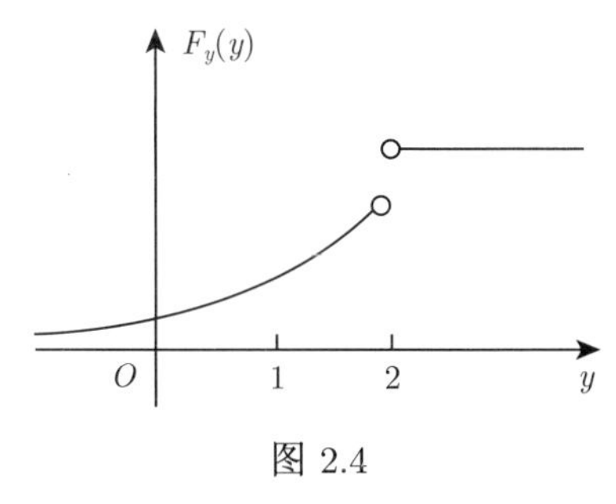

图 2.4

【例 7】 假设随机变量 X 的绝对值不大于 1; $P\{X=-1\}=\frac{1}{8}, P\{X=1\}=\frac{1}{4}$, 在事件 $\{-1<X<1\}$ 出现的条件下, X 在 $(-1,1)$ 内的任一子区间上取值的概率与该子区间长度成正比. 试求:

(Ⅰ) X 的分布函数 $F(x)=P\{X\leqslant x\}$,

(Ⅱ) X 取负值的概率 p. □□□

【解析】(Ⅰ) 由题设可知.

当 $x<-1$ 时, $F(x)=0$; $F(-1)=\frac{1}{8}$; $P\{-1<X<1\}=1-\frac{1}{8}-\frac{1}{4}=\frac{5}{8}$.

在 X 的值属于 $(-1,1)$ 的条件下, 事件 $-1<X\leqslant x,(-1<x<1)$ 的条件概率为

$$P\{-1<X\leqslant x|-1<X<1\}=\frac{x+1}{2}.$$

于是, 当 $-1<X<1$ 时, 有

$$\begin{aligned}P\{-1<X\leqslant x\}&=P\{-1<X\leqslant x,-1<X<1\}\\&=P\{-1<X<1\}\cdot P\{-1<X\leqslant x|-1<X<1\}\\&=\frac{5}{8}\cdot\frac{x+1}{2}=\frac{5x+5}{16}.\end{aligned}$$

$$\begin{aligned}F(x)&=P\{X\leqslant x\}\\&=P\{X\leqslant -1\}+P\{-1<X\leqslant x\}\\&=\frac{5x+7}{16}.\end{aligned}$$

当 $x\geqslant 1$ 时, 有 $F(x)=1$.

因此
$$F(x)=\begin{cases}0, & x<-1,\\ \frac{5x+7}{16}, & -1\leqslant x<1,\\ 1, & x\geqslant 1.\end{cases}$$

(Ⅱ) X 取负值的概率

$$p=P\{X<0\}=F(0)=\frac{7}{16}.$$

【例 8】 设随机变量 X 的概率密度函数 $f(x)=a\mathrm{e}^{-x^2},-\infty<x<+\infty$.
(Ⅰ) 求常数 a; (Ⅱ) 求 $Y=\max\{X,X^2\}$ 的概率密度函数. □□□

【解析】(Ⅰ) 由题设得

$$f(x)=a\mathrm{e}^{-x^2}=a\mathrm{e}^{-\frac{x^2}{2(\frac{\sqrt{2}}{2})^2}},\quad -\infty<x<+\infty,$$

由正态分布的性质知 $a=\dfrac{1}{\sqrt{2\pi}\cdot\dfrac{\sqrt{2}}{2}}=\dfrac{1}{\sqrt{\pi}}$.

(Ⅱ) 由分布函数定义得

$$F_Y(y)=P\{Y\leqslant y\}=P\left\{\max\left\{X,X^2\right\}\leqslant y\right\}.$$

当 $y<0$ 时, $F_Y(y)=0$.

当 $0\leqslant y<1$ 时,

$$\begin{aligned}F_Y(y)&=P\left\{\max\left\{X,X^2\right\}\leqslant y\right\}=P\left\{X\leqslant y,X^2\leqslant y\right\}\\&=P\{X\leqslant y,-\sqrt{y}\leqslant X\leqslant\sqrt{y}\}\\&=P\{-\sqrt{y}\leqslant X\leqslant y\}\\&=\int_{-\sqrt{y}}^{y}\frac{1}{\sqrt{\pi}}\mathrm{e}^{-x^2}\mathrm{d}x.\end{aligned}$$

当 $y\geqslant 1$ 时,

$$\begin{aligned}F_Y(y)&=P\left\{\max\left\{X,X^2\right\}\leqslant y\right\}\\&=P\left\{X\leqslant y,X^2\leqslant y\right\}\\&=P\{X\leqslant y,-\sqrt{y}\leqslant X\leqslant\sqrt{y}\}\\&=P\{-\sqrt{y}\leqslant X\leqslant\sqrt{y}\}\\&=\int_{-\sqrt{y}}^{\sqrt{y}}\frac{1}{\sqrt{\pi}}\mathrm{e}^{-x^2}\mathrm{d}x.\end{aligned}$$

所以 Y 的密度函数为

$$f_Y(y)=\begin{cases}\dfrac{1}{\sqrt{\pi}}\left(\mathrm{e}^{-y^2}+\dfrac{1}{2\sqrt{y}}\mathrm{e}^{-y}\right), & 0\leqslant y<1,\\ \dfrac{1}{\sqrt{\pi y}}\mathrm{e}^{-y}, & y\geqslant 1,\\ 0, & \text{其他}.\end{cases}$$

【例 9】 设随机变量 $X\sim E(1)$, $[X]$ 表示取整函数.

(Ⅰ) 令 $U=\min\{2,[X]\}$, 求 U 的概率分布;

(Ⅱ) 令 $Y=X-[X]$, 求 Y 的密度函数 $f_Y(y)$;

(Ⅲ) 求 $E[X]$.　　□□□

【解析】 (Ⅰ) 由于 $[X]$ 为离散型随机变量, 所以 $U=\min\{2,[X]\}$ 仍为离散型随机变量. 且 U 的取值为 $0,1,2$, 其分布律为

$$P\{U=0\}=P\{[X]=0\}=P\{0\leqslant X<1\}=\int_0^1\mathrm{e}^{-x}\mathrm{d}x=1-\mathrm{e}^{-1}.$$

$$P\{U=1\}=P\{[X]=1\}=P\{1\leqslant X<2\}=\int_1^2\mathrm{e}^{-x}\mathrm{d}x=\mathrm{e}^{-1}-\mathrm{e}^{-2}.$$

$$P\{U=2\}=1-P\{U=0\}-P\{U=1\}=\mathrm{e}^{-2}.$$

即

U	0	1	2
P	$1-\mathrm{e}^{-1}$	$\mathrm{e}^{-1}-\mathrm{e}^{-2}$	e^{-2}

(Ⅱ) 由分布函数定义得 $F_Y(y)=P\{Y\leqslant y\}=P\{x-[x\leqslant y]\}$,

当 $y<0$ 时, $F_Y(y)=0$.

当 $y\geqslant 1$ 时, $F_Y(y)=1$.

当 $0\leqslant y<1$ 时,

$$F_X(y)=P\{Y\leqslant y\}=P\{x-[x]\leqslant y\}=\sum_{k=0}^{\infty}P\{k\leqslant x\leqslant k+y\}$$
$$=\sum_{k=0}^{\infty}\int_k^{k+y}\mathrm{e}^{-x}\mathrm{d}x=\sum_{k=0}^{\infty}(\mathrm{e}^{-k}-\mathrm{e}^{-(k+y)}=\frac{1-\mathrm{e}^{-y}}{1-\mathrm{e}^{-1}}=\frac{\mathrm{e}}{\mathrm{e}-1}(1-\mathrm{e}^{-y}).$$

得
$$F_Y(y)=\begin{cases}0, & y<0,\\ \dfrac{\mathrm{e}}{\mathrm{e}-1}(1-\mathrm{e}^{-y}), & 0\leqslant y<1,\\ 1, & y\geqslant 1.\end{cases}$$

求导得
$$f_Y(y)=\begin{cases}\dfrac{\mathrm{e}^{1-y}}{\mathrm{e}-1}, & 0\leqslant y<1,\\ 0, & \text{其他}.\end{cases}$$

(Ⅲ) 由于 $EX=1,EY=\int_{-\infty}^{+\infty}yf_Y(y)\,\mathrm{d}y=\dfrac{\mathrm{e}-2}{\mathrm{e}-1}$, 所以 $E[x]=EX-EY=\dfrac{1}{\mathrm{e}-1}$.

微信扫码获取本书
完整配套视频

更多考研资讯请关注
新东方薛威微博

第三章　二维随机变量及其分布

第一节　考试要求及考点精讲

一、考试要求

考试要求	科目	考试内容
了解	数学一 数学三	二维正态分布的概率密度
理解	数学一 数学三	多维随机变量的概念; 多维随机变量的分布的概念和性质; 二维离散型随机变量的概率分布、边缘分布和条件分布; 二维连续性随机变量的概率密度、边缘密度和条件密度; 随机变量的独立性及不相关性的概念; 随机变量不相关和独立性的关系; 二维正态分布的概率密度中参数的概率意义
会	数学一 数学三	会求与二维随机变量相关事件的概率
	数学一	会求两个随机变量简单函数的分布; 会求多个相互独立随机变量简单函数的分布
	数学三	会根据两个随机变量的联合分布求其函数的分布; 会根据多个相互独立随机变量的联合分布求其简单函数的分布
掌握	数学一 数学三	二维随机变量的边缘分布和条件分布; 随机变量相互独立的条件; 二维均匀分布和二维正态分布

二、考点精讲

本章的重点包括：二维随机变量 (包括离散型和连续型) 的联合分布, 边缘分布和条件分布; 计算联合分布, 边缘分布和条件分布; 判断二维随机变量的独立性.

本章的难点是求二维随机变量函数的分布函数. 包括利用定义法求分布函数, 利用卷积公式法求密度函数, 利用定义法求混合型随机变量的分布函数.

第二节　内容精讲及典型题型

一、二维随机变量与联合分布函数

1. 二维随机变量

若 X, Y 是定义在同一个样本空间 Ω 上的两个随机变量, 则称 (X, Y) 为样本空间 Ω 上的一个二维随机变量, 或一个二维随机向量.

2. 联合分布函数

设 (X, Y) 是样本空间 Ω 上的一个二维随机变量, 对任意实数 x, y, 称二元函数

$$F(x, y)=P\{X \leqslant x, Y \leqslant y\},$$

为二维随机变量 (X, Y) 的联合分布函数, 简称 (X, Y) 的分布函数.

【名师点睛】 二维随机变量 (X, Y) 的分布函数 $F(x, y)=P\{X \leqslant x, Y \leqslant y\}$ 的定义域为 $\mathbf{R}^2$, 即整个平面. 它表示随机事件 $\{X \leqslant x\}$ 与 $\{Y \leqslant y\}$ 同时发生的概率, 即

$$\{X \leqslant x, Y \leqslant y\}=\{X \leqslant x\} \bigcap\{Y \leqslant y\}.$$

3. 联合分布函数的性质

二元函数 $F(x, y)$ 是某个二维随机变量 (X, Y) 的分布函数, 当且仅当函数 $F(x, y)$ 满足如下条件.

(1) 有界性: 对于任意实数 x, y, 有 $0 \leqslant F(x, y) \leqslant 1$.

(2) 规范性: $F(-\infty, y)=\lim\limits_{x \rightarrow-\infty} F(x, y)=0$, $F(x,-\infty)=\lim\limits_{y \rightarrow-\infty} F(x, y)=0$.

$$F(-\infty,-\infty)=\lim _{\substack{x \rightarrow-\infty \\ y \rightarrow-\infty}} F(x, y)=0, \quad F(+\infty,+\infty)=\lim _{\substack{x \rightarrow+\infty \\ y \rightarrow+\infty}} F(x)=1.$$

(3) 单调不减性: $F(x, y)$ 分别关于 x 和 y 单调不减, 即对任意 $x_1<x_2$, 有

$$F(x_1, y) \leqslant F(x_2, y);$$

同理, 对任意 $y_1<y_2$, 有 $F(x, y_1) \leqslant F(x, y_2)$.

(4) 右连续性: $F(x, y)$ 分别关于 x 和 y 右连续, 即

$$F(x, y)=F(x+0, y)=\lim _{\Delta x \rightarrow 0^{+}} F(x+\Delta x, y),$$

$$F(x, y)=F(x, y+0)=\lim _{\Delta y \rightarrow 0^{+}} F(x, y+\Delta y).$$

(5) 矩形区域上的概率, 对任意的 $x_1<x_2, y_1<y_2$, 有

$$P\{x_1<X \leqslant x_2, y_1<Y \leqslant y_2\}=F(x_2, y_2)-F(x_2, y_1)-F(x_1, y_2)+F(x_1, y_1).$$

【名师点睛】 上述条件 (2)(4) 适用与确定分布函数 $F(x,y)$ 中的未知参数. 而完整的四个条件适用于判断任意给定的函数 $F(x,y)$ 是否为某个二维随机变量 (X,Y) 的分布函数.

4. 边缘分布

设二维随机变量 (X,Y) 的联合分布函数为 $F(x,y)=P\{X\leqslant x,Y\leqslant y\}$, 则

$$F_X(x)=\lim_{y\to+\infty}F(x,y)=F(x,+\infty),\quad F_Y(y)=\lim_{x\to+\infty}F(x,y)=F(+\infty,y).$$

分别称分布函数 $F_X(x),F_Y(y)$ 为随机变量 X 与 Y 各自的边缘分布函数.

5. 二维随机变量的独立性

设二维随机变量 (X,Y) 的联合分布函数为 $F(x,y)$, 关于 X 和 Y 的边缘分布函数分别为 $F_X(x)$ 和 $F_Y(y)$. 若对任意实数 x 和 y, 有

$$P\{X\leqslant x,Y\leqslant y\}=P\{X\leqslant x\}P\{Y\leqslant y\},$$

即
$$F(x,y)=F_X(x)F_Y(y),$$
则称随机变量 X 和 Y 相互独立.

【推论】

(1) 若 X,Y 独立, $f(x),g(x)$ 连续, 则随机变量 $f(X)$ 与 $g(Y)$ 独立.

(2) 若随机变量 $X_1,X_2,\cdots,X_n$ 相互独立, $g_1(x),g_2(x),\cdots,g_n(x)$ 连续, 则随机变量 $g_1(X_1),g_2(X_2),\cdots,g_n(X_n)$ 相互独立.

(3) 若随机变量 $X_1,X_2,\cdots,X_n,Y_1,Y_2,\cdots,Y_m$ 相互独立, f,g 连续, 则随机变量 $f(X_1,X_2,\cdots,X_n)$ 与 $g(Y_1,Y_2,\cdots,Y_m)$ 相互独立.

6. 同分布

随机变量 X 和 Y 的分布函数 $F_X(x)$ 和 $F_Y(y)$ 相同, 则称随机变量 X 和 Y 同分布.

题型1 二维随机变量的分布函数

【例 1】已知随机变量 X 和 Y 的联合概率密度为

$$\varphi(x,y)=\begin{cases}4xy, & 0\leqslant x\leqslant 1,0\leqslant y\leqslant 1,\\ 0, & \text{其他},\end{cases}$$

求 X 和 Y 的联合分布函数 $F(x,y)$. □□□

【解析】如图 3.1 所示, 当 $x<0$ 或 $y<0$ 时, 有

$$F(x,y)=P\{X\leqslant x,Y\leqslant y\}=0.$$

当 $x \geqslant 1, y \geqslant 1$ 时, 有 $F(x,y)=1$.

当 $0 \leqslant x < 1, 0 \leqslant y < 1$ 时, 有

$$F(x,y)=4\int_0^x\int_0^y uv\mathrm{d}u\mathrm{d}v = x^2y^2.$$

当 $x \geqslant 1, 0 \leqslant y < 1$ 时, 有

$$F(x,y)=P\{X \leqslant 1, Y \leqslant y\}=y^2.$$

当 $y \geqslant 1, 0 \leqslant x < 1$ 时, 有

$$F(x,y)=P\{X \leqslant x, Y \leqslant 1\}=x^2.$$

故 X 和 Y 的联合分布函数

$$F(x,y)=\begin{cases} 0, & x<0 \text{ 或 } y<0, \\ x^2y^2, & 0 \leqslant x<1, 0 \leqslant y<1, \\ x^2, & 0 \leqslant x<1, y \geqslant 1, \\ y^2, & x \geqslant 1, 0 \leqslant y<1, \\ 1, & x \geqslant 1, y \geqslant 1. \end{cases}$$

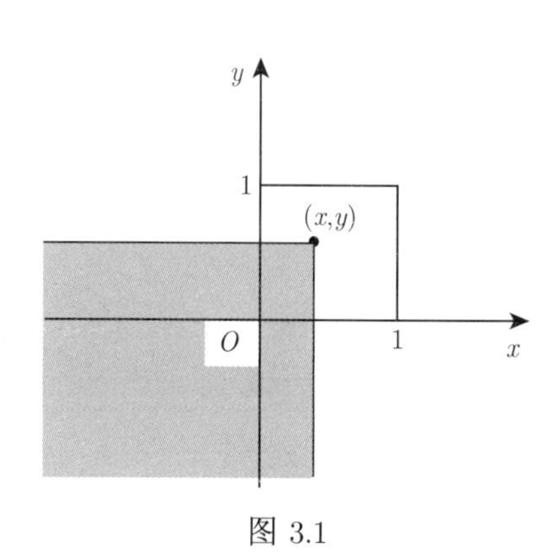

图 3.1

【例 2】设二维随机变量 (X,Y) 的联合分布函数为 $F(x,y)$, 边缘分布函数分别为 $F_X(x)$ 和 $F_Y(y)$, 则 $P\{X>x, Y>y\}=(\quad)$.

(A) $1-F_X(x)F_Y(y)$　　(B) $[1-F_X(x)][1-F_Y(y)]$

(C) $2-F_X(x)-F_Y(y)+F(x,y)$　　(D) $1-F_X(x)-F_Y(y)+F(x,y)$

□□□

【解析】由题设得

$$\begin{aligned} P\{X>x,Y>y\} &= 1-P\{(X \leqslant x)\bigcup(Y \leqslant y)\} \\ &= 1-P\{X \leqslant x\}-P\{X \leqslant y\}+P(X \leqslant x, Y \leqslant y) \\ &= 1-F_X(x)-F_Y(y)+F(x,y). \end{aligned}$$

故选 (D).

【例 3】一电子仪器由两个部件构成, 以 X 和 Y 分别表示两个部件的寿命 (单位: 千小时), 已知 X 和 Y 的联合分布函数为

$$F(x,y)=\begin{cases} 1-\mathrm{e}^{-0.5x}-\mathrm{e}^{-0.5y}+\mathrm{e}^{-0.5(x+y)}, & x \geqslant 0, y \geqslant 0, \\ 0, & \text{其他}. \end{cases}$$

(Ⅰ) 问 X 和 Y 是否独立?

(Ⅱ) 求两个部件的寿命都超过 100 小时的概率 α.　　□□□

【解析】X 的分布函数 $F_1(x)$ 和 Y 的分布函数 $F_2(y)$ 分别为

$$F_1(x)=F(x,+\infty)=\begin{cases} 1-\mathrm{e}^{-0.5x}, & x \geqslant 0, \\ 0, & x<0, \end{cases} \quad F_2(y)=F(+\infty,y)=\begin{cases} 1-\mathrm{e}^{-0.5y}, & y \geqslant 0, \\ 0, & y<0, \end{cases}$$

显然 $F(x,y)=F_1(x)F_2(y)$, 故 X 和 Y 独立,

于是
$$\alpha = P\{X>0.1, Y>0.1\} = P\{X>0.1\}\cdot P\{Y>0.1\}$$
$$= [1-F_1(0.1)]\cdot[1-F_2(0.1)] = \mathrm{e}^{-0.05}\cdot \mathrm{e}^{-0.05} = \mathrm{e}^{-0.1}.$$

二、二维离散型随机变量

1. 二维离散型随机变量

若二维随机变量 (X,Y) 全部可能取到的值是有限对或可列无穷多对, 则称 (X,Y) 为二维离散型随机变量.

2. 联合分布律

设二维离散型随机变量 (X,Y) 的所有可能取值为 (x_i,y_j), 其中 $i,j=1,2,\cdots$, 且任意两对取值都不相同, 则称 (X,Y) 取这些值的概率

$$P\{X=x_i, Y=y_j\} = p_{ij},\quad i,j=1,2,\cdots$$

为二维离散型随机变量 (X,Y) 的联合分布律. 联合分布律也称为联合分布列或联合概率分布, 简称为概率分布.

联合分布律可以用如下表格表示.

X \ Y	y_1	y_2	$\cdots$	y_j	$\cdots$
x_1	p_{11}	p_{12}	$\cdots$	p_{1j}	$\cdots$
x_2	p_{21}	p_{22}	$\cdots$	p_{2j}	$\cdots$
$\vdots$	$\vdots$	$\vdots$		$\vdots$	
x_i	p_{i1}	p_{i2}	$\cdots$	p_{ij}	$\cdots$
$\vdots$	$\vdots$	$\vdots$	$\cdots$	$\vdots$	$\cdots$

【名师点睛】 $P\{X=x_i, Y=y_j\} = p_{ij}$ 表示随机事件 $\{X=x_i\}$ 与 $\{Y=y_j\}$ 同时发生的概率.

3. 二维离散型随机变量 (X,Y) 的分布律的性质

(1) 非负性: $p_{ij}\geqslant 0$, $i,j=1,2,\cdots$;

(2) 规范性: $\sum\limits_{i=1}^{+\infty}\sum\limits_{j=1}^{+\infty} p_{ij}=1$.

【名师点睛】 求二维离散型随机变量 (X,Y) 分布律步骤如下.

(1) 求 (X,Y) 的所有可能取值 $(x_1,y_1),(x_1,y_2),\cdots,(x_n,y_m),\cdots$;

(2) 算概率: $P\{X=x_i,Y=y_j\}=p_{ij}(i,j=1,2,\cdots)$;

(3) 验证 “1”, 即验证 $\sum\limits_{i=1}^{+\infty}\sum\limits_{j=1}^{+\infty} p_{ij}=1$.

4. 二维离散型随机变量的联合分布函数

若二维离散型随机变量 (X,Y) 的联合分布律为

$$P\{X=x_i,Y=y_j\}=p_{ij},\quad i,j=1,2,\cdots$$

则联合分布函数为

$$F(x,y)=P\{X\leqslant x,Y\leqslant y\}=\sum_{x_i\leqslant x}\sum_{y_j\leqslant y}p_{ij},$$

即 $F(x,y)$ 为所有落入平面区域 $(-\infty,x]\times(-\infty,y]$ 的取值的概率之和.

5. 边缘分布函数

设二维离散型随机变量 (X,Y) 的联合分布律为

$$P\{X=x_i,Y=y_j\}=p_{ij},\quad i,j=1,2,\cdots$$

(1) 随机变量 X 的概率分布称为联合分布的边缘分布

$$P\{X=x_i\}=\sum_{j=1}^{+\infty}P\{X=x_i,Y=y_j\}=\sum_{j=1}^{+\infty}p_{ij}=p_{i\cdot}.$$

(2) 随机变量 Y 的概率分布称为联合分布的边缘分布

$$P\{Y=y_j\}=\sum_{i=1}^{\infty}P\{X=x_i,Y=y_j\}=\sum_{i=1}^{\infty}p_{ij}=p_{\cdot j}.$$

二维离散型随机变量 (X,Y) 的联合分布律和各自的边缘分布律如下表格.

X \ Y	y_1	$\cdots$	y_j	$\cdots$	$P\{X=x_i\}$
x_1	p_{11}	$\cdots$	p_{1j}	$\cdots$	$p_{1\cdot}$
$\vdots$	$\vdots$	$\cdots$	$\vdots$	$\cdots$	$\vdots$
x_i	p_{i1}	$\cdots$	p_{ij}	$\cdots$	$p_{i\cdot}$
$\vdots$	$\vdots$	$\cdots$	$\vdots$	$\cdots$	$\vdots$
$P\{Y=y_j\}$	p_1	$\cdots$	p_j	$\cdots$	1

6. 二维离散型随机变量的独立性

设二维离散型随机变量 (X,Y) 的联合分布律为

$$P\{X=x_i,Y=y_j\}=p_{ij},i,j=1,2,\cdots$$

则随机变量 X 和 Y 相互独立的充分必要条件是对任意的 $i,j,=1,2,\cdots$, 有

$$P\{X=x_i,Y=y_j\}=P\{X=x_i\}P\{Y=y_j\},$$

即对任意的 $i,j,=1,2,\cdots$, 有 $p_{ij}=p_{i\cdot}\times p_{\cdot j}$ 成立.

【思路点拨】 若能找到一对 (x_i,y_j) 值, 使得

$$P\{X=x_i,Y=y_j\}\neq P\{X=x_i\}P\{Y=y_j\},$$

则随机变量 X 和 Y 不独立.

【推广】 设 n 维离散型随机变量 $(X_1,X_2,\cdots,X_n)$ 的联合分布律为

$$P\{X_1=x_1,X_2=x_2,\cdots,X_n=x_n\},$$

$X_1,X_2,\cdots,X_n$ 的边缘分布律分别为 $P\{X_1=x_1\},P\{X_2=x_2\},\cdots,P\{X_n=x_n\}$, 则随机变量 $X_1,X_2,\cdots,X_n$ 相互独立的充分必要条件是

$$P\{X_1=x_1,X_2=x_2,\cdots,X_n=x_n\}=P\{X_1=x_1\}P\{X_2=x_2\}\cdots P\{X_n=x_n\}.$$

7. 条件分布

设二维离散型随机变量 (X,Y) 的联合分布律为

$$P\{X=x_i,Y=y_j\}=p_{ij},\quad i,j=1,2,\cdots.$$

(1) 若对任意给定的 $j\in N^+$, 有 $P\{Y=y_j\}>0$, 则称

$$P\{X=x_i|Y=y_j\}=\frac{P\{X=x_i,Y=y_j\}}{P\{Y=y_j\}}=\frac{p_{ij}}{p_{\cdot j}},$$

为在事件 $\{Y=y_j\}$ 发生的条件下, 事件 $\{X=x_i\}$ 发生的条件概率. 记为 $P\{X=x_i|Y=y_j\}$.

(2) 若对任意给定的 $i\in \mathbf{N}^+$, 有 $P\{X=x_i\}>0$, 则称

$$P\{Y=y_j|X=x_i\}=\frac{P\{X=x_i,Y=y_j\}}{P\{X=x_i\}}=\frac{p_{ij}}{p_{i\cdot}},$$

为在事件 $\{X=x_i\}$ 发生的条件下, 事件 $\{Y=y_j\}$ 发生的条件概率. 记为 $P\{Y=y_j|X=x_i\}$.

题型2 离散型联合、边缘、条件分布律和独立性

【例 1】 甲、乙两人独立地各进行两次射击, 假设甲的命中率为 0.2, 乙的命中率为 0.5, 以 X 和 Y 分别表示甲和乙命中的次数, 试求 X 和 Y 联合概率分布. □□□

【解析】 由题设, $X\sim B(2,0.2)$ 和 $Y\sim B(2,0.5)$. 因此 X 和 Y 的概率分布分别为

X	0	1	2
P	0.64	0.32	0.04

Y	0	1	2
P	0.25	0.5	0.25

故由独立性, 知 X 和 Y 的联合分别为

X \ Y	0	1	2
0	0.16	0.32	0.16
1	0.08	0.16	0.08
2	0.01	0.02	0.01

【例 2】设两个随机变量 X 与 Y 相互独立同分布, 且 $P\{X=-1\}=P\{Y=-1\}=\dfrac{1}{2}$, $P\{X=1\}=P\{Y=1\}=\dfrac{1}{2}$, 则下列各式中成立的是 (　　).

(A) $P\{X=Y\}=\dfrac{1}{2}$.　　(B) $P\{X=Y\}=1$.

(C) $P\{X+Y=0\}=\dfrac{1}{4}$.　　(D) $P\{XY=0\}=\dfrac{1}{4}$.

□□□

【解析】由 X 与 Y 相互独立知

$$\begin{aligned}P\{X=Y\}&=P\{X=-1,Y=-1\}+P\{X=1,Y=1\}\\&=P\{X=-1\}\cdot P\{Y=-1\}+P\{X=1\}\cdot P\{Y=1\}\\&=\frac{1}{2}\times\frac{1}{2}+\frac{1}{2}\times\frac{1}{2}=\frac{1}{2}.\end{aligned}$$

而
$$\begin{aligned}P\{X+Y=0\}&=P\{X=-1,Y=1\}+P\{X=1,Y=-1\}\\&=P\{X=-1\}\cdot P\{Y=1\}+P\{X=1\}\cdot P\{Y=-1\}\\&=\frac{1}{2}\times\frac{1}{2}+\frac{1}{2}\times\frac{1}{2}=\frac{1}{2},\end{aligned}$$

$$P\{XY=0\}=P\{\varnothing\}=0.$$

故选 (A).

【例 3】设二维随机变量 (X,Y) 的概率分布为

X \ Y	0	1
0	0.4	a
1	b	0.1

已知随机事件 $\{X=0\}$ 与 $\{X+Y=1\}$ 相互独立, 则 (　　).

(A) $a=0.2,b=0.3$.　　(B) $a=0.4,b=0.1$.

(C) $a=0.3,b=0.2$.　　(D) $a=0.1,b=0.4$.

□□□

【解析】已知随机事件 $\{X=0\}$ 与 $\{X+Y=1\}$ 相互独立, 也就是

$$P\{X=0,X+Y=1\}=P\{X=0\}P\{X+Y=1\},$$

而
$$P\{X=0,X+Y=1\}=P\{X=0,Y=1\}=a,$$

$$P\{X=0\}=P\{X=0,Y=0\}+P\{X=0,Y=1\}=0.4+a,$$

$$P\{X+Y=1\}=P\{X=0,Y=1\}+P\{X=1,Y=0\}=a+b,$$

则

$$a=(0.4+a)(a+b).$$

又因为 $0.4+a+b+0.1=1$, 即 $a+b=0.5$, 由上式易得

$$a=0.4, b=0.1,$$

故选 (B).

【例 4】 设随机变量 X 和 Y 相互独立, 且 X 和 Y 的概率分布为

X	0	1	2	3
P	$\frac{1}{2}$	$\frac{1}{4}$	$\frac{1}{8}$	$\frac{1}{8}$

Y	-1	0	1
P	$\frac{1}{3}$	$\frac{1}{3}$	$\frac{1}{3}$

则 $P\{X+Y=2\}=(\quad)$.

(A) $\frac{1}{12}$. (B) $\frac{1}{8}$. (C) $\frac{1}{6}$. (D) $\frac{1}{2}$.

□□□

【解析】

$$\begin{aligned}P\{X+Y=2\}&=P\{X=1,Y=1\}+P\{X=2,Y=0\}+P\{X=3,Y=-1\}\\&=P\{X=1\}P\{Y=1\}+P\{X=2\}P\{Y=0\}+P\{X=3\}P\{Y=-1\}\\&=\frac{1}{4}\times\frac{1}{3}+\frac{1}{8}\times\frac{1}{3}+\frac{1}{8}\times\frac{1}{3}=\frac{1}{6},\end{aligned}$$

故选 (C).

【例 5】 已知随机变量 X_1 和 X_2 的概率分布

$$X_1\sim\begin{bmatrix}-1 & 0 & 1\\ \frac{1}{4} & \frac{1}{2} & \frac{1}{4}\end{bmatrix},\quad X_2\sim\begin{bmatrix}0 & 1\\ \frac{1}{2} & \frac{1}{2}\end{bmatrix},$$

而且 $P\{X_1X_2=0\}=1$.

(Ⅰ) 求 X_1 和 X_2 的联合分布;

(Ⅱ) 问 X_1 和 X_2 是否独立? 为什么?

□□□

【解析】(Ⅰ) 由 $P\{X_1X_2=0\}=1$, 可见

$$P\{X_1=-1,X_2=1\}=P\{X_1=1,X_2=1\}=0,$$

易见

$$P\{X_1=-1,X_2=0\}=P\{X_1=-1\}=\frac{1}{4};$$

$$P\{X_1=0,X_2=1\}=P\{X_1=0\}=\frac{1}{2};$$

$$P\{X_1=1,X_2=0\}=P\{X_1=1\}=\frac{1}{4};$$

$$P\{X_1=0,X_2=0\}=1-\left(\frac{1}{4}+\frac{1}{2}+\frac{1}{4}\right)=0.$$

于是得 X_1 和 X_2 的联合分布

X_2 \ X_1	-1	0	1	$p_{i\cdot}$
0	$\frac{1}{4}$	0	$\frac{1}{4}$	$\frac{1}{2}$
1	0	$\frac{1}{2}$	0	$\frac{1}{2}$
$p_{\cdot j}$	$\frac{1}{4}$	$\frac{1}{2}$	$\frac{1}{4}$	1

(Ⅱ) 因为 $P\{X_1=0,X_2=0\}=0,P\{X_1=0\}P\{X_2=0\}=\frac{1}{4}\neq 0$, 于是 X_1 与 X_2 不独立.

【例 6】 袋中有 1 个红球、2 个黑球与 3 个白球. 现有放回地从袋中取两次, 每次取一个球. 以 X,Y,Z 分别表示两次取球所取得的红球、黑球与白球的个数.

(Ⅰ) 求 $P\{X=1|Z=0\}$;

(Ⅱ) 求二维随机变量 (X,Y) 的概率分布.

□□□

【解析】 (Ⅰ) $P\{X=1|Z=0\}=\dfrac{P\{X=1,Z=0\}}{P\{Z=0\}}=\dfrac{\mathrm{C}_2^1\frac{1}{6}\cdot\frac{2}{6}}{\left(\frac{3}{6}\right)^2}=\dfrac{4}{9}$.

(Ⅱ) 由题意知 X 与 Y 的所有可能取值均为 $0,1,2$.

(X,Y) 的概率分布为

X \ Y	0	1	2
0	$\frac{1}{4}$	$\frac{1}{3}$	$\frac{1}{9}$
1	$\frac{1}{6}$	$\frac{1}{9}$	0
2	$\frac{1}{36}$	0	0

【例 7】 设某班车起点站上客人数 X 服从参数为 $\lambda(\lambda>0)$ 的泊松分布, 每位乘客在中途下车的概率为 $p(0<p<1)$, 且中途下车与否相互独立. 以 Y 表示在中途下车的人数, 求:

(Ⅰ) 在发车时有 n 个乘客的条件下, 中途有 m 人下车的概率;

(Ⅱ) 二维随机变量 (X,Y) 的概率分布. □□□

【解析】 由题设得

(Ⅰ) $P\{Y=m|X=n\}=\mathrm{C}_n^m(1-p)^{n-m}p^m,\ 0\leqslant m\leqslant n,n=0,1,2,\cdots$.

(Ⅱ) 由 $X\sim P(\lambda)$ 得 $P\{x=n\}=\dfrac{\lambda^n}{n!}\mathrm{e}^{-\lambda},n=0,1,2,\cdots$

$$P\{X=n,Y=m\}=P\{X=n\}P\{Y=m|X=n\}$$

$$= \mathrm{C}_n^m (1-p)^{n-m} p^m \frac{\mathrm{e}^{-\lambda}}{n!}\lambda^n, \quad 0 \leqslant m \leqslant n, 0 = 0,1,2,\cdots.$$

三、二维连续型随机变量

1. 二维连续型随机变量

设二维随机变量 (X,Y) 的联合分布函数为 $F(x,y)$, 若存在非负可积的二元函数 $f(x,y)$, 使得对任意实数 x 和 y 都有

$$F(x,y) = \int_{-\infty}^{x}\int_{-\infty}^{y} f(u,v)\mathrm{d}v\mathrm{d}u$$

成立, 则称 (X,Y) 为二维连续型随机变量, 并称二元函数 $f(x,y)$ 为二维连续型随机变量 (X,Y) 的联合概率密度函数, 简称概率密度.

2. 二元函数 $f(x,y)$ 为某个二维连续型随机变量的联合密度函数

当且仅当 $f(x,y)$ 满足如下两点.

(1) 非负性: $f(x,y) \geqslant 0$;

(2) 规范性: $\int_{-\infty}^{+\infty}\int_{-\infty}^{+\infty} f(x,y)\mathrm{d}x\mathrm{d}y = 1$.

3. 二维连续型随机变量密度函数的性质

(1) 设 D 是平面内的任一区域, 则二维连续型随机变量 (X,Y) 落在 D 内的概率为

$$P\{(X,Y)\in D\} = \iint\limits_{D} f(x,y)\mathrm{d}x\mathrm{d}y,$$

其中, $f(x,y)$ 为二维连续型随机变量 (X,Y) 的联合概率密度函数.

(2) 若二维连续型随机变量 (X,Y) 的联合概率密度函数 $f(x,y)$ 在点 (x,y) 处连续, 则

$$f(x,y) = \frac{\partial^2 F(x,y)}{\partial x \partial y},$$

其中 $F(x,y)$ 为二维连续型随机变量 (X,Y) 的联合分布函数.

4. 边缘分布函数

设二维连续型随机变量 (X,Y) 的联合密度函数为 $f(x,y)$, 则

(1) 随机变量 X 的边缘分布函数为 $F_X(x) = \int_{-\infty}^{x}\left(\int_{-\infty}^{+\infty} f(u,v)\mathrm{d}v\right)\mathrm{d}u$;

(2) 随机变量 Y 的边缘分布函数为 $F_Y(y) = \int_{-\infty}^{y}\left(\int_{-\infty}^{+\infty} f(u,v)\mathrm{d}u\right)\mathrm{d}v$.

5. 边缘密度函数

设二维连续型随机变量 (X,Y) 的联合密度函数为 $f(x,y)$, 则

(1) 随机变量 X 的边缘密度函数为 $f_X(x)=\int_{-\infty}^{+\infty}f(x,y)\mathrm{d}y$;

(2) 随机变量 Y 的边缘密度函数为 $f_Y(y)=\int_{-\infty}^{+\infty}f(x,y)\mathrm{d}x$.

6. 二维连续型随机变量的独立性

设二维连续型随机变量 (X,Y) 的联合概率密度为 $f(x,y)$, X 和 Y 的边缘密度函数分别为 $f_X(x)$ 和 $f_Y(y)$, 则随机变量 X 和 Y 相互独立的充分必要条件是

$$f(x,y)=f_X(x)f_Y(y).$$

【推广】 设 n 维连续型随机变量 $(X_1,X_2,\cdots,X_n)$ 的联合密度函数 $f(x_1,x_2,\cdots,x_n)$, $X_1,X_2,\cdots,X_n$ 的边缘密度函数分别为 $f_{X_1}(x_1),f_{X_2}(x_2),\cdots,f_{X_n}(x_n)$, 则随机变量 X_1, $X_2,\cdots,X_n$ 相互独立的充分必要条件是

$$f(x_1,x_2,\cdots,x_n)=f_{X_1}(x_1)f_{X_2}(x_2)\cdots f_{X_n}(x_n).$$

7. 条件概率密度函数

设二维连续型随机变量 (X,Y) 的联合概率密度函数为 $f(x,y)$, X 和 Y 的边缘密度函数分别为 $f_X(x)$ 和 $f_Y(y)$,

(1) 若对给定的实数 y, 有 $f_Y(y)>0$, 则称 $\dfrac{f(x,y)}{f_Y(y)}$ 为在 $Y=y$ 的条件下 X 的条件概率密度函数, 记为 $f_{X|Y}(x|y)$, 即

$$f_{X|Y}(x|y)=\frac{f(x,y)}{f_Y(y)}.$$

(2) 若对给定的实数 x, 有 $f_X(x)>0$, 则称 $\dfrac{f(x,y)}{f_X(x)}$ 为在 $X=x$ 的条件下 Y 的条件概率密度函数, 记为 $f_{Y|X}(y|x)$, 即

$$f_{Y|X}(y|x)=\frac{f(x,y)}{f_X(x)}.$$

题型3 联合、边缘、条件密度和独立性

【例 1】设二维随机变量 (X,Y) 的概率密度为

$$f(x,y)=\begin{cases}6x, & 0\leqslant x\leqslant y\leqslant 1,\\ 0, & \text{其他},\end{cases}$$

则 $P\{X+Y\leqslant 1\}=$________.　□□□

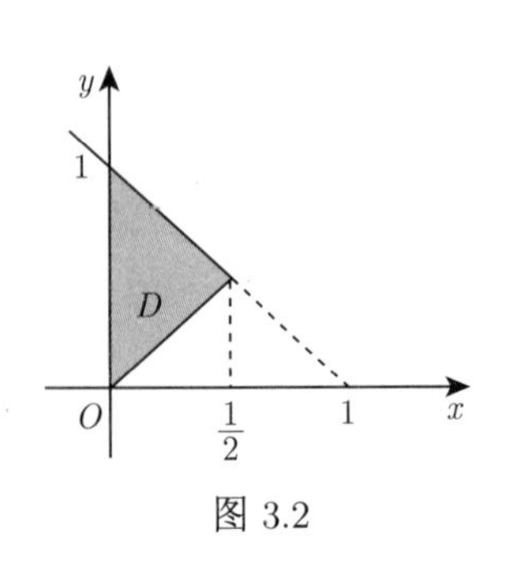

图 3.2

【解析】如图 3.2, 由题得

$$P\{X+Y \leqslant 1\} = \iint\limits_{x+y\leqslant 1} f(x,y)\mathrm{d}x\mathrm{d}y$$
$$= \int_0^{\frac{1}{2}} \mathrm{d}x \int_x^{1-x} 6x\mathrm{d}y = \int_0^{\frac{1}{2}} 6x(1-2x)\mathrm{d}x = \frac{1}{4}.$$

【例 2】已知随机变量 X 和 Y 的联合密度为

$$f(x,y) = \begin{cases} \mathrm{e}^{-(x+y)}, & 0<x<+\infty, 0<y<+\infty, \\ 0, & \text{其他}, \end{cases}$$

试求: (1) $P\{X<Y\}$; (2) $E(XY)$. □□□

【解析】

(1) $P\{X<Y\} = \iint\limits_{X<Y} f(x,y)\mathrm{d}x\mathrm{d}y$

$$= \int_0^{+\infty}\int_0^{y} \mathrm{e}^{-(x+y)}\mathrm{d}y\mathrm{d}x = \int_0^{+\infty} \mathrm{e}^{-x}\mathrm{d}x \int_x^{+\infty} \mathrm{e}^{-y}\mathrm{d}y = \int_0^{+\infty} \mathrm{e}^{-x}(0+\mathrm{e}^{-x})\mathrm{d}x = \frac{1}{2}.$$

(2) $E(XY) = \int_0^{+\infty}\int_0^{+\infty} xy\mathrm{e}^{-(x+y)}\mathrm{d}x\mathrm{d}y = \int_0^{+\infty} x\mathrm{e}^{-x}\mathrm{d}x \int_0^{+\infty} y\mathrm{e}^{-y}\mathrm{d}y = 1.$

【例 3】设平面区域 D 由曲线 $y=\frac{1}{x}$ 及直线 $y=0, x=1, x=\mathrm{e}^2$ 所围成, 二维随机变量 (X,Y) 在区域 D 上服从均匀分布, 则 (X,Y) 关于 X 的边缘概率密度在 $x=2$ 处的值为________. □□□

【解析】如图 3.3, 设平面区域 D 的面积为 S_D. 由于二维随机变量 (X,Y) 在区域 D 上服从均匀分布. 因此, (X,Y) 的联合密度函数 $f(x,y)$ 为

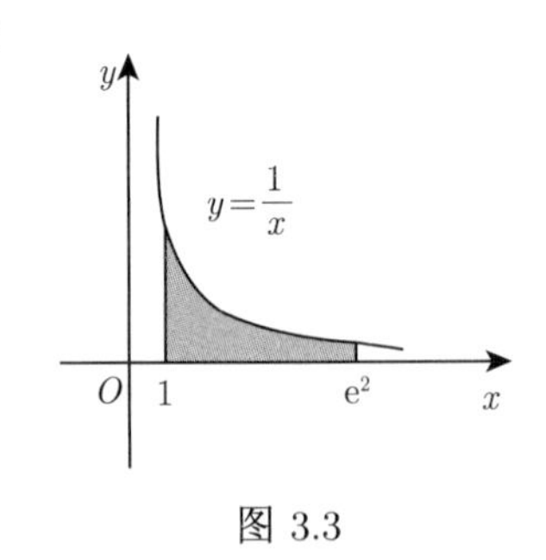

图 3.3

$$f(x,y) = \begin{cases} \frac{1}{S_D}, & (x,y)\in D, \\ 0, & (x,y)\notin D, \end{cases}$$

而 $S_D = \int_1^{\mathrm{e}^2}\mathrm{d}x\int_0^{\frac{1}{x}}\mathrm{d}y = \int_1^{\mathrm{e}^2}\frac{1}{x}\mathrm{d}x = 2.$

故 $f_X(x) = \int_0^{\frac{1}{x}}\frac{1}{2}\mathrm{d}y = \frac{1}{2x}, 1\leqslant x\leqslant \mathrm{e}^2$, 所以 $f_X(2) = \frac{1}{4}$.

【例 4】设二维随机变量 (X,Y) 的概率密度为

$$f(x,y) = \begin{cases} \mathrm{e}^{-y}, & 0<x<y, \\ 0, & \text{其他}, \end{cases} \quad \text{求:}$$

(Ⅰ) 求随机变量 X 的密度 $f_X(x)$; (Ⅱ) 概率 $P\{X+Y\leqslant 1\}$.

【解析】(Ⅰ) $f_X(x)=\int_{-\infty}^{+\infty}f(x,y)\mathrm{d}y=\begin{cases}\int_x^{+\infty}\mathrm{e}^{-y}\mathrm{d}y=\mathrm{e}^{-x}, & x>0,\\ 0, & x\leqslant 0,\end{cases}$

(Ⅱ) 如图 3.4, $P\{X+Y\leqslant 1\}=\iint\limits_{x+y\leqslant 1}f(x,y)\mathrm{d}x\mathrm{d}y$

$$=\int_0^{\frac{1}{2}}\mathrm{d}x\int_x^{1-x}\mathrm{e}^{-y}\mathrm{d}y$$

$$=-\int_0^{\frac{1}{2}}\left[\mathrm{e}^{-(1-x)}-\mathrm{e}^{-x}\right]\mathrm{d}x$$

$$=1+\mathrm{e}^{-1}-2\mathrm{e}^{-\frac{1}{2}}.$$

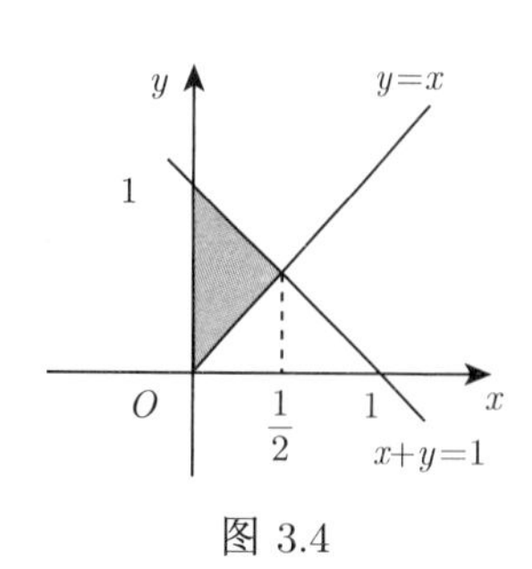

图 3.4

【例 5】设二维随机变量 (X,Y) 具有联合密度函数

$$f(x,y)=\begin{cases}\dfrac{1+xy}{4}, & |x|<1,|y|<1;\\ 0, & \text{其他}.\end{cases}$$

验证: (Ⅰ) X 与 Y 是否相互独立? (Ⅱ) X^2 与 Y^2 是否相互独立?

【解析】(Ⅰ) X 的概率密度

$$f_X(x)=\int_{-\infty}^{+\infty}f(x,y)\mathrm{d}y=\begin{cases}\displaystyle\int_{-1}^{1}\frac{1+xy}{4}\mathrm{d}y=\frac{1}{2}, & |x|<1,\\ 0, & \text{其他}.\end{cases}$$

同理 $f_Y(y)=\begin{cases}\dfrac{1}{2}, & |y|<1,\\ 0, & \text{其他}.\end{cases}$ 显然 $f_1(x)f_2(y)\neq f(x,y)$, 即 X,Y 不相互独立.

(Ⅱ) 当 $0<x<1,0<y<1$ 时,

$$F_{(X^2,Y^2)}(x,y)=P\left\{X^2\leqslant x,Y^2\leqslant y\right\}=P\left\{|X|\leqslant\sqrt{x},|Y|\leqslant\sqrt{y}\right\}$$
$$=\int_{-\sqrt{x}}^{\sqrt{x}}\int_{-\sqrt{y}}^{\sqrt{y}}\frac{1+uv}{4}\mathrm{d}u\mathrm{d}v=\int_{-\sqrt{x}}^{\sqrt{x}}\int_{-\sqrt{y}}^{\sqrt{y}}\frac{1}{4}\mathrm{d}u\mathrm{d}v$$
$$=\frac{1}{4}\cdot 2\sqrt{x}\cdot 2\sqrt{y}=\sqrt{xy}.$$

当 $x\geqslant 1,0<y<1$ 时,

$$F_{(X^2,Y^2)}(x,y)=P\left\{X^2\leqslant x,Y^2\leqslant y\right\}=P\{|X|\leqslant 1,|Y|\leqslant\sqrt{y}\}$$
$$=\int_{-1}^{1}\int_{-\sqrt{y}}^{\sqrt{y}}\frac{1+uv}{4}\mathrm{d}u\mathrm{d}v=\int_{-1}^{1}\int_{-\sqrt{y}}^{\sqrt{y}}\frac{1}{4}\mathrm{d}u\mathrm{d}v=\sqrt{y}.$$

当 $y\geqslant 1,0<x<1$ 时,

$$F_{(X^2,Y^2)}(x,y)=P\left\{X^2\leqslant x,Y^2\leqslant y\right\}=P\left\{|X|\leqslant\sqrt{x},|Y|\leqslant 1\right\}$$
$$=\int_{-\sqrt{x}}^{\sqrt{x}}\int_{-1}^{1}\frac{1+uv}{4}\mathrm{d}u\mathrm{d}v=\int_{-\sqrt{x}}^{\sqrt{x}}\int_{-1}^{1}\frac{1}{4}\mathrm{d}u\mathrm{d}v=\sqrt{x}.$$

综上得

$$F_{(X^2,Y^2)}(x,y)=\begin{cases}0, & x<0\text{ 或}y<0,\\ \sqrt{x}, & 0\leqslant x<1,1\leqslant y,\\ \sqrt{y}, & 1\leqslant x,0\leqslant y<1,\\ \sqrt{xy}, & 0\leqslant x<1,0\leqslant y<1,\\ 1, & x\geqslant 1,y\geqslant 1.\end{cases}$$

$$F_{X^2}(x)=\begin{cases}0, & x<0,\\ \sqrt{x}, & 0\leqslant x<1,\\ 1, & x\geqslant 1\end{cases}\quad \text{和}\quad F_{Y^2}(y)=\begin{cases}0, & y<0,\\ \sqrt{y}, & 0\leqslant y<1,\\ 1, & y\geqslant 1.\end{cases}$$

显然 $F_{(X^2,Y^2)}(x,y)=F_{X^2}(x)F_{Y^2}(y)$, 即 X^2 与 Y^2 相互独立.

【名师点睛】

(1) X 与 Y 相互独立 $\Rightarrow X^2$ 与 Y^2 相互独立.

X^2 与 Y^2 相互独立 $\nRightarrow X$ 与 Y 相互独立.

(2) X 与 Y 相互独立 $\Leftrightarrow f(x,y)=f_X(x)f_Y(y)$. 更常用, 熟练掌握.

X 与 Y 相互独立 $\Leftrightarrow F(x,y)=F_X(x)F_Y(y)$. 密度函数不好求, 用分布函数验证.

【例 6】 设二维随机变量 (X,Y) 的概率密度为

$$f(x,y)=\begin{cases}\mathrm{e}^{-x}, & 0<y<x,\\ 0, & \text{其他}.\end{cases}$$

(Ⅰ) 求条件概率密度 $f_{Y|X}(y|x)$;

(Ⅱ) 求条件概率 $P\{X\leqslant 1|Y\leqslant 1\}$. □□□

【解析】(Ⅰ) X 的概率密度

$$f_X(x)=\int_{-\infty}^{+\infty}f(x,y)\mathrm{d}y=\begin{cases}\int_0^x\mathrm{e}^{-x}\mathrm{d}y, & x>0,\\ 0, & x\leqslant 0\end{cases}=\begin{cases}x\mathrm{e}^{-x}, & x>0,\\ 0, & x\leqslant 0.\end{cases}$$

当 $x>0$ 时, Y 的条件概率密度 $f_{Y|X}(y|x)=\dfrac{f(x,y)}{f_X(x)}=\begin{cases}\dfrac{1}{x}, & 0<y<x,\\ 0, & \text{其他}.\end{cases}$

(Ⅱ) Y 的概率密度 $f_Y(y)=\displaystyle\int_{-\infty}^{+\infty}f(x,y)\mathrm{d}x=\begin{cases}\mathrm{e}^{-y}, & y>0,\\ 0, & y\leqslant 0.\end{cases}$

$$P\{X\leqslant 1|Y\leqslant 1\}=\frac{P\{X\leqslant 1,Y\leqslant 1\}}{P\{Y\leqslant 1\}}=\frac{\int_{-\infty}^1\int_{-\infty}^1 f(x,y)\mathrm{d}x\mathrm{d}y}{\int_0^1\mathrm{e}^{-y}\mathrm{d}y}=\frac{\int_0^1\mathrm{d}x\int_0^x\mathrm{e}^{-x}\mathrm{d}y}{1-\mathrm{e}^{-1}}=\frac{\mathrm{e}-2}{\mathrm{e}-1}.$$

【例 7】 设随机变量 X 在区间 $(0,1)$ 上服从均匀分布, 在 $X=x(0<x<1)$ 的条件下, 随机变量 Y 在区间 $(0,x)$ 内服从均匀分布, 求:

(Ⅰ) 随机变量 X 和 Y 的联合概率密度;

(Ⅱ) Y 的概率密度;

(Ⅲ) 概率 $P\{X+Y>1\}$. □□□

【解析】(Ⅰ) X 的概率密度为 $f_X(x)=\begin{cases}1, & 0<x<1,\\ 0, & \text{其他}.\end{cases}$

在 $X=x(0<x<1)$ 的条件下, Y 的条件概率密度为 $f_{Y|X}(y|x)=\begin{cases}\dfrac{1}{x}, & 0<y<x,\\ 0, & \text{其他}.\end{cases}$

当 $0<y<x<1$ 时, X 和 Y 的联合概率密度为

$$f(x,y)=f_X(x)f_{Y|X}(y|x)=\frac{1}{x}$$

在其他点 (x,y) 处, 有 $f(x,y)=0$, 即

$$f(x,y)=\begin{cases}\dfrac{1}{x}, & 0<y<x<1,\\ 0, & \text{其他}.\end{cases}$$

(Ⅱ) 当 $0<y<1$ 时, Y 的概率密度为

$$f_Y(y)=\int_{-\infty}^{+\infty}f(x,y)\mathrm{d}x=\int_y^1\frac{1}{x}\mathrm{d}x=-\ln y;$$

当 $y\leqslant 0$ 或 $y\geqslant 1$ 时, $f_Y(y)=0$. 因此

$$f_Y(x)=\begin{cases}-\ln y, & 0<y<1,\\ 0, & \text{其他}.\end{cases}$$

(Ⅲ) $P\{X+Y>1\}=\displaystyle\iint\limits_{X+Y>1}f(x,y)\mathrm{d}x\mathrm{d}y=\int_{\frac{1}{2}}^1\mathrm{d}x\int_{1-x}^x\frac{1}{x}\mathrm{d}y=\int_{\frac{1}{2}}^1\left(2-\frac{1}{x}\right)\mathrm{d}x=1-\ln 2.$

【例 8】设二维随机变量 (X,Y) 服从区域 G 上的均匀分布, 其中 G 是由 $x-y=0, x+y=2$ 与 $y=0$ 所围成的三角形区域.

(Ⅰ) 求 X 的概率密度 $f_X(x)$;

(Ⅱ) 求条件概率密度 $f_{X|Y}(x|y)$. □□□

【解析】(Ⅰ) (X,Y) 的概率密度为 $f(x,y)=\begin{cases}1, & (x,y)\in G,\\ 0, & \text{其他}.\end{cases}$ X 的概率密度为 $f_X(x)=\displaystyle\int_{-\infty}^{+\infty}f(x,y)\mathrm{d}y$.

当 $x<0$ 或 $x>2$ 时, $f_X(x)=0$;

当 $0\leqslant x\leqslant 1$ 时, $f_X(x)=\displaystyle\int_0^x\mathrm{d}y=x$;

当 $1<x\leqslant 2$ 时, $f_X(x)=\displaystyle\int_0^{2-x}\mathrm{d}y=2-x$;

综上所述
$$f_X(x)=\begin{cases} x, & 0 \leqslant x \leqslant 1, \\ 2-x, & 1<x \leqslant 2, \\ 0, & \text{其他}. \end{cases}$$

(Ⅱ) Y 的概率密度为

$$f_Y(y)=\int_{-\infty}^{+\infty} f(x,y)\mathrm{d}x=\begin{cases} \int_y^{2-y} \mathrm{d}x, & 0 \leqslant y \leqslant 1, \\ 0, & \text{其他} \end{cases}=\begin{cases} 2(1-y), & 0 \leqslant y \leqslant 1, \\ 0, & \text{其他}. \end{cases}$$

在 $Y=y(0 \leqslant y<1)$ 时, X 的条件概率密度为

$$f_{X|Y}(x|y)=\frac{f(x,y)}{f_Y(y)}=\begin{cases} \dfrac{1}{2(1-y)}, & 0<y<x<2-y, \\ 0, & \text{其他}. \end{cases}$$

四、常见的二维随机变量

1. 二维均匀分布 (几何概型)

设 D 是平面上的有界区域, 其面积为 S_D, 若二维连续型随机变量 (X,Y) 的联合概率密度函数

$$f(x,y)=\begin{cases} \dfrac{1}{S_D}, & (x,y) \in D, \\ 0, & (x,y) \notin D, \end{cases}$$

则称 (X,Y) 为服从区域 D 上的二维均匀分布, 记为 $(X,Y) \sim U(D)$.

【名师点睛】 若二维连续型随机变量 $(X,Y) \sim U(D)$, 其中 $D=\{(x,y)|a \leqslant x \leqslant b, c \leqslant y \leqslant d\}$, 则随机变量 X 和 Y 是相互独立的, 且 X 和 Y 分别服从区间 $[a,b]$ 和 $[c,d]$ 上的一维均匀分布, 即 $X \sim U[a,b], Y \sim U[c,d]$.

2. 二维正态分布

若二维连续型随机变量 (X,Y) 的联合概率密度函数为

$$f(x,y)=\frac{1}{2\pi\sigma_1\sigma_2\sqrt{1-\rho^2}} \exp\left\{\frac{-1}{2(1-\rho^2)}\left[\frac{(x-\mu_1)^2}{\sigma_1^2}-\frac{2\rho(x-\mu_1)(y-\mu_2)}{\sigma_1\sigma_2}+\frac{(y-\mu_2)^2}{\sigma_2^2}\right]\right\}$$

$(x,y) \in \mathbf{R}^2$, 其中参数 $\mu_1 \in \mathbf{R}, \mu_2 \in \mathbf{R}, \sigma_1>0, \sigma_2>0, -1<\rho<1$, 均为常数, 则称 (X,Y) 服从参数为 $\mu_1,\mu_2,\sigma_1,\sigma_2,\rho$ 的二维正态分布, 记为 $(X,Y) \sim N(\mu_1,\mu_2;\sigma_1^2,\sigma_1^2;\rho)$, 参数 ρ 为随机变量 X 和 Y 的相关系数.

3. 二维正态分布的性质

(1) 若二维连续型随机变量 (X,Y) 服从二维正态分布, 则 X 和 Y 分别服从一维正态分布, 反之, 若 X 和 Y 分别服从一维正态分布, 且 X 和 Y 相互独立, 则 (X,Y) 服从二维正态

分布. 即

$$(X,Y)\sim N(\mu_1,\mu_2;\sigma_1^2,\sigma_1^2;\rho)\xleftrightarrow[X,Y\text{独立}]{}X\sim N(\mu_1,\sigma_1^2),Y\sim N(\mu_2,\sigma_2^2).$$

【易错提示】 当仅知道 X 和 Y 分别服从一维正态分布, 而不知道 X 和 Y 是否独立时, 推不出 (X,Y) 服从二维正态分布, 也推不出 k_1X+k_2Y 服从正态分布, 其中 k_1,k_2 为任意常数.

(2) 若二维连续型随机变量 (X,Y) 服从二维正态分布, 则 X 与 Y 独立 $\Leftrightarrow \rho=0$.

(3) 若二维连续型随机变量 $(X,Y)\sim N(\mu_1,\mu_2;\sigma_1^2,\sigma_1^2;\rho)$, 则 X 与 Y 的非零线性组合仍服从正态分布, 即 $k_1X+k_2Y\sim N(\mu,\sigma^2)$, 其中 k_1,k_2 不能全部为 0, 且

① 当 X 与 Y 独立时, 有 $k_1X+k_2Y\sim N(k_1\mu_1+k_2\mu_2,k_1^2\sigma_1^2+k_2^2\sigma_2^2)$.

② 当 X 与 Y 不独立时, 有 $k_1X+k_2Y\sim N(k_1\mu_1+k_2\mu_2,k_1^2\sigma_1^2+k_2^2\sigma_2^2+2k_1k_2\rho\sigma_1\sigma_2)$.

(4) 若二维连续型随机变量 (X_1,X_2) 服从二维正态分布, 则 $Y_1=k_1X_1+k_2X_2$, $Y_2=c_1X_1+c_2X_2$ 服从二维正态分布, 即 $(k_1X_1+k_2X_2,c_1X_1+c_2X_2)$ 服从二维正态分布.

题型4　二维均匀分布和二维正态分布

【例 1】设随机变量 X 与 Y 相互独立, 且服从区间 $(0,1)$ 上的均匀分布, 则 $P\{X^2+Y^2\leqslant 1\}=(\quad)$.

(A) $\frac{1}{4}$.　　(B) $\frac{1}{2}$.　　(C) $\frac{\pi}{8}$.　　(D) $\frac{\pi}{4}$.　　□□□

【解析】由题设知, 二维随机变量 (X,Y) 在区域 $D=\{(x,y)\mid 0\leqslant x\leqslant 1,0\leqslant y\leqslant 1\}$ 上服从二维均匀分布, 所以

$$P\left\{X^2+Y^2\leqslant 1\right\}=\iint\limits_{x^2+y^2\leqslant 1}f(x,y)\mathrm{d}x\mathrm{d}y=\frac{S}{S_D}=\frac{\frac{\pi}{4}}{1}=\frac{\pi}{4}.$$

故选 (D).

【例 2】假设随机变量 X 和 Y 在圆区域 $x^2+y^2\leqslant r^2$ 上服从联合均匀分布,

(Ⅰ) 求 X 和 Y 的相关系数 ρ;

(Ⅱ) 问 X 和 Y 是否独立?　　□□□

【解析】(Ⅰ) 因为 X 和 Y 的联合密度为

$$f(x,y)=\begin{cases}\dfrac{1}{\pi r^2}, & \text{若 } x^2+y^2\leqslant r^2,\\ 0, & \text{若 } x^2+y^2>r^2,\end{cases}$$

故 X 的密度为

$$f_1(x)=\frac{1}{\pi r^2}\int_{-\sqrt{r^2-x^2}}^{\sqrt{r^2-x^2}}\mathrm{d}y=\frac{2}{\pi r^2}\sqrt{r^2-x^2}\ \ (|x|\leqslant r).$$

同理, Y 的密度为

$$f_2(y)=\frac{2}{\pi r^2}\sqrt{r^2-y^2}\ \ (|y|\leqslant r),$$

于是 $EX=\dfrac{2}{\pi r^2}\displaystyle\int_{-r}^{r}x\sqrt{r^2-x^2}\mathrm{d}x=0,\quad EY=\dfrac{2}{\pi r^2}\displaystyle\int_{-r}^{r}y\sqrt{r^2-x^2}\mathrm{d}y=0,$

$$E(x,y)=\iint_{x^2+y^2\leqslant r^2}\frac{xy}{\pi r^2}\mathrm{d}x\mathrm{d}y=0,$$

$$\mathrm{Cov}(X,Y)=E(x,y)-E(x)E(y)=0,$$

因此 X 和 Y 的相关系数 $\rho=0$.

(Ⅱ) 由于 $f(x,y)\neq f_1(x)f_2(y)$, 故 X 和 Y 不独立.

【例 3】 设两个相互独立的随机变量 X 和 Y 分别服从正态分布 $N(0,1)$ 和 $N(1,1)$, 则 (　　).

(A) $P\{X+Y\leqslant 0\}=\dfrac{1}{2}$.　　(B) $P\{X+Y\leqslant 1\}=\dfrac{1}{2}$.

(C) $P\{X-Y\leqslant 0\}=\dfrac{1}{2}$.　　(D) $P\{X-Y\leqslant 1\}=\dfrac{1}{2}$.

□□□

【解析】 根据正态分布的性质, 服从正态分布的随机变量的线性组合仍服从正态分布. 因此, $X+Y\sim N(1,\sqrt{2}^2), X-Y\sim N(-1,\sqrt{2}^2)$, 即

$$\frac{X+Y-1}{\sqrt{2}}\sim N(0,1);\quad \frac{X-Y+1}{\sqrt{2}}\sim N(0,1).$$

根据标准正态分布的性质, 变量小于零的概率为 $\dfrac{1}{2}$, 因此, $P\left\{\dfrac{X+Y-1}{\sqrt{2}}\leqslant 0\right\}=\dfrac{1}{2}$, 即

$$P\{X+Y-1\leqslant 0\}=\frac{1}{2}.$$

同理, $P\{X-Y+1\leqslant 0\}=\dfrac{1}{2}$, 故选 (B).

【例 4】 设二维随机变量 (X,Y) 服从正态分布 $N(1,0;1,1;0)$, 则 $P\{XY-Y<0\}=$ ________.

□□□

【解析】 由题设知 X 与 Y 独立, 且 $X\sim N(1,1), Y\sim N(0,1)$, 从而

$$\begin{aligned}P\{XY-Y<0\}&=P\{(X-1)Y<0\}\\&=P\{X<1,Y>0\}+P\{X>1,Y<0\}\\&=P\{X<1\}P\{Y>0\}+P\{X>1\}P\{Y<0\}\\&=\frac{1}{2}\times\frac{1}{2}+\frac{1}{2}\times\frac{1}{2}=\frac{1}{2}.\end{aligned}$$

【例 5】设随机变量 (X,Y) 服从二维正态分布, 且 X 与 Y 不相关, $f_X(x), f_Y(y)$ 分别表示 X,Y 的概率密度, 则在 $Y=y$ 的条件下, X 的条件概率密度 $f_{X|Y}(x|y)$ 为 (　　).

(A) $f_X(x)$.　　(B) $f_Y(y)$.　　(C) $f_X(x)f_Y(y)$.　　(D) $\dfrac{f_X(x)}{f_Y(y)}$.

□□□

【解析】由于 (X,Y) 服从二维正态分布, 且 X 与 Y 不相关, 则 X 与 Y 相互独立. 记 (X,Y) 的概率密度为 $f(x,y)$, 可得

$$f(x,y)=f_X(x)f_Y(y),$$

故在 $Y=y$ 的条件下, X 的条件概率密度

$$f_{X|Y}(x|y)=\frac{f(x,y)}{f_Y(y)}=f_X(x),$$

故选 (A).

【例 6】设二维随机变量 (X,Y) 的概率密度为

$$f(x,y)=A\mathrm{e}^{-2x^2+2xy-y^2}\quad -\infty<x<+\infty,-\infty<y<+\infty,$$

求常数 A 及条件概率密度 $f_{Y|X}(y|x)$. □□□

【解析】因为

$$\begin{aligned}\int_{-\infty}^{+\infty}\int_{-\infty}^{+\infty}f(x,y)\mathrm{d}x\mathrm{d}y&=A\int_{-\infty}^{+\infty}\mathrm{e}^{-x^2}\mathrm{d}x\int_{-\infty}^{+\infty}\mathrm{e}^{-(y-x)^2}\mathrm{d}y\\&=A\int_{-\infty}^{+\infty}\mathrm{e}^{-x^2}\mathrm{d}x\int_{-\infty}^{+\infty}\mathrm{e}^{-u^2}\mathrm{d}u=A\pi=1.\end{aligned}$$

所以 $A=\dfrac{1}{\pi}$. 又当 $x\in(-\infty,+\infty)$ 时,

$$f_X(x)=\int_{-\infty}^{+\infty}f(x,y)\mathrm{d}y=\frac{1}{\pi}\int_{-\infty}^{+\infty}\mathrm{e}^{-2x^2+2xy-y^2}\mathrm{d}y=\mathrm{e}^{-x^2}\int_{-\infty}^{+\infty}\mathrm{e}^{-(y-x)^2}\mathrm{d}y=\frac{1}{\sqrt{\pi}}\mathrm{e}^{-x^2},$$

所以当 $x\in(-\infty,+\infty)$, $-\infty<y<+\infty$ 时,

$$f_{Y|X}(y|x)=\frac{f(x,y)}{f_X(x)}=\frac{\dfrac{1}{\pi}\mathrm{e}^{-2x^2+2xy-y^2}}{\dfrac{1}{\sqrt{\pi}}\mathrm{e}^{-x^2}}=\frac{1}{\sqrt{\pi}}\mathrm{e}^{-x^2+2xy-y^2}=\frac{1}{\sqrt{\pi}}\mathrm{e}^{-(x-y)^2}.$$

五、二维随机变量函数的分布

1. 二维离散型随机变量函数的分布

设二维离散型随机变量 (X,Y) 的联合分布律为 $P\{X=x_i,Y=y_j\}=p_{ij},\quad i,j=1,2,\cdots$ 随机变量 $Z=g(X,Y)$ 的分布律为

$$P\{Z=z_k\}=P\{g(X,Y)=z_k\}=p\{X=x_i,Y=y_j\},$$

其中 $z_k=g(x_i,y_j)$, 若对不同的 (x_i,y_j), $g(x,y)$ 有相同的值, 需将相同值对应的概率之和作为 Z 取该值的概率.

【规律总结】 二维离散型随机变量函数的分布律解题步骤如下.

(1) 定取值: 确定随机变量 $Z=g(X,Y)$ 的取值. 设二维离散型随机变量 (X,Y) 的所有取值为 $(x_i,y_j),i,j=1,2,\cdots$, 而随机变量 $Z=g(X,Y)$ 的所有取值为

$$g(x_i,y_j),i,j=1,2,\cdots.$$

(2) 算概率: 计算随机变量 $Z=g(X,Y)$ 取值 $g(x_i,y_j),i,j=1,2,\cdots$ 时的概率,

$$P\{Z=g(x_i,y_j)\}=P\{g(X,Y)=g(x_i,y_j)\}=P\{X=X_i,Y_j=y_j\}=p_{ij},\quad i,j=1,2,\cdots$$

(3) 并取值: 对于随机变量 $Z=g(X,Y)$ 的所有取值 $g(x_i,y_j),i,j=1,2,\cdots$, 取值相等对应的概率相加.

$Z=g(X,Y)$ 的分布律如下表所示.

$Z=g(X,Y)$	$g(x_1,y_1)$	$\cdots$	$g(x_i,y_j)$	$\cdots$
P	p_{11}	$\cdots$	p_{ij}	$\cdots$

2. 连续型随机变量函数的分布

设二维连续型随机变量 (X,Y) 的联合概率密度函数为 $f(x,y)$, 随机变量 $Z=g(X,Y)$ 的分布函数为 $F_Z(z)=P\{Z\leqslant z\}=P\{g(X,Y)\leqslant Z\}=\iint\limits_{g(x,y)\leqslant z}f(x,y)\mathrm{d}x\mathrm{d}y$.

【规律总结】 二维连续型随机变量函数的分布函数解题步骤如下.

(1) 按定义求随机变量 $Z=g(X,Y)$ 的分布函数

$$F_Z(z)=P\{Z\leqslant z\}=P\{g(X,Y)\leqslant Z\}=\iint\limits_{g(x,y)\leqslant z}f(x,y)\mathrm{d}x\mathrm{d}y$$

(2) 求随机变量 $Z=g(X,Y)$ 的密度函数 $f_Z(z)=F_Z'(z)$.

3. 两个连续型随机变量的和差积商的分布

(1) 随机变量之和的密度

设二维连续型随机变量 (X,Y) 的联合概率密度函数为 $f(x,y)$, 令 $Z=X+Y$, 则随机变量 Z 的密度函数为

$$f_Z(z)=\int_{-\infty}^{+\infty}f(x,z-x)\mathrm{d}x=\int_{-\infty}^{+\infty}f(z-y,y)\mathrm{d}y.$$

【证明】如图 3.5 所示, 因为二维连续型随机变量 (X,Y) 的联合概率密度函数为 $f(x,y)$ 且 $Z=X+Y$, 所以

$$F_Z(z)=P\{Z\leqslant z\}=P\{X+Y\leqslant z\}=\iint\limits_{x+y\leqslant z}f(x,y)\mathrm{d}x\mathrm{d}y$$

$$= \int_{-\infty}^{+\infty} \mathrm{d}y \int_{-\infty}^{z-y} f(x,y)\mathrm{d}x \xlongequal{x=u-y} \int_{-\infty}^{+\infty} \mathrm{d}y \int_{-\infty}^{z} f(u-y,y)\mathrm{d}u$$

$$= \int_{-\infty}^{z} \mathrm{d}u \int_{-\infty}^{+\infty} f(u-y,y)\mathrm{d}y = \int_{-\infty}^{z} \left[\int_{-\infty}^{+\infty} f(u-y,y)\mathrm{d}y\right] \mathrm{d}u$$

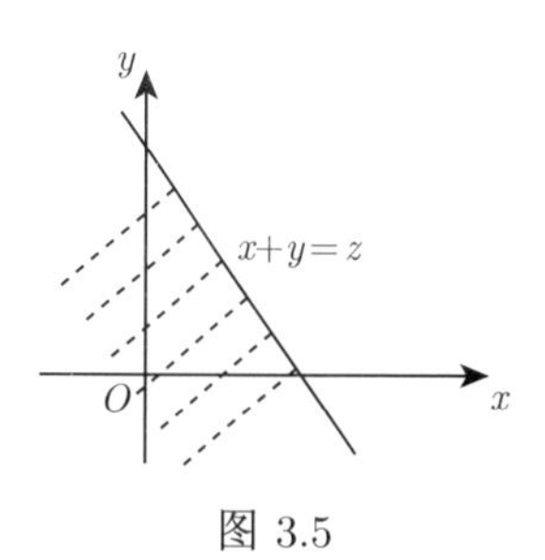

图 3.5

因此, 有

$$f_Z(z) = F_Z'(z) = \int_{-\infty}^{+\infty} f(z-y,y)\mathrm{d}y.$$

同理可证, $f_Z(z) = \int_{-\infty}^{+\infty} f(x,z-x)\mathrm{d}x$.

【名师点睛】 若随机变量 X 和 Y 相互独立, 则

$$f_Z(z) = \int_{-\infty}^{+\infty} f_X(x)f_Y(z-x)\mathrm{d}x = \int_{-\infty}^{+\infty} f_X(z-y)f_Y(y)\mathrm{d}y,$$

称这个公式为独立和卷积公式.

(2) 随机变量之差的密度

若二维连续型随机变量 X,Y 的联合概率密度函数为 $f(x,y)$, 且随机变量 $Z=X-Y$, 则随机变量 Z 的密度函数为

$$f_Z(z) = \int_{-\infty}^{+\infty} f(x,x-z)\mathrm{d}x = \int_{-\infty}^{+\infty} f(y+z,y)\mathrm{d}y.$$

【名师点睛】 若随机变量 X 和 Y 相互独立, 则

$$f_Z(z) = \int_{-\infty}^{+\infty} f_X(x)f_Y(x-z)\mathrm{d}x = \int_{-\infty}^{+\infty} f_X(y+z)f_Y(y)\mathrm{d}y.$$

(3) 随机变量之积的密度

若二维连续型随机变量 X,Y 的联合概率密度函数为 $f(x,y)$, 且随机变量 $Z=XY$, 则随机变量 Z 的密度函数为

$$f_Z(z) = \int_{-\infty}^{+\infty} \frac{1}{|x|} f\left(x,\frac{z}{x}\right)\mathrm{d}x = \int_{-\infty}^{+\infty} \frac{1}{|y|} f\left(\frac{z}{y},y\right)\mathrm{d}y.$$

(4) 随机变量之商的密度

若二维连续型随机变量 X,Y 的联合概率密度函数为 $f(x,y)$, 且随机变量 $Z=\dfrac{X}{Y}$, 则随机变量 Z 的密度函数为

$$f_Z(z) = \int_{-\infty}^{+\infty} |y|\, f(zy,y)\mathrm{d}y.$$

题型5 二维离散型随机变量函数的分布

【例 1】已知随机变量 (X,Y) 的联合概率分布为

(X,Y)	$(0,0)$	$(0,1)$	$(1,0)$	$(1,1)$	$(2,0)$	$(2,1)$
$P\{X=x,Y=y\}$	0.10	0.15	0.25	0.20	0.15	0.15

试求: (Ⅰ) X 的概率分布;

(Ⅱ) $X+Y$ 的概率分布;

(Ⅲ) $Z=\sin\dfrac{\pi(X+Y)}{2}$ 的数学期望.

□□□

【解析】(Ⅰ) X 的概率分布为

X	0	1	3
$P\{X=x\}$	0.25	0.45	0.30

(Ⅱ) $X+Y$ 的概率分布为

$X+Y$	0	1	2	3
$P\{X+Y=s\}$	0.10	0.40	0.35	0.15

(Ⅲ) $$E\left[\sin\frac{\pi(X+Y)}{2}\right]=\sin 0\times 0.10+\sin\frac{\pi}{2}\times 0.40+\sin\pi\times 0.35+\sin\frac{3\pi}{2}\times 0.15$$
$$=0.40-0.15=0.25.$$

【例 2】设 (X,Y) 的联合分布律为

$X \backslash Y$	-1	1	2
-1	$\frac{1}{10}$	$\frac{1}{10}$	$\frac{3}{10}$
2	$\frac{3}{10}$	$\frac{1}{10}$	$\frac{1}{10}$

求下列函数的分布律:

(Ⅰ) $Z=X+2Y$;

(Ⅱ) $Z=X\cdot Y$;

(Ⅲ) $Z=\dfrac{Y}{X}$;

(Ⅳ) $Z=\max\{X,Y\}$, $Z=\min\{X,Y\}$.

□□□

【解析】列表如下:

(X,Y)	$(-1,-1)$	$(-1,1)$	$(-1,2)$	$(2,-1)$	$(2,1)$	$(2,2)$
p_{ij}	$\frac{1}{10}$	$\frac{1}{10}$	$\frac{3}{10}$	$\frac{3}{10}$	$\frac{1}{10}$	$\frac{1}{10}$
$X+2Y$	-3	1	3	0	4	6
$X\cdot Y$	1	-1	-2	-2	2	4
$\frac{Y}{X}$	1	-1	-2	$-\frac{1}{2}$	$\frac{1}{2}$	1
$\max\{X,Y\}$	-1	1	2	2	2	2
$\min\{X,Y\}$	-1	-1	-1	-1	1	2

将表中有相同数值对应的概率相加便得所求函数的分布律 (略).

题型6 二维随机变量函数的分布

【例 1】设随机变量 X 和 Y 的联合分布是正方形 $G=\{(x,y)|1\leqslant x\leqslant 3,1\leqslant y\leqslant 3\}$ 上的均匀分布, 试求随机变量 $U=|X-Y|$ 的概率密度 $p(u)$. □□□

【解析】由题设知 X 和 Y 的联合密度函数为

$$f(x,y)=\begin{cases}\dfrac{1}{4}, & 1\leqslant x\leqslant 3,1\leqslant y\leqslant 3,\\ 0, & \text{其他},\end{cases}$$

以 $F(u)=P\{U\leqslant u\}=P\{|X-Y|\leqslant u\}$ 表示随机变量 U 的分布函数 (图 3.6).

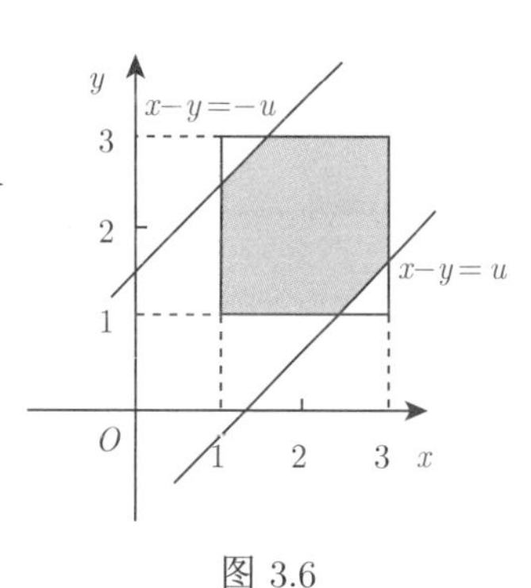

图 3.6

显然, 当 $u<0$ 时, $F(u)=0$;

当 $u\geqslant 2$ 时, $F(u)=1$;

当 $0\leqslant u<2$ 时, 则

$$F(u)=\iint\limits_{|x-y|\leqslant u}f(x,y)\mathrm{d}x\mathrm{d}y=\iint\limits_{|x-y|\leqslant u}\frac{1}{4}\mathrm{d}x\mathrm{d}y$$
$$=\frac{1}{4}\left[4-(2-u)^2\right]=1-\frac{1}{4}(2-u)^2.$$

于是, 随机变量的密度为

$$p(u)=\begin{cases}\dfrac{1}{2}(2-u), & 0\leqslant u<2,\\ 0, & \text{其他}.\end{cases}$$

【例 2】设二维随机变量 (X,Y) 的概率密度为

$$f(x,y)=\begin{cases}1, & 0<x<1,0<y<2x,\\ 0, & \text{其他}.\end{cases}$$

求: (Ⅰ) (X,Y) 的边缘概率密度 $f_X(x),f_Y(y)$;

(Ⅱ) $Z=2X-Y$ 的概率密度 $f_Z(z)$;

(Ⅲ) $P\left\{Y\leqslant\dfrac{1}{2}\middle|X\leqslant\dfrac{1}{2}\right\}$. □□□

【解析】(Ⅰ) 当 $0<x<1$ 时, $f_X(x)=\displaystyle\int_{-\infty}^{+\infty}f(x,y)\mathrm{d}y=\int_0^{2x}\mathrm{d}y=2x$;

当 $x\leqslant 0$ 或 $x\geqslant 1$ 时, $f_X(x)=0$, 故 $f_X(x)=\begin{cases}2x, & 0<x<1,\\ 0, & \text{其他}.\end{cases}$

当 $0<y<2$ 时, $f_Y(y)=\int_{-\infty}^{+\infty}f(x,y)\mathrm{d}x=\int_{\frac{y}{2}}^{1}\mathrm{d}x=1-\dfrac{y}{2}$;

当 $y\leqslant 0$ 或 $y\geqslant 2$ 时, $f_Y(y)=0$, 故 $f_Y(y)=\begin{cases}1-\dfrac{y}{2}, & 0<y<2,\\ 0, & \text{其他}\end{cases}$

(Ⅱ) 定义法: 如图 3.7, 当 $z<0$ 时, $F_Z(z)=0$.

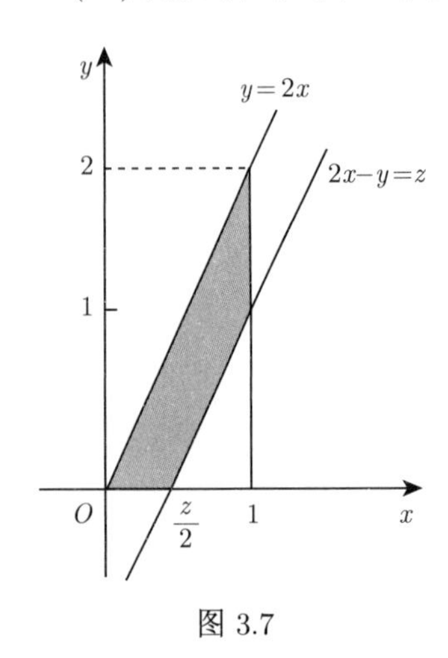

图 3.7

当 $z\geqslant 2$ 时, $F_Z(z)=1$.

当 $0\leqslant z<2$ 时, $F_Z(z)=P\{2X-Y\leqslant z\}=\iint\limits_{2x-y\leqslant z}f(x,y)\mathrm{d}x\mathrm{d}y=z-\dfrac{z^2}{4}$.

故 $$f_Z(z)=F'(x)=\begin{cases}1-\dfrac{1}{2}z, & 0<z<2,\\ 0, & \text{其他}.\end{cases}$$

卷积法: $f_Z(z)=\int_{-\infty}^{+\infty}f(x,2x-z)\mathrm{d}x$, 其中

$$f(x,2x-z)=\begin{cases}1, & 0<x<1,0<z<2x,\\ 0, & \text{其他}.\end{cases}$$

当 $z<0$ 或 $z\geqslant 2$ 时, $f_Z(z)=0$.

当 $0\leqslant z<2$ 时, $f_Z(z)=\int_{\frac{z}{2}}^{1}\mathrm{d}x=1-\dfrac{z}{2}$, 故 $f_Z(z)=\begin{cases}1-\dfrac{1}{2}z, & 0<z<2,\\ 0, & \text{其他}.\end{cases}$

(Ⅲ) $P\left\{Y\leqslant\dfrac{1}{2}\middle|X\leqslant\dfrac{1}{2}\right\}=\dfrac{P\left\{x\leqslant\dfrac{1}{2},y\leqslant\dfrac{1}{2}\right\}}{P\left\{x\leqslant\dfrac{1}{2}\right\}}=\dfrac{\frac{3}{16}}{\frac{1}{4}}=\dfrac{3}{4}$.

【例 3】 设二维随机变量 (X,Y) 的概率密度为

$$f(x,y)=\begin{cases}2-x-y, & 0<x<1,0<y<1,\\ 0, & \text{其他}.\end{cases}$$

(Ⅰ) 求 $P\{X>2Y\}$;

(Ⅱ) 求 $Z=X+Y$ 的概率密度 $f_Z(z)$.　□□□

【解析】 (Ⅰ) 由题设得

$$P\{X>2Y\}=\iint\limits_{x>2y}f(x,y)\mathrm{d}x\mathrm{d}y=\int_0^1\mathrm{d}x\int_0^{\frac{x}{2}}(2-x-y)\mathrm{d}y$$
$$=\int_0^1\left(x-\frac{5}{8}x^2\right)\mathrm{d}x=\frac{7}{24}.$$

(Ⅱ) 定义法: 如图 3.8, 记 $F_Z(z)$ 为 Z 的分布函数, 则

$$F_Z(z)=P\{X+Y\leqslant z\}.$$

当 $z \leqslant 0$ 时, $F_Z(z)=0$;

当 $0<z<1$ 时, $F_Z(z)=\iint\limits_{x+y\leqslant z} f(x,y)\mathrm{d}x\mathrm{d}y=\int_0^z \mathrm{d}x\int_0^{z-x}(2-x-y)\mathrm{d}y$

$$=z^2-\frac{z^3}{3};$$

当 $1\leqslant z<2$ 时, $F_Z(z)=\iint\limits_{x+y\leqslant z} f(x,y)\mathrm{d}x\mathrm{d}y=1-\int_{z-1}^1 \mathrm{d}x\int_{z-x}^1(2-x-y)\mathrm{d}y$

$$=\frac{z^3}{3}-2z^2+4z-\frac{5}{3};$$

当 $z\geqslant 2$ 时, $F_Z(z)=1$. 则

$$f_Z(z)=F_Z'(z)=\begin{cases} z(2-z), & 0<z<1,\\ (2-z)^2, & 1\leqslant z<2,\\ 0, & 其他.\end{cases}$$

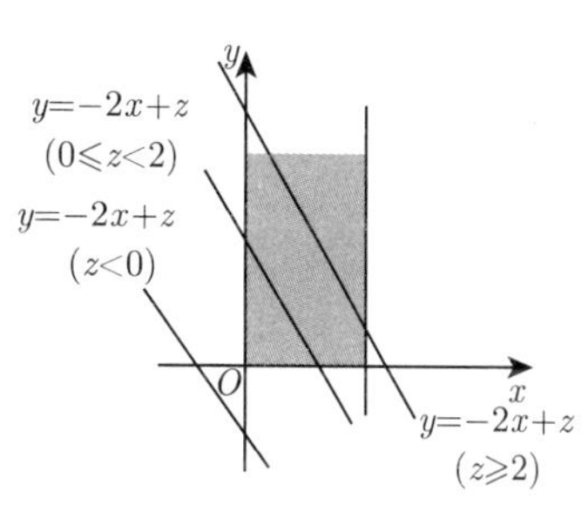

图 3.8

卷积法: 由卷积公式 $f_Z(z)=\int_{-\infty}^{+\infty} f(x,z-x)\mathrm{d}x$,

其中
$$f(x,z-x)=\begin{cases} 2-x-(z-x), & 0<x<1,\quad 0<z-x<1,\\ 0, & 其他.\end{cases}$$
$$=\begin{cases} 2-z, & 0<x<1, 0<z-x<1,\\ 0, & 其他.\end{cases}$$

当 $z\leqslant 0$ 或 $z\geqslant 2$ 时, $f_Z(z)=0$;

当 $0<z<1$ 时, $$f_Z(z)=\int_0^z (2-z)\mathrm{d}x=z(2-z);$$

当 $1\leqslant z<2$ 时, $$f_Z(z)=\int_{z-1}^1 (2-z)\mathrm{d}x=(2-z)^2.$$

即 Z 的概率密度为

$$f_Z(z)=\begin{cases} z(2-z), & 0<z<1,\\ (2-z)^2, & 1\leqslant z<2,\\ 0, & 其他.\end{cases}$$

【例 4】 设随机变量 X,Y 相互独立, 其概率密度函数分别为

$$f_X(x)=\begin{cases} 1, & 0\leqslant x\leqslant 1,\\ 0, & 其他,\end{cases}\qquad f_Y(y)=\begin{cases} \mathrm{e}^{-y}, & y>0,\\ 0, & y\leqslant 0,\end{cases}$$

求随机变量 $Z=2X+Y$ 的概率密度函数. □□□

【解析 1】 由于 X,Y 相互独立, (X,Y) 的联合密度为

$$f(x,y)=f_X(x)f_Y(y)=\begin{cases} e^{-y}, & 0\leqslant x\leqslant 1, y>0, \\ 0, & \text{其他}. \end{cases}$$

故 Z 的分布函数

$$\begin{aligned} F_Z(z) &= P\{Z\leqslant z\}=P\{2X+Y\leqslant z\} \\ &= \iint\limits_{2x+y\leqslant z} f(x,y)\mathrm{d}x\mathrm{d}y, \end{aligned}$$

当 $z<0$ 时, $F_Z(z)=\iint\limits_{2x+y\leqslant z} 0\mathrm{d}x\mathrm{d}y=0$, 此时 $f_Z(z)=0$;

当 $0\leqslant z\leqslant 2$ 时, $F_Z(z)=\int_0^z \mathrm{d}y\int_0^{\frac{z-y}{2}} e^{-y}\mathrm{d}x=\frac{z}{2}\int_0^z e^{-y}\mathrm{d}y-\frac{1}{2}\int_0^z ye^{-y}\mathrm{d}y$, 此时,

$$f_z(z)=F_z'(z)=\frac{1}{2}\int_0^z e^{-y}\mathrm{d}y=\frac{1}{2}(1-e^{-z});$$

当 $z>2$ 时, $F_Z(z)=\int_0^1 \mathrm{d}x\int_0^{z-2x} e^{-y}\mathrm{d}y=\int_0^1 (1-e^{2x-z})\mathrm{d}x=1-\frac{1}{2}(e^2-1)e^{-z}$, 此时,

$$f_z(z)=F_z'(z)=\frac{1}{2}(e^2-1)e^{-z}.$$

故 $Z=2X+Y$ 的概率密度函数为 $f_z(z)=\begin{cases} 0, & z<0, \\ \frac{1}{2}(1-e^{-z}), & 0\leqslant z\leqslant 2 \\ \frac{1}{2}e^{-z}(e^2-1), & z>2. \end{cases}$

【解析 2】 由于 X,Y 相互独立, , (X,Y) 的联合密度为

$$f(x,y)=f_X(x)f_Y(y)=\begin{cases} e^{-y}, & 0\leqslant x\leqslant 1, y>0, \\ 0, & \text{其他}. \end{cases}$$

当 $z<0$ 时, $f_Z(z)=0$, 此时 $f_Z(z)=0$;

当 $0\leqslant z\leqslant 2$ 时, $f_Z(z)=\int_0^{\frac{z}{2}} e^{-(z-2x)}\mathrm{d}x=\frac{1}{2}(1-e^{-z})$.

当 $z>2$ 时, $f_Z(z)=\int_0^1 e^{-(z-2x)}\mathrm{d}x=\frac{1}{2}(e^2-1)e^{-z}$.

故 $Z=2X+Y$ 的概率密度函数为 $f_z(z)=\begin{cases} 0, & z<0, \\ \frac{1}{2}(1-e^{-z}), & 0\leqslant z\leqslant 2, \\ \frac{1}{2}e^{-z}(e^2-1), & z>2. \end{cases}$

【例 5】 设随机变量 X 与 Y 独立, X 服从正态分布 $N(\mu,\sigma^2)$ 服从 $[-\pi,\pi]$ 上的均匀分布, 试求 $Z=X+Y$ 的概率分布密度. (计算结果用标准正态分布函数 $\Phi(x)$ 表示, 其中

$\Phi(x)=\frac{1}{\sqrt{2\pi}}\int_{-\infty}^{x}\mathrm{e}^{-\frac{t^2}{2}}\mathrm{d}t)$ □□□

【解析】X 和 Y 的概率分布密度为

$$f_X(x)=\frac{1}{\sqrt{2\pi}\sigma}\mathrm{e}^{-\frac{(x-\mu)^2}{2\sigma^2}}\quad -\infty<x<+\infty;$$

$$f_Y(y)=\begin{cases}\frac{1}{2\pi}, & -\pi\leqslant y\leqslant\pi,\\ 0, & \text{其他}.\end{cases}$$

因为 X 和 Y 独立, 故可用卷积公式, 考虑到 $f_Y(y)$ 仅在 $[-\pi,\pi]$ 上才有非零值, 所以 Z 的概率分布密度为

$$\begin{aligned}f_Z(z)&=\int_{-\infty}^{+\infty}f_X(z-y)f_Y(y)\mathrm{d}y\\&=\frac{1}{2\pi}\int_{-\pi}^{\pi}\frac{1}{\sqrt{2\pi}\sigma}\mathrm{e}^{-\frac{(z-y-\mu)^2}{2\sigma^2}}\mathrm{d}y,\left(\text{令 } t=\frac{z-y-\mu}{\sigma}\right)\\&=\frac{1}{2\pi}\int_{\frac{z-\pi-\mu}{\sigma}}^{\frac{z+\pi-\mu}{\sigma}}\frac{1}{\sqrt{2\pi}}\mathrm{e}^{-\frac{t^2}{2}}\mathrm{d}t\\&=\frac{1}{2\pi}\left[\Phi\left(\frac{z+\pi-\mu}{\sigma}\right)-\Phi\left(\frac{z-\pi-\mu}{\sigma}\right)\right].\end{aligned}$$

六、极值函数的分布

1. 最大最小值的分布

设随机变量 X 的分布函数为 $F_X(x),Y$ 的分布函数为 $F_Y(y)$, 且 X 和 Y 相互独立, 则

(1) 若 $Z=\max(X,Y)$, 则随机变量 Z 的分布函数为 $F_Z(z)=F_X(z)F_Y(z)$;

(2) 若 $Z=\min(X,Y)$, 则随机变量 Z 的分布函数为 $F_Z(z)=1-[1-F_X(z)][1-F_Y(z)]$.

【证明】(1) 因为随机变量 X 的分布函数为 $F_X(x),Y$ 的分布函数为 $F_Y(y)$, 且 X 和 Y 相互独立, 所以

$$\begin{aligned}F_Z(z)&=P\{Z\leqslant z\}=P\{\max\{X,Y\}\leqslant z\}=P\{X\leqslant z,Y\leqslant z\}\\&=P\{X\leqslant z\}P\{Y\leqslant z\}=F_X(z)F_Y(z).\end{aligned}$$

(2)
$$\begin{aligned}F_Z(z)&=P\{Z\leqslant z\}=P\{\min\{X,Y\}\leqslant z\}=1-P\{\min\{X,Y\}>z\}\\&=1-P\{X>z,Y>z\}=1-(1-P\{X\leqslant z\})(1-P\{Y\leqslant z\})\\&=1-[1-F_X(z)][1-F_Y(z)].\end{aligned}$$

【推论】 设随机变量 $X_1,X_2,\cdots,X_n$ 相互独立, 且其分布函数分别为

$$F_{X_1}(x_1),F_{X_2}(x_2),\cdots,F_{X_n}(x_n)$$

令随机变量 $M=\max\limits_{1\leqslant i\leqslant n}\{X_i\},N=\min\limits_{1\leqslant i\leqslant n}\{X_i\}$, 则有

(1) $F_M(z)=P\{\max\{X_1,X_2,\cdots,X_n\}\leqslant z\}=F_{X_1}(z)F_{X_2}(z)\cdots F_{X_n}(z)$.

(2) $F_N(z)=P\{\min\{X_1,X_2,\cdots,X_n\}\leqslant z\}=1-[1-F_{X_1}(z)][1-F_{X_2}(z)]\cdots[1-F_{X_n}(z)]$.

特别地, 当 $X_1,X_2,\cdots,X_n$ 独立同分布, 即 X_i 的分布函数为 $F(x)$, $\quad i=1,2,\cdots,n$, 则

$$F_M(z)=F^n(z),\quad F_N(z)=1-[1-F(z)]^n.$$

题型7 极值的分布

【例 1】设随机变量 X,Y 独立同分布, 且 X 的分布函数为 $F(x)$, 则 $Z=\max\{X,Y\}$ 的分布函数为 (　　).

(A) $F^2(x)$.　　(B) $F(x)F(y)$.

(C) $1-[1-F(x)]^2$.　　(D) $[1-F(x)][1-F(y)]$.

□□□

【解析】由 X,Y 同分布知, Y 的分布函数也为 $F(x)$. 记 Z 的分布函数为 $F_z(x)$, 则

$$\begin{aligned}F_z(x)&=P\{\max\{XY\}\leqslant x\}=P\{X\leqslant x,Y\leqslant x\}\\&=P\{X\leqslant x\}P\{Y\leqslant x\}(X\text{ 与 }Y\text{ 独立})\\&=F_X(x)F_Y(x)=F^2(x).\end{aligned}$$

故选 (A).

【例 2】设相互独立的两个随机变量 X,Y 具有同一分布律, 且 X 的分布律为

X	0	1
P	$\frac{1}{2}$	$\frac{1}{2}$

则随机变量 $Z=\max\{X,Y\}$ 的分布律为________.　　□□□

【解析】由于 X,Y 相互独立同分布, 只取 0,1 两个数值, 故 Z 的取值为 0 和 1, 且

$$\begin{aligned}P\{Z=0\}&=P\{\max(X,Y)=0\}=P\{X=0,Y=0\}\\&=P\{X=0\}\cdot P\{Y=0\}=\frac{1}{2}\times\frac{1}{2}=\frac{1}{4},\\P\{Z=1\}&=1-P\{Z=0\}=1-\frac{1}{4}=\frac{3}{4},\end{aligned}$$

所以随机变量 $Z=\max\{X,Y\}$ 的分布律为

Z	0	1
P	$\frac{1}{4}$	$\frac{3}{4}$

【例 3】设随机变量 X 与 Y 相互独立,且均服从区间 $[0,3]$ 上的均匀分布,则 $P\{\max\{X,Y\}\leqslant 1\}$________. □□□

【解析】如图 3.9 所示,

$$P=\{\max\{X,Y\}\leqslant 1\}=P\{X\leqslant 1,Y\leqslant 1\}$$
$$=P\{X\leqslant 1\}P\{Y\leqslant 1\}$$
$$=\frac{1}{3}\times\frac{1}{3}=\frac{1}{9}.$$

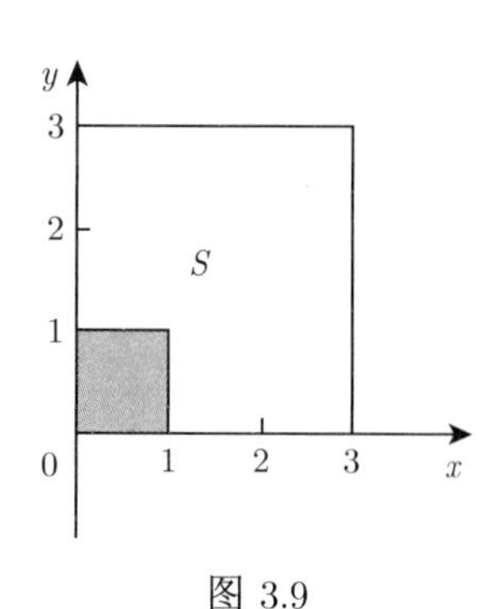

图 3.9

【例 4】设 ξ,η 是相互独立且服从同一分布的两个随机变量,已知 ξ 的分布律为 $P(\xi=i)=\frac{1}{3}$, $i=1,2,3$. 又设 $X=\max(\xi,\eta),Y=\min(\xi,\eta)$.

(Ⅰ) 写出二维随机变量 (X,Y) 的分布律:

Y \ X	1	2	3
1			
2			
3			

(Ⅱ) 求随机变量 X 的数学期望 $E(X)$. □□□

【解析】(Ⅰ) 由 $X=\max(\xi,\eta),Y=\min(\xi,\eta)$ 的定义知, X,Y 的所有可能取值均为 $1,2,3$. 且 $P\{X<Y\}=0$, 即

$$P\{X=1,Y=2\}=P\{X=1,Y=3\}=P\{X=2,Y=3\}=0,$$

因 ξ,η 独立同分布, $P(\xi=i)=\frac{1}{3},i=1,2,3$, 因此有

$$P\{X=1,Y=1\}=P\{\xi=1,\eta=1\}=P\{\xi=1\}\cdot P\{\eta=1\}=\frac{1}{3}\times\frac{1}{3}=\frac{1}{9};$$

$$P\{X=2,Y=2\}=P\{\xi=2,\eta=2\}=P\{\xi=2\}\cdot P\{\eta=2\}=\frac{1}{3}\times\frac{1}{3}=\frac{1}{9};$$

$$P\{X=3,Y=3\}=P\{\xi=3,\eta=3\}=P\{\xi=3\}\cdot P\{\eta=3\}=\frac{1}{3}\times\frac{1}{3}=\frac{1}{9};$$

$$P\{X=2,Y=1\}=P\{\xi=1,\eta=2\}+P\{\xi=2\}P\{\eta=1\}$$
$$=P\{\xi=1\}P\{\eta=2\}+P\{\xi=2\}P\{\eta=1\}=\frac{1}{9}+\frac{1}{9}=\frac{2}{9};$$

$$P\{X=3,Y=2\}=P\{\xi=2,\eta=3\}+P\{\xi=3,\eta=2\}=\frac{1}{9}+\frac{1}{9}=\frac{2}{9};$$

$$P\{X=3,Y=1\}=P\{\xi=3,\eta=1\}+P\{\xi=1,\eta=3\}=\frac{1}{9}+\frac{1}{9}=\frac{2}{9}.$$

故随机变量 (X,Y) 的分布律为

X \ Y	1	2	3
1	$\frac{1}{9}$	0	0
2	$\frac{2}{9}$	$\frac{1}{9}$	0
3	$\frac{2}{9}$	$\frac{2}{9}$	$\frac{1}{9}$

（Ⅱ）X 的边缘分布律为

X	1	2	3
P	$\frac{1}{9}$	$\frac{3}{9}$	$\frac{5}{9}$

于是 X 的数学期望

$$E(X)=1\times\frac{1}{9}+2\times\frac{3}{9}+3\times\frac{5}{9}=\frac{22}{9}.$$

【例 5】某电路装有三个同种电器元件，其工作状态相互独立，且无故障工作时间都服从参数为 $\lambda>0$ 的指数分布．当三个元件都无故障时，电路正常工作，否则整个电路不能正常工作，试求电路正常工作的时间 T 的概率分布． □□□

【解析】以 $X_i(i=1,2,3)$ 表示第 i 个电器元件无故障工作的时间，则 X_1,X_2,X_3 相互独立且同分布，其分布函数为

$$F(x)=\begin{cases}1-\mathrm{e}^{-\lambda x}, & x>0,\\ 0, & x\leqslant 0,\end{cases}$$

设 $G(t)$ 是 T 的分布函数．当 $t\leqslant 0$ 时，$G(t)=0$．当 $t>0$ 时，有

$$\begin{aligned}G(t)&=P\{T\leqslant t\}=1-P\{T>t\}\\&=1-P\{X_1>t,X_2>t,X_3>t\}\\&=1-P\{X_1>t\}\cdot P\{X_2>t\}\cdot P\{X_3>t\}\\&=1-[1-F(t)]^3\\&=1-\mathrm{e}^{-3\lambda t}.\end{aligned}$$

总之，

$$G(t)=\begin{cases}1-\mathrm{e}^{-3\lambda t}, & 若\ t>0,\\ 0, & 若\ t\leqslant 0.\end{cases}$$

于是 T 服从参数为 3λ 的指数分布．

【例 6】设随机变量 X 与 Y 相互独立，且都服从参数为 1 的指数为分布，记 $U=\max\{X,Y\},V=\min\{X,Y\}$．

（Ⅰ）求 V 的概率密度 $f_V(v)$；　（Ⅱ）求 $E(U+V)$． □□□

【解析】(Ⅰ) X 与 Y 的分布函数均为 $F(x)=\begin{cases}1-\mathrm{e}^{-x}, & x>0,\\ 0, & x\leqslant 0,\end{cases}$ $V=\min\{X,Y\}$ 的分布函数为

$$\begin{aligned}F_V(v)&=P\{\min\{X,Y\}\leqslant v\}=1-P\{\min\{X,Y\}>v\}\\&=1-P\{X>v,Y>v\}=1-(1-F(v))^2=\begin{cases}1-\mathrm{e}^{-2v}, & v>0,\\ 0, & v\leqslant 0,\end{cases}\end{aligned}$$

故 V 的概率密度为 $f_V(v)=F_V'(v)=\begin{cases}2\mathrm{e}^{-2v}, & v>0,\\ 0, & v\leqslant 0.\end{cases}$

(Ⅱ)【解析 1】$U=\max\{X,Y\}$ 的分布函数为

$$F_U(u)=P\{\max\{X,Y\}\leqslant u\}=P\{X\leqslant u,Y\leqslant u\}=F^2(u)=\begin{cases}(1-\mathrm{e}^{-u})^2, & u>0,\\ 0, & u\leqslant 0,\end{cases}$$

故 U 的概率密度为 $f_U(u)=F_U'(u)=\begin{cases}2\mathrm{e}^{-u}(1-\mathrm{e}^{-u}), & u>0,\\ 0, & u\leqslant 0,\end{cases}$ 因此

$$E(U+V)=EU+EV=\int_0^{+\infty}2u\mathrm{e}^{-u}(1-\mathrm{e}^{-u})\mathrm{d}u+\int_0^{+\infty}2v\mathrm{e}^{-2v}\mathrm{d}v=2.$$

【解析 2】因为 $U+V=\min(X,Y)+\max(X,Y)=X+Y$, 故

$$E(U+V)=E(X+Y)=EX+EY=2.$$

第三节 专题精讲及解题技巧

专题一 混合型随机变量函数的分布

【例 1】设随机变量 X 与 Y 独立, 其中 X 的概率分布为

$$X\sim\begin{pmatrix}1 & 2\\ 0.3 & 0.7\end{pmatrix},$$

而 Y 的概率密度为 $f(y)$, 求随机变量 $U=X+Y$ 的概率密度为 $g(u)$. □□□

【解析】设 $F(y)$ 是 Y 的分布函数, 则有全概率公式, 知 $U=X+Y$ 的分布函数为

$$\begin{aligned}G(u)&=P\{X+Y\leqslant u\}=0.3P\{X+Y\leqslant u|X=1\}+0.7P\{X+Y\leqslant u|X=2\}\\&=0.3P\{Y\leqslant u-1|X=1\}+0.7P\{Y\leqslant u-2|X=2\}.\end{aligned}$$

由于 X 和 Y 独立, 可见 $G(u)=0.3P\{Y\leqslant u-1\}+0.7P\{Y\leqslant u=2\}$

$$= 0.3F(u-1) + 0.7F(u-2).$$

由此, 得 U 的概率密度 $g(u) = G'(u) = 0.3F'(u-1) + 0.7F'(u-2)$

$$= 0.3f(u-1) + 0.7f(u-2).$$

【例 2】设随机变量 X 与 Y 相互独立, 且 X 服从标准正态分布 $N(0,1)$, Y 的概率分布为 $P\{Y=0\} = P\{Y=1\} = \dfrac{1}{2}$. 记 $F_Z(z)$ 为随机变量 $Z = XY$ 的分布函数, 则函数 $F_Z(z)$ 的间断点个数为 (　　).

(A) 0.　　(B) 1.　　(C) 2.　　(D) 3.

□□□

【解析】由分布函数定义得

$$\begin{aligned}
F_Z(z) &= P\{XY \leqslant z\} \\
&= P\{XY \leqslant z | Y=0\} P\{Y=0\} + P\{XY \leqslant z | Y=1\} P\{Y=1\} \\
&= \frac{1}{2}[P\{XY \leqslant z | Y=0\} + P\{XY \leqslant z | Y=1\}] \\
&= \frac{1}{2}[P\{0 \leqslant z\} + P\{X \leqslant z\}] \\
&= \begin{cases} \dfrac{1}{2}\Phi(z), & z < 0, \\ \dfrac{1}{2}(1+\Phi(z)), & z \geqslant 0. \end{cases}
\end{aligned}$$

所以 $z=0$ 是唯一间断点. 故选 (B).

【例 3】设随机变量 X 与 Y 相互独立, X 的概率分布为 $P\{X=i\} = \dfrac{1}{3}(i=-1,0,1)$, Y 的概率密度为 $f_Y(y) = \begin{cases} 1, & 0 \leqslant y < 1, \\ 0, & \text{其他}. \end{cases}$ 记 $Z = X+Y$.

(Ⅰ) 求 $P\left\{Z \leqslant \dfrac{1}{2} \middle| X=0\right\}$;

(Ⅱ) 求 Z 的概率密度 $f_Z(z)$.

□□□

【解析】(Ⅰ) $P\left\{Z \leqslant \dfrac{1}{2} \middle| X=0\right\} = \dfrac{P\left\{X=0, Z \leqslant \dfrac{1}{2}\right\}}{P\{X=0\}}$

$$= \frac{P\left\{X=0, Y \leqslant \dfrac{1}{2}\right\}}{P\{X=0\}} = P\left\{Y \leqslant \frac{1}{2}\right\} = \frac{1}{2}.$$

(Ⅱ) $F_Z(z) = P\{Z \leqslant z\} = P\{X+Y \leqslant z\}$

$$\begin{aligned}
&= P\{X+Y \leqslant z, X=-1\} + P\{X+Y \leqslant z, X=0\} + P\{X+Y \leqslant z, X=1\} \\
&= P\{Y \leqslant z+1, X=-1\} + P\{Y \leqslant z, X=0\} + P\{Y \leqslant z-1, X=1\} \\
&= P\{Y \leqslant z+1\} P\{X=-1\} + P\{Y \leqslant z\} P\{X=0\} + P\{Y \leqslant z-1\} P\{X=1\} \\
&= \frac{1}{3}[P\{Y \leqslant z+1\} + P\{Y \leqslant z\} + P\{Y \leqslant z-1\}]
\end{aligned}$$

$$= \frac{1}{3}\left[F_Y(z+1)+F_Y(z)+F_Y(z-1)\right],$$

故密度函数为

$$f_Z(z)=F_Z'(z)=\frac{1}{3}\left[f_Y(z+1)+f_Y(z)+f_Y(z-1)\right]=\begin{cases}\frac{1}{3}, & -1\leqslant z<2,\\ 0, & \text{其他}.\end{cases}$$

【例 4】设随机变量 X,Y 相互独立, 且 X 的概率分布为 $P\{X=0\}=P\{X=2\}=\frac{1}{2}$, Y 的概率密度为 $f(y)=\begin{cases}2y, & 0<y<1,\\ 0, & \text{其他}.\end{cases}$

(Ⅰ) 求 $P\{Y\leqslant EY\}$;　　(Ⅱ) 求 $Z=X+Y$ 的概率密度.

□□□

【解析】(Ⅰ)

$$EY=\int_{-\infty}^{+\infty}yf(y)\mathrm{d}y=\int_0^1 2y^2\mathrm{d}y=\frac{2}{3},$$

$$P\{Y\leqslant EY\}=P\left\{Y\leqslant\frac{2}{3}\right\}=\int_0^{\frac{2}{3}}2y\mathrm{d}y=\frac{4}{9}.$$

(Ⅱ) Z 的分布函数记为 $F_Z(z)$, 那么

$$\begin{aligned}F_Z(z)&=P\{Z\leqslant z\}=P\{X+Y\leqslant z\}\\&=P\{X=0,X+Y\leqslant z\}+P\{X=2,X+Y\leqslant z\}\\&=P\{X=0\}P\{X+Y\leqslant z|X=0\}+P\{X=2\}P\{X+Y\leqslant z|X=2\}\\&=\frac{1}{2}P\{Y\leqslant z\}+\frac{1}{2}P\{Y\leqslant z-2\}.\end{aligned}$$

当 $z<0$ 时, $F_Z(z)=0$;

当 $0\leqslant z<1$ 时, $F_Z(z)=\frac{1}{2}P\{Y\leqslant z\}=\frac{z^2}{2}$;

当 $1\leqslant z<2$ 时, $F_Z(z)=\frac{1}{2}$;

当 $2\leqslant z<3$ 时, $F_Z(z)=\frac{1}{2}+\frac{1}{2}P\{Y\leqslant z-2\}=\frac{1}{2}+\frac{1}{2}(z-2)^2$;

当 $z\geqslant 3$ 时, $F_Z(z)=1$.

所以 Z 的概率密度为 $f_Z(z)=\begin{cases}z, & 0<z<1,\\ z-2, & 2<z<3,\\ 0, & \text{其他}.\end{cases}$

【例 5】设随机变量 X 的概率分布为 $P\{X=1\}=P\{X=2\}=\frac{1}{2}$, 在给定 $X=i$ 的条件下, 随机变量 Y 服从均匀分布 $U(0,i)(i=1,2)$.

(Ⅰ) 求 Y 的分布函数 $F_Y(y)$;　　(Ⅱ) 求 EY.　　□□□

【解析】(Ⅰ) $F_Y(y)=P\{Y\leqslant y\}$

$$=P\{X=1\}P\{Y\leqslant y|X=1\}+P\{X=2\}P\{Y\leqslant y|X=2\}$$

$$=\frac{1}{2}P\{Y \leqslant y|X=1\}+\frac{1}{2}P\{Y \leqslant y|X=2\}.$$

当 $y<0$ 时, $F_Y(y)=0$;

当 $0 \leqslant y<1$ 时, $F_Y(y)=\frac{3y}{4}$;

当 $1 \leqslant y<2$ 时, $F_Y(y)=\frac{1}{2}+\frac{y}{4}$;

当 $y \geqslant 2$ 时, $F_Y(y)=1$.

故分布函数为
$$F_Y(y)=\begin{cases}0, & y<0,\\ \frac{3y}{4}, & 0 \leqslant y<1,\\ \frac{1}{2}+\frac{y}{4}, & 1 \leqslant y<2,\\ 1, & y \geqslant 2.\end{cases}$$

(Ⅱ) 概率密度为
$$f_Y(y)=\begin{cases}\frac{3}{4}, & 0<y<1,\\ \frac{1}{4}, & 1 \leqslant y<2,\\ 0, & \text{其他}.\end{cases}$$

因此
$$EY=\int_{-\infty}^{+\infty} y f_Y(y)\mathrm{d}y=\int_0^1 \frac{3}{4}y\mathrm{d}y+\int_1^2 \frac{1}{4}y\mathrm{d}y=\frac{3}{4}.$$

【例 6】设二维随机变量 (X,Y) 在区域 $D=\left\{(x,y)\middle|\ 0<x<1, x^2<y<\sqrt{x}\right\}$ 上服从均匀分布, 令 $U=\begin{cases}1, X \leqslant Y,\\ 0, X>Y.\end{cases}$

(Ⅰ) 写出 (X,Y) 的概率密度;

(Ⅱ) 问 U 与 X 是否相互独立? 并说明理由;

(Ⅲ) 求 $Z=U+X$ 的分布函数 $F(z)$.　□□□

【解析】(Ⅰ) 由题设得, 区域 D 的面积

$$S_D=\int_0^1(\sqrt{x}-x^2)\mathrm{d}x=\left(\frac{2}{3}x^{\frac{3}{2}}-\frac{1}{3}x^3\right)\Big|_0^1=\frac{1}{3}.$$

因 (X,Y) 为服从区域 D 上的均匀分布, 所以 (X,Y) 的联合概率密度为

$$f(x,y)=\begin{cases}3, & 0<x<1, x^2<y<\sqrt{x},\\ 0, & \text{其他}.\end{cases}$$

(Ⅱ) 根据区域 D 的图形, 可得下列概率

$$P\left\{U \leqslant \frac{1}{2}, X \leqslant \frac{1}{2}\right\}=P\left\{U=0, X \leqslant \frac{1}{2}\right\}=P\left\{X>Y, X \leqslant \frac{1}{2}\right\}=\int_0^{\frac{1}{2}}\mathrm{d}x\int_{x^2}^{x}3\mathrm{d}y=\frac{1}{4},$$

$$P\left\{U \leqslant \frac{1}{2}\right\}=P\{U=0\}=\frac{1}{2}, \quad P\left\{X \leqslant \frac{1}{2}\right\}=\int_0^{\frac{1}{2}}\mathrm{d}x\int_{x^2}^{\sqrt{x}}3\mathrm{d}y=\frac{\sqrt{2}}{2}-\frac{1}{8}.$$

故 $P\left\{U \leqslant \frac{1}{2}, X \leqslant \frac{1}{2}\right\} \neq P\left\{U \leqslant \frac{1}{2}\right\} P\left\{X \leqslant \frac{1}{2}\right\}$, 即 U 与 X 不独立.

(III) 因为 $\{U+X \leqslant z\}=\{U+X \leqslant z, U=0\} \bigcup\{U+X \leqslant z, U=1\}$, 于是, $Z=U+X$ 的分布函数为

$$\begin{aligned} F(z) &= P\{U+X \leqslant z\}=P\{U+X \leqslant z, U=0\}+P\{U+X \leqslant z, U=1\} \\ &= P\{X \leqslant z, U=0\}+P\{X \leqslant z-1, U=1\} \\ &= P\{X \leqslant z, X>Y\}+P\{X \leqslant z-1, X \leqslant Y\} . \end{aligned}$$

下面分别计算上式中的两项概率.

当 $z<0$ 时, $F(z)=P\{Z \leqslant z\}=0$.

当 $0 \leqslant z<1$ 时,

$$\begin{aligned} F(z) &= P\{Z \leqslant z\}=P\{U+X \leqslant z\}=P\{X \leqslant z, U=0\}=P\{X \leqslant z, X>Y\} \\ &= \iint\limits_{x \leqslant z, y<x} f(x, y) \mathrm{d} x \mathrm{d} y=\int_0^z \mathrm{d} x \int_{x^2}^x 3 \mathrm{d} x=\frac{3}{2} z^2-z^3 . \end{aligned}$$

当 $1 \leqslant z<2$ 时, $\begin{aligned}[t] F(z) &= P\{Z \leqslant z\}=P\{U+X \leqslant z\} \\ &= P\{X \leqslant z, U=0\}+P\{X \leqslant z-1, U=1\} \\ &= \frac{1}{2}+2(z-1)^{\frac{3}{2}}-\frac{3}{2}(z-1)^2 . \end{aligned}$

当 $z \geqslant 2$ 时, $F(z)=P\{Z \leqslant z\}=P\{U+X \leqslant z\}=1$.

故所求分布函数为

$$F(z)=P\{Z \leqslant z\}=\begin{cases}0, & z<0, \\ \frac{3}{2} z^2-z^3, & 0 \leqslant z<1, \\ \frac{1}{2}+2(z-1)^{\frac{3}{2}}-\frac{3}{2}(z-1)^2, & 1 \leqslant z<2, \\ 1, & z \geqslant 2 .\end{cases}$$

专题二　极值函数的分布综合题

【例 1】 设 X 与 Y 相互独立的随机变量, 其概率密度分别为

$$f_X(x)=\begin{cases}\lambda \mathrm{e}^{-\lambda x}, & x>0, \\ 0, & x \leqslant 0,\end{cases} \quad f_Y(y)=\begin{cases}\mu \mathrm{e}^{-\mu y}, & y>0, \\ 0, & y \leqslant 0,\end{cases}$$

其中 $\lambda>0, \mu>0$, 令 $Z=\begin{cases}1, & X \leqslant Y, \\ 0, & X>Y,\end{cases}$ 求 Z 的分布律和分布函数. □□□

【解析】(Ⅰ) 由 X 与 Y 相互独立, 知 (X, Y) 的概率密度为

$$f(x, y)=f_X(x) \cdot f_Y(y)=\begin{cases}\lambda \mu \mathrm{e}^{-\lambda x-\mu y}, & x>0, y>0, \\ 0, & \text{其他.}\end{cases}$$

所以
$$P\{Z=1\}=P\{X\leqslant Y\}=\iint\limits_{x\leqslant y} f(x,y)\mathrm{d}x\mathrm{d}y$$
$$=\int_0^{+\infty}\lambda \mathrm{e}^{-\lambda x}\mathrm{d}x\int_x^{+\infty}\mathrm{e}^{-\mu y}\mathrm{d}(\mu y)$$
$$=\int_0^{+\infty}\lambda \mathrm{e}^{-\lambda x}\cdot \mathrm{e}^{-\mu x}\mathrm{d}x=\lambda\int_0^{+\infty}\mathrm{e}^{-(\lambda+\mu)x}\mathrm{d}x=\frac{\lambda}{\lambda+\mu}.$$
$$P\{Z=0\}=1-P\{Z=1\}=\frac{\mu}{\lambda+\mu}.$$

故 Z 的分布律为

Z	0	1
P	$\frac{\mu}{\lambda+\mu}$	$\frac{\lambda}{\lambda+\mu}$

(Ⅱ) Z 的分布函数为 $F_Z(z)=\begin{cases}0, & z<0,\\ \frac{\mu}{\lambda+\mu}, & 0\leqslant z<1,\\ 1, & z\geqslant 1.\end{cases}$

【例 2】设随机变量 X,Y 相互独立, 且 X 的概率分布为 $P\{X=1\}=P\{X=-1\}=\frac{1}{2}$, Y 服从参数为 λ 的泊松分布, 令 $Z=XY$

(Ⅰ) 求 $\mathrm{Cov}(X,Z)$;

(Ⅱ) 求 Z 的概率分布.　　□□□

【解析】(Ⅰ) X,Y 相互独立, 所以
$$\mathrm{Cov}(X,Z)=\mathrm{Cov}(X,XY)=E(X^2Y)-E(X)E(XY)$$
$$=E(X^2)E(Y)-E^2(X)E(Y)=D(X)E(Y)=\lambda.$$
其中 $EX=1\times\frac{1}{2}-1\times\frac{1}{2}=0,\ EX^2=1^2\times\frac{1}{2}+(-1)^2\times\frac{1}{2}=1,\ EY=\lambda.$

(Ⅱ) 由题设可知 Z 的取值为整数.
$$P\{Z=0\}=P\{X=-1,Y=0\}+P\{X=1,Y=0\}=\frac{1}{2}\mathrm{e}^{-\lambda}+\frac{1}{2}\mathrm{e}^{-\lambda}=\mathrm{e}^{-\lambda}.$$

当 $k>0$ 时,
$$P\{Z=k\}=P\{X=1,Y=k\}+P\{X=-1,Y=-k\}=\frac{1}{2}\frac{\lambda^k}{k!}\mathrm{e}^{-\lambda}+0=\frac{\lambda^k}{2\cdot k!}\mathrm{e}^{-\lambda}.$$

当 $k<0$ 时,
$$P\{Z=-k\}=P\{X=1,Y=-k\}+P\{X=-1,Y=k\}=0+\frac{1}{2}\frac{\lambda^{-k}}{(-k)!}\mathrm{e}^{-\lambda}=\frac{\lambda^{-k}}{2\cdot(-k)!}\mathrm{e}^{-\lambda}.$$

故 Z 的分布律为 $P\{Z=k\}=\begin{cases}\frac{\lambda^{-k}}{2\cdot(-k)!}\mathrm{e}^{-\lambda}, & k<0,\\ \mathrm{e}^{-\lambda}, & k=0,\\ \frac{\lambda^k}{2\cdot k!}\mathrm{e}^{-\lambda}, & k>0.\end{cases}$

【例 3】 设二维随机变量 (X,Y) 在区域 $D: 0 \leqslant x \leqslant 1, 0 \leqslant y \leqslant 1$ 上服从均匀分布, 且

$$Z = \begin{cases} 1, & X+Y \leqslant 1, \\ X+Y, & X+Y > 1 \end{cases}$$

求 Z 的分布函数和期望. □□□

【分析】 (1) 判断 Z 是连续型, 还是离散型, 或者是混合型.

(2) 定义法求 z 的 $F_z(z)$ 分布.

(3) 混合型求期望：离散的部分用离散分布律求、连续的部分用密度函数.

【解析】 由分布函数定义得

$$F_z(z) = P\{Z \leqslant z\}$$

当 $z < 0$ 时,$F_z(z) = 0$;

当 $0 \leqslant z < 1$ 时, $F_z(z) = P\{Z \leqslant z\} = 0$;

当 $z = 1$ 时, $F_z(z) = P\{Z \leqslant z\} = P\{Z \leqslant 1\} = P\{X+Y \leqslant 1\} = \int_0^1 \mathrm{d}x \int_0^{1-x} 1\mathrm{d}y = \frac{1}{2}$;

当 $1 < z < 2$ 时, $F_z(z) = P\{Z \leqslant z\} = P\{Z \leqslant 1\} + P\{1 < Z < z\}$

$$= P\{Z = 1\} + P\{1 < X+Y < z\}$$

$$= \frac{1}{2} + \frac{1}{2} - \frac{1}{2}(2-z)^2 = 1 - \frac{1}{2}(2-z)^2;$$

当 $z \geqslant 2$ 时, $F_z(z) = 1$.

故混合型概率密度函数为 $f(z) = \begin{cases} \frac{1}{2}, & z = 1, \\ 2-z, & 1 < z < 2, \\ 0, & \text{其他}. \end{cases}$

$$E(z) = 1 \cdot \frac{1}{2} + \int_1^2 z(2-z)\mathrm{d}z = \frac{1}{2} + \frac{2}{3} = \frac{7}{6}.$$

【名师点睛】 此题属于混合型随机变量函数, 难度比较大, 可以参考.

【例 4】 设随机变量 X, Y 相互独立, 概率密度分别为

$$f(x) = \begin{cases} \mathrm{e}^{-x}, & x > 0, \\ 0, & \text{其他}. \end{cases} \quad f_Y(y) = \begin{cases} \mathrm{e}^{-y}, & y > 0, \\ 0, & \text{其他}. \end{cases}$$

求 $Z = \frac{Y}{X}$ 的概率密度. □□□

【解析】 由于 X, Y 相互独立, 则由公式

$$f_Z(z) = \int_{-\infty}^{+\infty} |x| f_X(x) f_Y(xz)\mathrm{d}x$$

仅当 $\begin{cases} x > 0 \\ xz > 0 \end{cases}$, 即 $\begin{cases} x > 0 \\ z > 0 \end{cases}$ 时, 密度函数不为零, 于是

当 $z \leqslant 0$ 时, $f_Z(z)=0$.

当 $z>0$ 时, $f_Z(z)=\int_0^{\infty} x\mathrm{e}^{-x}\mathrm{e}^{-xz}\mathrm{d}x=\int_0^{\infty} x\mathrm{e}^{-x(z+1)}\mathrm{d}x=\frac{1}{(z+1)^2}$.

即
$$f_Z(z)=\begin{cases}\frac{1}{(z+1)^2}, & z>0,\\ 0, & z\leqslant 0.\end{cases}$$

【例 5】设随机变量 (X,Y) 的概率密度为

$$f(x,y)=\begin{cases}x+y, & 0<x<1,0<y<1,\\ 0, & \text{其他}.\end{cases}$$

求 $Z=XY$ 的概率密度. □□□

【解析】$Z=XY$ 的概率密度利用公式,

$$f_Z(z)=\int_{-\infty}^{+\infty}\frac{1}{|x|}f(x,\frac{z}{x})\mathrm{d}x$$

仅当 $\begin{cases}0<x<1,\\ 0<\frac{z}{x}<1,\end{cases}$, 即 $\begin{cases}0<x<1\\ 0<z<x\end{cases}$ 时, 密度函数不为零, 则

当 $z\leqslant 0$ 或 $z\geqslant 1$ 时, $f_Z(z)=0$.

当 $0<z<1$ 时, $f_Z(z)=\int_z^1\frac{1}{x}(x+\frac{z}{x})\mathrm{d}x=2(1-z)$.

故 $f_Z(z)=\begin{cases}2(1-z), & 0<z<1,\\ 0, & \text{其他}.\end{cases}$

第四章　随机变量的数字特征

第一节　考试要求及考点精讲

一、考试要求

考试要求	科目	考试内容
理解	数学一 数学三	随机变量的数字特征 (数学期望、方差、标准差、矩、协方差、相关系数) 的概念
会	数学一 数学三	运用数字特征的基本性质; 求随机变量的数学期望
掌握	数学一 数学三	常用分布的数字特征

二、考点精讲

本章的重点是结合前几章的内容, 考查期望、方差、协方差、相关系数的计算, 二维正态分布的性质和结论, 要重点掌握.

本章的难点是利用协方差性质进行综合性运用和计算.

第二节　内容精讲及典型题型

一、随机变量的数学期望

1. 一维离散型随机变量的数学期望

设离散型随机变量 X 的分布律为 $P\{X=x_k\}=p_k,\ k=1,2,\cdots$, 若级数 $\sum\limits_{k=1}^{\infty}x_kp_k$ 绝对收敛, 则称级数 $\sum\limits_{k=1}^{\infty}x_kp_k$ 的和为随机变量 X 的数学期望, 记为 EX 或 $E(X)$, 即

$$EX=\sum_{k=1}^{\infty}x_kp_k.$$

若级数 $\sum_{k=1}^{\infty} x_k p_k$ 不是绝对收敛的, 即级数 $\sum_{k=1}^{\infty} |x_k| p_k$ 发散, 则称 X 的数学期望不存在.

2. 一维连续型随机变量的数学期望

设连续型随机变量 X 的密度函数为 $f(x)$, 若积分 $\int_{-\infty}^{+\infty} xf(x)\mathrm{d}x$ 绝对收敛, 则称积分 $\int_{-\infty}^{+\infty} xf(x)\mathrm{d}x$ 的值为随机变量 X 的数学期望, 记为 EX 或 $E(X)$, 即

$$EX = \int_{-\infty}^{+\infty} xf(x)\mathrm{d}x.$$

【名师点睛】 若积分 $\int_{-\infty}^{+\infty} xf(x)\mathrm{d}x$ 不是绝对收敛的, 即 $\int_{-\infty}^{+\infty} |x|\, f(x)\mathrm{d}x$ 发散, 则称 X 的数学期望不存在.

3. 一维离散型随机变量函数的期望

设离散型随机变量 X 的分布律为 $P\{X = x_k\} = p_k$, $k = 1, 2, \cdots$, 随机变量 $Y = g(X)$, 其中 $g(x)$ 为连续函数. 若级数 $\sum_{k=1}^{\infty} g(x_k)p_k$ 绝对收敛, 则随机变量 $Y = g(X)$ 的期望存在, 且

$$EY = Eg(X) = \sum_{k=1}^{\infty} g(x_k)p_k.$$

4. 一维连续型随机变量函数的数学期望

设连续型随机变量 X 的密度函数为 $f_X(x)$, 随机变量 $Y = g(X)$, 其中 $g(x)$ 为连续函数. 若积分 $\int_{-\infty}^{+\infty} g(x)f_X(x)\mathrm{d}x$ 绝对收敛, 则随机变量 $Y = g(X)$ 的期望存在, 且

$$EY = Eg(X) = \int_{-\infty}^{+\infty} g(x)f_X(x)\mathrm{d}x.$$

5. 二维离散型随机变量函数的期望

设二维离散型随机变量 (X, Y) 的联合概率分布律为 $P\{X = x_i, Y = y_j\} = p_{ij}$, $i, j = 1, 2, \cdots$, 随机变量 $Z = g(X, Y)$, 其中 $g(x, y)$ 为二元连续函数. 若级数 $\sum_{i=1}^{\infty}\sum_{j=1}^{\infty} g(x_i, y_j)p_{ij}$ 绝对收敛, 则随机变量 $Z = g(X, Y)$ 的期望存在, 且

$$EZ = Eg(X, Y) = \sum_{i=1}^{\infty}\sum_{j=1}^{\infty} g(x_i, y_j)p_{ij}.$$

6. 二维连续型随机变量函数的期望

设二维连续型随机变量 (X, Y) 的联合密度函数为 $f(x, y)$, 随机变量 $Z = g(X, Y)$, 其中 $g(x, y)$ 为二元连续函数. 若积分 $\int_{-\infty}^{+\infty}\int_{-\infty}^{+\infty} g(x, y)f(x, y)\mathrm{d}x\mathrm{d}y$ 绝对收敛, 则随机变量 $Z =$

$g(X,Y)$ 的期望存在, 且

$$EZ = Eg(X,Y) = \int_{-\infty}^{+\infty}\int_{-\infty}^{+\infty} g(x,y)f(x,y)\mathrm{d}x\mathrm{d}y.$$

7. 二维随机变量中单个变量的期望

【定理】 (1) 若二维离散型随机变量 (X,Y) 的联合概率分布律为 $P\{X=x_i, Y=y_j\} = p_{ij}, i,j=1,2,\cdots$, 边缘分布律分别为 $p_{i\cdot} = \sum_{j=1}^{\infty} p_{ij}$, $p_{\cdot j} = \sum_{i=1}^{\infty} p_{ij}$, 则

$$EX = \sum_{i=1}^{\infty} x_i p_{i\cdot} = \sum_{i=1}^{\infty}\sum_{j=1}^{\infty} x_i p_{ij}, \quad EY = \sum_{j=1}^{\infty} y_j p_{\cdot j} = \sum_{i=1}^{\infty}\sum_{j=1}^{\infty} y_j p_{ij}.$$

(2) 若二维连续型随机变量 (X,Y) 的联合密度函数为 $f(x,y)$, 边缘概率密度分别为 $f_X(x)$, $f_Y(y)$, 则

$$EX = \int_{-\infty}^{+\infty} x f_X(x)\mathrm{d}x = \int_{-\infty}^{+\infty}\int_{-\infty}^{+\infty} x f(x,y)\mathrm{d}x\mathrm{d}y,$$

$$EY = \int_{-\infty}^{+\infty} y f_Y(y)\mathrm{d}y = \int_{-\infty}^{+\infty}\int_{-\infty}^{+\infty} y f(x,y)\mathrm{d}x\mathrm{d}y.$$

8. 期望的性质

(1) 若 C 为任意常数, 则 $E(C) = C$.

(2) 若 C 为任意常数, 随机变量 X 的期望 EX 存在, 则 $E(CX) = CE(X)$.

(3) 若随机变量 X 与 Y 的期望都存在, 则 $E(X+Y) = EX + EY$.

【推论】 设 $k_1, k_2, \cdots, k_n$ 为任意常数, 若随机变量 $X_1, X_2, \cdots, X_n$ 的期望都存在, 则 $k_1X_1 + k_2X_2 + \cdots + k_nX_n$ 的期望 $E(k_1X_1 + k_2X_2 + \cdots + k_nX_n)$ 也存在, 且

$$E(k_1X_1 + k_2X_2 + \cdots + k_nX_n) = k_1EX_1 + k_2EX_2 + \cdots + k_nEX_n.$$

(4) 若随机变量 X 与 Y 相互独立, 则 $E(XY) = EXEY$.

【推论】若随机变量 $X_1, X_2, \cdots, X_n$ 相互独立, 则

$$E(X_1X_2\cdots X_n) = EX_1 \cdot EX_2 \cdot \cdots \cdot EX_n.$$

(5) 若 $P\{X=C\} = 1$, 则 $EX = C$.

二、随机变量的方差

1. 方差的定义

设 X 是一个随机变量, 若 $E(X-EX)^2$ 存在, 则称 $E(X-EX)^2$ 为 X 的方差, 记为 DX 或 $D(X)$, 即

$$DX = E(X-EX)^2,$$

称 $\sqrt{DX}$ 为 X 的标准差或均方差.

【名师点睛】 方差 DX 是用来表征随机变量 X 取值集中或分散程度的数字特征. 若取值比较集中, 则 DX 较小, 若取值比较分散, 则 DX 较大.

(1) 离散型: 若 X 为离散型随机变量, 其概率分布为 $P\{X=x_k\}=p_k, k=1,2,\cdots$,

$$DX=E(X-EX)^2=\sum_{k=1}^{+\infty}(x_k-EX)^2p_k.$$

(2) 连续型: 若 X 为连续型随机变量, 其概率密度为 $f(x)$, 则

$$DX=E(X-EX)^2=\int_{-\infty}^{+\infty}(x-EX)^2f(x)\mathrm{d}x$$

2. 方差的计算公式

$$DX=EX^2-(EX)^2.$$

【证明】

$$\begin{aligned}DX&=E\left[X^2-2X\cdot EX+(EX)^2\right]\\&=EX^2-E(2X\cdot EX)+E\left[(EX)^2\right]\\&=EX^2-E(2X\cdot EX)+E\left[(EX)^2\right]\\&=EX^2-2EX\cdot EX+(EX)^2\\&=EX^2-(EX)^2.\end{aligned}$$

【名师点睛】 (1) EX^2 与 $(EX)^2$ 的区别: $EX^2=E(X^2)$, $(EX)^2=EX\cdot EX$.
(2) 逆用公式 $EX^2=DX-(EX)^2$ 也要熟悉.

3. 方差的性质

(1) 若 C 为任意常数, 则 $D(C)=0$.
(2) 设 a,b 为任意常数, 若随机变量 X 的方差 DX 存在, 则 $D(aX+b)=a^2DX$.
(3) 若随机变量 X 与 Y 相互独立, 则 $D(X\pm Y)=DX+DY$.

【易错提示】 反之不一定成立, 即 $D(X\pm Y)=DX+DY$ 推不出 X 与 Y 相互独立.

(4) 对于任意随机变量 X 与 Y, 有 $D(X\pm Y)=DX+DY\pm 2\mathrm{cov}(X,Y)$.
【推论】若随机变量 $X_1,X_2,\cdots,X_n$ 相互独立, 则

$$D(X_1\pm X_2\pm\cdots\pm X_n)=DX_1+DX_2+\cdots+DX_n.$$

(5) $DX=0\Leftrightarrow P\{X=EX\}=1$.

题型1 利用定义及性质计算期望和方差

【例 1】已知随机变量 X 的概率分布为 $P\{X=1\}=0.2, P\{X=2\}=0.3, P\{X=3\}=0.5$, 试写出 X 的分布函数 $F(x)$, 并求 X 的数学期望与方差. □□□

【解析】X 的分布函数为 $F(x)=\begin{cases}0, & x<1,\\ 0.2, & 1\leqslant x<2,\\ 0.5, & 2\leqslant x<3,\\ 1, & x\geqslant 3.\end{cases}$

$$EX=1\times 0.2+2\times 0.3+3\times 0.5=2.3,$$

$$EX^2=1^2\times 0.2+2^2\times 0.3+3^2\times 0.5=5.9,$$

$$DX=EX^2-(EX)^2=5.9-2.3^2=0.61.$$

【例 2】设 X 是一个随机变量, 其概率密度为 $f(x)=\begin{cases}1+x, & -1\leqslant x\leqslant 0,\\ 1-x, & 0<x\leqslant 1,\\ 0, & \text{其他},\end{cases}$ 则方差 $DX=$________. □□□

【解析】 $E(X)=\int_{-\infty}^{+\infty}xf(x)\mathrm{d}x=\int_{-1}^{0}x\cdot(1+x)\mathrm{d}x+\int_{0}^{1}x\cdot(1-x)\mathrm{d}x=0,$

$$\begin{aligned}E(X^2)&=\int_{-\infty}^{+\infty}x^2f(x)\mathrm{d}x=\int_{-1}^{0}x^2\cdot(1+x)\mathrm{d}x+\int_{0}^{1}x^2\cdot(1-x)\mathrm{d}x\\&=2\int_{0}^{1}(x^2-x^3)\mathrm{d}x=2\left(\frac{1}{3}x^3-\frac{1}{4}x^4\right)\Big|_0^1=\frac{1}{6}.\end{aligned}$$

故
$$D(X)=E(X^2)-[E(X)]^2=\frac{1}{6}.$$

【例 3】设随机变量 $X_{ij}(i,j=1,2,\cdots,n;n\geqslant 2)$ 独立同分布, $EX_{ij}=2$, 则行列式

$$Y=\begin{vmatrix}X_{11} & X_{12} & \cdots & X_{1n}\\ X_{21} & X_{22} & \cdots & X_{2n}\\ \vdots & \vdots & & \vdots\\ X_{n1} & X_{n2} & \cdots & X_{nn}\end{vmatrix}$$

的数学期望 $EY=$________. □□□

【解析】由于 $Y=\sum(-1)^{\tau(i_1i_2\cdots i_n)}X_{1i_1}X_{2i_2}\cdots X_{ni_n}$, 其中 τ 为 $i_1i_2\cdots i_n$ 的逆序数; 由于随机变量 X_{ij}, $i,j=1,2,\cdots,n$ 独立同分布, 因此

$$\begin{aligned}EY&=\sum(-1)^{\tau}EX_{1i_1}\cdot EX_{2i_2}\cdots EX_{ni_n}\\&=\begin{vmatrix}EX_{11} & EX_{12} & \cdots & EX_{1n}\\ EX_{21} & EX_{22} & \cdots & EX_{2n}\\ \vdots & \vdots & & \vdots\\ EX_{n1} & EX_{n2} & \cdots & EX_{nn}\end{vmatrix}=\begin{vmatrix}2 & 2 & \cdots & 2\\ 2 & 2 & \cdots & 2\\ \vdots & \vdots & & \vdots\\ 2 & 2 & \cdots & 2\end{vmatrix}=0.\end{aligned}$$

【例 4】设两个相互独立的随机变量 X 和 Y 的方差分别为 4 和 2, 则随机变量 $3X-2Y$ 的方差是 (　　).

(A) 8.　　(B) 16.　　(C) 28.　　(D) 44.　　□□□

【解析】因为 X,Y 相互独立, 且 $D(X)=4, D(Y)=2$ 所以

$$D(3X-2Y)=3^2D(X)+(-2)^2D(Y)=9\times 4+4\times 2=44.$$

故选 (D).

【例 5】对于任意两个随机变量 X 和 Y, 若 $E(XY)=E(X)\cdot(EY)$, 则 (　　).

(A) $D(XY)=D(X)\cdot(DY)$.　　(B) $D(X+Y)=D(X)+D(Y)$.

(C) X 和 Y 独立.　　(D) X 和 Y 不独立.　　□□□

【解析】因为

$$\begin{aligned}D(X+Y)&=E\left[X+Y-E(X+Y)\right]^2=E\left[X-E(X)+Y-E(Y)\right]^2\\&=E\left[X-E(X)\right]^2+E\left[X-E(Y)\right]^2+2E\left[(X-E(X))(Y-E(Y))\right]\\&=D(X)+D(Y)+2\left[E(XY)-E(X)E(Y)\right]\\&=D(X)+D(Y).\end{aligned}$$

故选 (B).

【例 6】设 X 是一随机变量, $EX=\mu, DX=\sigma^2(\mu,\sigma>0$ 常数), 则对任意常数 c, 必有 (　　).

(A) $E(X-c)^2=EX^2-c^2$.　　(B) $E(X-c)^2=E(X-\mu)^2$.

(C) $E(X-c)^2<E(X-\mu)^2$.　　(D) $E(X-c)^2\geqslant E(X-\mu)^2$.　　□□□

【解析 1】对任意常数 c, 有

$$\begin{aligned}E(X-c)^2&=E(X-\mu+\mu-c)^2=E\left[(X-\mu)^2+2(X-\mu)(\mu-c)+(\mu-c)^2\right]\\&=E(X-\mu)^2+2(\mu-c)E(X-\mu)+(\mu-c)^2\\&=E(X-\mu)^2+(\mu-c)^2\geqslant E(X-\mu)^2.\end{aligned}$$

【解析 2】对任意常数 c, 有

$$E(X-\mu)^2=D(X)=D(X-c)=E(X-c)^2-\left[E(X-c)\right]^2\leqslant E(X-c)^2.$$

故选 (D).

三、常用随机变量的期望和方差

1. 两点分布 (0-1 分布)

若随机变量 X 服从 0-1 分布, 即其分布律为

$$P\{X=k\}=p^k(1-p)^{1-k},\quad k=0,1,$$

则 $EX=p, DX=p(1-p)$.

2. 二项分布

若随机变量 $X \sim B(n,p)$, 及其分布律为

$$P\{X=k\}=\mathrm{C}_n^k p^k(1-p)^{n-k}, \quad k=0,1,2,\cdots,n,$$

则 $EX=np, DX=np(1-p)$.

【证明】 因为随机变量 $X \sim B(n,p)$, 所以随机变量 X 对应的是某个 n 重伯努利试验. 设随机变量 X_i 表示第 i 次伯努利试验出现的结果, 即

$$X_i=\begin{cases}1, & A \text{ 发生}, \\ 0, & A \text{ 不发生},\end{cases}$$

则随机变量 $X_1, X_2, \cdots, X_n$ 独立同分布, 且 $X=X_1+X_2+\cdots+X_n$. 于是,

$$EX=E(X_1+X_2+\cdots+X_n)=EX_1+EX_2+\cdots+EX_n=np,$$

$$DX=D(X_1+X_2+\cdots+X_n)=DX_1+DX_2+\cdots+DX_n=np(1-p).$$

3. 泊松分布

若随机变量 $X \sim P(\lambda)$, 即其分布律为

$$P\{X=k\}=\frac{\lambda^k}{k!}\mathrm{e}^{-\lambda}, k=0,1,2,\cdots, \text{ 其中 } \lambda>0,$$

则 $EX=\lambda, DX=\lambda$.

4. 几何分布

若随机变量 $X \sim G(p)$, 其分布律为

$$P\{X=k\}=p(1-p)^{k-1}, k=1,2,\cdots,$$

则 $EX=\dfrac{1}{p}, DX=\dfrac{1-p}{p^2}$.

【名师点睛】几何分布是描述独立重复试验首次成功时试验次数的概率.

5. 均匀分布

若随机变量 $X \sim U(a,b)$, 即其密度函数为

$$f(x)=\begin{cases}\dfrac{1}{b-a}, & a<x<b, \\ 0, & \text{其他},\end{cases}$$

则 $EX=\dfrac{a+b}{2}, DX=\dfrac{(b-a)^2}{12}$.

6. 指数分布

若随机变量 $X \sim E(\lambda)$, 即其密度函数为

$$f(x)=\begin{cases}\lambda e^{-\lambda x}, & x>0,\\ 0, & 其他,\end{cases}\quad 其中\ \lambda>0,$$

则 $EX=\dfrac{1}{\lambda}, DX=\dfrac{1}{\lambda^2}$.

7. 正态分布

若随机变量 $X \sim N(\mu,\sigma^2)$ 且其密度函数为

$$f(x)=\frac{1}{\sqrt{2\pi}\sigma}e^{-\frac{(x-u)^2}{2\sigma^2}},\quad -\infty<\mu<+\infty,\quad \sigma>0,$$

则 $EX=\mu, DX=\sigma^2$.

8. 常见分布的期望和方差

分布	分布律或密度函数	数学期望	方差
0-1 分布	$P\{X=k\}=p^k(1-p)^{1-k}, k=0,1.$	p	$p(1-p)$
二项分布	$P\{X=k\}=C_n^k p^k(1-p)^{n-k}, k=0,1,\cdots,n$	np	$np(1-p)$
泊松分布	$P\{X=k\}=\dfrac{\lambda^k}{k!}e^{-\lambda}, k=0,1,\cdots,\lambda>0.$	λ	λ
几何分布	$P\{X=k\}=p(1-p)^{k-1}, k=1,2,\cdots$	$\dfrac{1}{p}$	$\dfrac{1-p}{p^2}$
均匀分布	$f(x)=\begin{cases}\dfrac{1}{b-a}, & a<x<b,\\ 0, & 其他.\end{cases}$	$\dfrac{a+b}{2}$	$\dfrac{(a-b)^2}{12}$
指数分布	$f(x)=\begin{cases}\lambda e^{-\lambda x}, & x\geqslant b,\\ 0, & 其他.\end{cases}\quad \lambda>0.$	$\dfrac{1}{\lambda}$	$\dfrac{1}{\lambda^2}$
正态分布	$f(x)=\dfrac{1}{\sqrt{2\pi}\sigma}e^{-\frac{(x-\mu)^2}{2\sigma^2}}, \mu,\sigma$ 为常数 $\sigma>0.$	μ	σ^2

题型2 常用一维随机变量的期望和方差

【例 1】设 X 表示 10 次独立重复射击命中目标的次数, 每次射中目标的概率为 0.4, 则 X^2 的数学期望 $E(X^2)=$________. □□□

【解析】由题意, $X \sim B(10,0.4)$, 所以

$$E(X)=10\times 0.4=4,\quad D(X)=10\times 0.4\times(1-0.4)=2.4.$$

故

$$E(X^2)=D(X)+E^2(X)=2.4+4^2=18.4.$$

【例 2】 已知随机变量 X 服从二项分布, 且 $EX=2.4, DX=1.44$, 则二项分布的参数 n,p 的值为 ( ).

(A) $n=4,p=0.6$. (B) $n=6,p=0.4$.

(C) $n=8,p=0.3$. (D) $n=24,p=0.1$. □□□

【解析】 由题设 $X \sim B(n,p)$ 知:

$$\begin{cases} E(X)=np=2.4, \\ D(X)=np(1-p)=1.44, \end{cases}$$

解得 $n=6,p=0.4$. 故选 (B).

【例 3】 设随机变量 X 的概率密度为

$$f(x)=\begin{cases} \dfrac{1}{2}\cos\dfrac{x}{2}, & 0 \leqslant x \leqslant \pi, \\ 0, & \text{其他}. \end{cases}$$

对 X 独立地重复观察 4 次, 用 Y 表示观察值大于 $\dfrac{\pi}{3}$ 的次数, 求 Y^2 的数学期望. □□□

【解析】 由题设得

$$P\left\{X>\frac{\pi}{3}\right\}=\int_{\frac{\pi}{3}}^{\pi}\frac{1}{2}\cos\frac{x}{2}\mathrm{d}x=\sin\left.\frac{x}{2}\right|_{\frac{\pi}{3}}^{\pi}=\frac{1}{2}.$$

所以 $Y \sim B\left(4,\dfrac{1}{2}\right)$, 从而

$$EY=np=4\cdot\frac{1}{2}=2, \quad DY=np(1-p)=4\cdot\frac{1}{2}\left(1-\frac{1}{2}\right)=1.$$

所以

$$EY^2=DY+(EY)^2=1+2^2=5.$$

【例 4】 设随机变量 X 的概率分布为 $P\{X=k\}=\dfrac{C}{k!}, k=0,1,2,\cdots$, 则 $EX^2=$ ________. □□□

【解析】 利用性质 $\sum\limits_{k=0}^{\infty}P\{X=x_k\}=1$. 因为

$$\sum_{k=0}^{\infty}P\{X=x_k\}=\sum_{k=0}^{\infty}\frac{C}{k!}=C\mathrm{e}=1,$$

所以 $C=\mathrm{e}^{-1}$. 可知随机变量 X 服从参数为 1 的泊松分布, 于是

$$EX^2=DX+(EX)^2=2.$$

【例 5】 已知离散型随机变量 X 服从参数为 2 的泊松分布, 即 $P\{X=k\}=\dfrac{2^k\mathrm{e}^{-2}}{k!}, k=0,1,2,\cdots$, 则随机变量 $Z=3X-2$ 的数学期望 $E(Z)=$ ________. □□□

【解析】 由 $X \sim P(2)$, 知 $E(X)=2$, 因此

$$E(Z)=E(3X-2)=3E(X)-2=3\times2-2=4.$$

【例 6】 设 X 服从参数为 λ 的泊松分布，且已知 $E[(X-1)(X-2)]=1$，则 $\lambda=$ ________.

□□□

【解析】利用泊松分布的性质计算. 由于 $X\sim P(\lambda)$，则 $EX=\lambda, DX=\lambda$. 而

$$\begin{aligned}E[(X-1)(X-2)]&=EX^2-3EX+2\\&=DX+(EX)^2 3EX+2\\&=\lambda+\lambda^2-3\lambda+2=1.\end{aligned}$$

解得 $\lambda=1$.

【例 7】 设随机变量 X 服从参数为 λ 的指数分布，则 $P\left\{X>\sqrt{DX}\right\}=$ ________.

□□□

【解析】由 X 服从参数为 λ 的指数分布知，$DX=\dfrac{1}{\lambda^2}$，

则
$$P\left\{X>\sqrt{DX}\right\}=P\left\{X>\frac{1}{\lambda}\right\}=\int_{\frac{1}{\lambda}}^{+\infty}\lambda e^{-\lambda x}dx=\frac{1}{e}.$$

【例 8】设随机变量 X 服从参数为 1 的指数分布，则数学期望 $E(X+e^{-2X})=$ ________.

□□□

【解析】由题意，X 的密度为 $f(x)=\begin{cases}e^{-x}, & x>0,\\ 0, & x\leqslant 0.\end{cases}$ 且 $E(X)=1$.

所以
$$E(e^{-2X})=\int_{-\infty}^{+\infty}e^{-2x}f(x)dx=\int_0^{+\infty}e^{-2x}\cdot e^{-x}dx=-\frac{1}{3}e^{-3x}\Big|_0^{+\infty}=\frac{1}{3},$$

故
$$E(X+e^{-2X})=E(X)+E(e^{-2X})=1+\frac{1}{3}=\frac{4}{3}.$$

【例 9】 设 $X_1,X_2,\cdots,X_n$ 是来自总体 $N(\mu,\sigma^2)(\sigma>0)$ 的简单随机样本，记统计量 $T=\dfrac{1}{n}\sum\limits_{i=1}^{n}X_i^2$，则 $ET=$ ________.

□□□

【解析】因为 $EX_i^2=DX_i+(EX_i)^2=\sigma^2+\mu^2$，所以

$$ET=E\left(\frac{1}{n}\sum_{i=1}^{n}X_i^2\right)=\frac{1}{n}\sum_{i=1}^{n}(EX_i^2)=\sigma^2+\mu^2.$$

【例 10】已知连续随机变量 X 的概率密度为 $f(x)=\dfrac{1}{\sqrt{\pi}}e^{-x^2+2x-1}$，则 X 的数学期望为 ________; X 的方差为 ________.

□□□

【解析】因为

$$f(x)=\frac{1}{\sqrt{\pi}}e^{-x^2+2x-1}=\frac{1}{\sqrt{2\pi}\cdot\frac{1}{\sqrt{2}}}e^{-\frac{(x-1)^2}{2\times\left(\frac{1}{\sqrt{2}}\right)^2}}, x\in(-\infty,+\infty)$$

所以 $X\sim N\left(1,\dfrac{1}{2}\right)$，因此 $E(X)=1, D(X)=\dfrac{1}{2}$.

【例 11】设随机变量 X 服从瑞利分布，其概率密度为 $f(x)=\begin{cases}\dfrac{x}{\sigma^2}e^{\frac{-x^2}{2\sigma^2}}, & x>0,\\ 0, & x\leqslant 0.\end{cases}$ 其中 $\sigma>0$ 是常数，求 $E(X),D(X)$. □□□

【解析】$EX=\displaystyle\int_{-\infty}^{+\infty}xf(x)\mathrm{d}x=\int_0^{+\infty}x\frac{x}{\sigma^2}e^{\frac{-x^2}{2\sigma^2}}\mathrm{d}x=\int_0^{+\infty}xe^{\frac{-x^2}{2\sigma^2}}\mathrm{d}\frac{x^2}{2\sigma^2}$

$$=-xe^{\frac{-x^2}{2\sigma^2}}\Big|_0^{+\infty}+\int_0^{+\infty}e^{\frac{-x^2}{2\sigma^2}}\mathrm{d}x=\sqrt{2\pi}\sigma\int_0^{+\infty}\frac{1}{\sqrt{2\pi}\sigma}e^{\frac{-x^2}{2\sigma^2}}\mathrm{d}x$$

$$=\sqrt{2\pi}\sigma\cdot\frac{1}{2}\int_{-\infty}^{+\infty}\frac{1}{\sqrt{2\pi}\sigma}e^{\frac{-x^2}{2\sigma^2}}\mathrm{d}x=\sqrt{2\pi}\sigma\cdot\frac{1}{2}=\sqrt{\frac{\pi}{2}}\sigma,$$

注意到 $\displaystyle\int_{-\infty}^{+\infty}\frac{1}{\sqrt{2\pi}\sigma}e^{\frac{-x^2}{2\sigma^2}}\mathrm{d}x=1$.

$$EX^2=\int_{-\infty}^{+\infty}x^2f(x)\mathrm{d}x=\int_0^{+\infty}x^2\frac{x}{\sigma^2}e^{\frac{-x^2}{2\sigma^2}}\mathrm{d}x$$

$$=-\int_0^{+\infty}x^2\mathrm{d}e^{\frac{-x^2}{2\sigma^2}}=-x^2e^{\frac{-x^2}{2\sigma^2}}\Big|_0^{+\infty}+\int_0^{+\infty}e^{\frac{-x^2}{2\sigma^2}}\cdot 2x\mathrm{d}x$$

$$=-2\sigma^2\int_0^{+\infty}e^{\frac{-x^2}{2\sigma^2}}\mathrm{d}\frac{-x^2}{2\sigma^2}=-2\sigma^2e^{\frac{-x^2}{2\sigma^2}}\Big|_0^{+\infty}=2\sigma^2.$$

$$D(X)=E(X^2)-(EX)^2=2\sigma^2-\frac{\pi}{2}\sigma^2=\frac{4-\pi}{2}\sigma^2.$$

题型3　一维随机变量函数的期望与方差

【例 1】设随机变量 X 在区间 $[-1,2]$ 上服从均匀分布；随机变量

$$Y=\begin{cases}1, & 若\ X>0,\\ 0, & 若\ X=0,\\ -1, & 若\ X<0,\end{cases}$$

则方差 $DY=$________. □□□

【解析】随机变量 X 在区间 $[-1,2]$ 上服从均匀分布，则

$$f(x)=\begin{cases}\dfrac{1}{3}, & x\in[-1,2],\\ 0, & 其他,\end{cases}$$

因此，$$EY=1\cdot P\{x>0\}+0\cdot P\{x=0\}-p\{x<0\}=\frac{2}{3}-\frac{1}{3}=\frac{1}{3},$$

$$DY=(1-EY)^2\cdot P\{x>0\}+(0-EY)^2P\{x=0\}+(-1-EY)^2P\{x<0\}$$

$$=\frac{4}{9}\cdot\frac{2}{3}+\frac{1}{9}\times 0+\frac{16}{9}\times\frac{1}{3}=\frac{8}{9}.$$

【例 2】设随机变量 $X\sim P(\lambda)$, 求 $E\left(\frac{1}{X+1}\right)$. □□□

【解析】因为 $X\sim P(\lambda)$, 故 $P\{X=k\}=\frac{\lambda^k e^{-\lambda}}{k!}, k=0,1,2,\cdots$

$$\begin{aligned}E\left(\frac{1}{X+1}\right)&=\sum_{k=0}^{\infty}\frac{1}{k+1}P\{X=k\}=\sum_{k=0}^{\infty}\frac{1}{k+1}\cdot\frac{\lambda^k e^{-\lambda}}{k!}\\&=\sum_{k=0}^{\infty}\frac{\lambda^k e^{-\lambda}}{(k+1)!}=\frac{e^{-\lambda}}{\lambda}\sum_{k=0}^{\infty}\frac{\lambda^{k+1}}{(k+1)!}\\&=\frac{e^{-\lambda}}{\lambda}\sum_{n=1}^{\infty}\frac{\lambda^n}{n!}=\frac{e^{-\lambda}}{\lambda}\left(\sum_{n=0}^{\infty}\frac{\lambda^n}{n!}-1\right)\\&=\frac{e^{-\lambda}}{\lambda}(e^{\lambda}-1)=\frac{1}{\lambda}(1-e^{-\lambda}).\end{aligned}$$

【例 3】设随机变量 X_1,X_2,X_3 相互独立, 其中 X_1 在区间 $[0,6]$ 上服从均匀分布, X_2 服从正态分布 $N(0,2^2)$, X_3 服从参数为 $\lambda=3$ 的泊松分布. 记 $Y=X_1-2X_2+3X_3$, 则 $DY=$________. □□□

【解析】由 $X_1\sim U[0,6], X_2\sim N(0,2^2), X_3\sim P(3)$ 知:

$$D(X_1)=\frac{(6-0)^2}{12}=3,\quad D(X_2)=2^2=4,\quad D(X_3)=\lambda=3.$$

因为 X_1,X_2,X_3 相互独立, 所以

$$\begin{aligned}D(Y)&=D(X_1+2X_2+3X_3)=D(X_1)+(-2)^2D(X_2)+3^2D(X_3)\\&=3+4\times 4+9\times 3=46.\end{aligned}$$

【例 4】已知随机变量 X 的概率密度为 $f(x)=\begin{cases}\frac{x}{\sigma^2}e^{-\frac{x^2}{2\sigma^2}}, & x>0,\\ 0, & x\leqslant 0,\end{cases}$ 求随机变量 $Y=\frac{1}{X}$ 的数学期望 EY. □□□

【解析】

$$\begin{aligned}EY=E\left(\frac{1}{X}\right)&=\int_{-\infty}^{+\infty}\frac{1}{x}f(x)dx=\int_0^{+\infty}\frac{1}{x}\cdot\frac{x}{\sigma^2}e^{-\frac{x^2}{2\sigma^2}}dx\\&=\sqrt{2\pi}\cdot\int_0^{+\infty}\frac{1}{\sqrt{2\pi}\sigma^2}e^{-\frac{x^2}{2\sigma^2}}dx=\frac{\sqrt{2\pi}}{2\sigma}.\end{aligned}$$

【例 5】设随机变量 X 服从标准正态分布 $N(0,1)$, 则 $E(Xe^{2X})=$________. □□□

【解析 1】

$$E(Xe^{2X})=\int_{-\infty}^{+\infty}xe^{2x}\cdot\frac{1}{\sqrt{2\pi}}e^{-\frac{x^2}{2}}dx=\frac{e^2}{\sqrt{2\pi}}\int_{-\infty}^{+\infty}xe^{-\frac{(x-2)^2}{2}}dx,$$

对上面的积分作换元, 令 $t=x-2$, 则有

$$E(Xe^{2X})=\frac{e^2}{\sqrt{2\pi}}\int_{-\infty}^{+\infty}te^{-\frac{t^2}{2}}dx+\frac{2e^2}{\sqrt{2\pi}}\int_{-\infty}^{+\infty}e^{-\frac{t^2}{2}}dx=2e^2.$$

【解析 2】 $$E(Xe^{2X}) = \int_{-\infty}^{+\infty} xe^{2x} \cdot \frac{1}{\sqrt{2\pi}}e^{-\frac{x^2}{2}}dx = e^2\int_{-\infty}^{+\infty} x \cdot \frac{1}{\sqrt{2\pi}}e^{-\frac{(x-2)^2}{2}}dx,$$

而积分 $\int_{-\infty}^{+\infty} x \cdot \frac{1}{\sqrt{2\pi}}e^{-\frac{(x-2)^2}{2}}dx$ 正是正态分布 $N(2,1)$ 的数学期望, 所以

$$\int_{-\infty}^{+\infty} x \cdot \frac{1}{\sqrt{2\pi}}e^{-\frac{(x-2)^2}{2}}dx = 2,$$

从而 $E(Xe^{2X}) = 2e^2$.

【例 6】 设两个随机变量相互独立, 且都服从均值为 0, 方差为 $\frac{1}{2}$ 的正态分布, 求随机变量 $|X-Y|$ 的期望和方差. □□□

【解析】 由题设, $X \sim N\left(0,\frac{1}{2}\right), Y \sim N\left(0,\frac{1}{2}\right)$, X 和 Y 相互独立, 设 $Z = X-Y$, 故 Z 服从正态分布, 且 $EZ = E(X-Y) = 0$, $DZ = D(X-Y) = 1+1 = 2$, 即 $Z \sim N(0,1)$.

$$E(|X-Y|) = E(|Z|) = \int_{-\infty}^{+\infty} |z|\frac{1}{\sqrt{2\pi}}e^{-\frac{z^2}{2}}dz = \frac{2}{\sqrt{2\pi}}\int_0^{+\infty} ze^{-\frac{z^2}{2}}dz = \sqrt{\frac{2}{\pi}}.$$

因为
$$\begin{aligned} D(|X-Y|) &= D(|Z|) = E(|Z|^2) - E^2(|Z|) \\ &= E(Z^2) - E^2(|Z|) \\ &= DZ + (EZ)^2 - E^2(|Z|) \\ &= 1 + 0 - \frac{2}{\pi} = 1 - \frac{2}{\pi}. \end{aligned}$$

【例 7】设随机变量 $X_1, X_2, \cdots, X_n$ 相互独立, 且都服从 $(0,1)$ 上的均匀分布,

(Ⅰ) 求 $U = \max\{X_1, X_2, \cdots, X_n\}$ 的数学期望;

(Ⅱ) 求 $V = \min\{X_1, X_2, \cdots, X_n\}$ 的数学期望. □□□

【解析】 (Ⅰ) 因 $X_i \sim U(0,1), i = 1,2,\cdots,n$, X_i 的分布函数为

$$F(x) = \begin{cases} 0, & x < 0, \\ x, & 0 \leqslant x < 1, \\ 1, & x \geqslant 1. \end{cases}$$

因 $X_1, X_2, \cdots, X_n$ 相互独立, 故 $U = \max\{X_1, X_2, \cdots, X_n\}$ 的分布函数为

$$F_U(u) = F^n(u) = \begin{cases} 0, & u < 0, \\ u^n, & 0 \leqslant u < 1, \\ 1, & u \geqslant 1. \end{cases}$$

U 的概率密度为 $f_U(u) = F_U'(u) = \begin{cases} nu^{n-1}, & 0 < u < 1, \\ 0, & \text{其他}. \end{cases}$

$$E(U) = \int_{-\infty}^{+\infty} uf_U(u)du = \int_0^1 u \cdot nu^{n-1}du = n\int_0^1 u^n du = \frac{n}{n+1}.$$

(Ⅱ) $V=\min\{X_1,X_2,\cdots,X_n\}$ 的分布函数为

$$F_V(v)=1-(1-F(v))^n=\begin{cases}0, & v<0,\\ 1-(1-v)^n, & 0\leqslant v<1,\\ 1, & v\geqslant 1.\end{cases}$$

V 的概率密度为

$$f_V(v)=F_V'(v)=\begin{cases}n(1-v)^{n-1}, & 0<v<1,\\ 0, & \text{其他}.\end{cases}$$

$$\begin{aligned}E(V)&=\int_{-\infty}^{+\infty}vf_V(v)\mathrm{d}v=\int_0^1 vn(1-v)^{n-1}\mathrm{d}v\\&=-v(1-v)^n\Big|_0^1+\int_0^1(1-v)^n\mathrm{d}v=-\frac{(1-v)^{n+1}}{n+1}\Big|_0^1=\frac{1}{n+1}.\end{aligned}$$

题型4 二维随机变量的期望和方差

【例 1】设随机变量 X,Y 不相关，且 $EX=2,EY=1,DX=3$，则 $E[X(X+Y-2)]=$ (　　).

(A) -3.　　(B) 3.　　(C) -5.　　(D) 5.　□□□

【解析】

$$\begin{aligned}E[X(X+Y-2)]&=E\left[X^2+XY-2X\right]=E(X^2)+E(XY)-E(2X)\\&=DX+(EX)^2+EX\cdot EY-2EX\\&=3+4+2-4=5.\end{aligned}$$

故选 (D).

【例 2】假设随机变量 U 在区间 $[-2,2]$ 上服从均匀分布，随机变量

$$X=\begin{cases}-1, & \text{若 } U\leqslant -1,\\ 1, & \text{若 } U>-1;\end{cases}\quad Y=\begin{cases}-1, & \text{若 } U\leqslant 1,\\ 1, & \text{若 } U>1.\end{cases}$$

试求 (Ⅰ) X 和 Y 的联合概率分布; (Ⅱ) $D(X+Y)$.　□□□

【解析】(Ⅰ) 随机变量 (X,Y) 有四个可能值: $(-1,-1),(-1,1),(1,-1),(1,1)$.

$$P\{X=-1,Y=-1\}=P\{U\leqslant -1,U\leqslant 1\}=\frac{1}{4};$$

$$P\{X=-1,Y=1\}=P\{U\leqslant -1,U>1\}=0;$$

$$P\{X=1,Y=-1\}=P\{U>-1,U\leqslant 1\}=\frac{1}{2};$$

$$P\{X=1,Y=1\}=P\{U>-1,U>1\}=\frac{1}{4};$$

于是, 得 X 和 Y 的联合概率分布为

$$(X,Y)\sim\begin{pmatrix}(-1,-1) & (-1,1) & (1,-1) & (1,1)\\ \dfrac{1}{4} & 0 & \dfrac{1}{2} & \dfrac{1}{4}\end{pmatrix}.$$

(Ⅱ) $X+Y$ 和 $(X+Y)^2$ 的概率分布为

$$X+Y\sim\begin{pmatrix}2 & 0 & 2\\ \dfrac{1}{4} & \dfrac{1}{2} & \dfrac{1}{4}\end{pmatrix},\quad (X+Y)^2\sim\begin{pmatrix}0 & 4\\ \dfrac{1}{2} & \dfrac{1}{2}\end{pmatrix}.$$

由此可见 $E(X+Y)=-\dfrac{2}{4}+\dfrac{2}{4}=0; D(X+Y)=E(X+Y)^2=2.$

【例 3】设随机变量 (X,Y) 具有概率密度函数

$$f(x,y)=\begin{cases}\dfrac{1}{8}(x+y), & 0\leqslant x\leqslant 2, 0\leqslant y\leqslant 2,\\ 0, & \text{其他}.\end{cases}$$

求 $E(X), E(Y), \mathrm{Cov}(X,Y), \rho_{XY}, D(X+Y)$.　□□□

【解析】由题设

$$E(X)=\int_{-\infty}^{+\infty}\int_{-\infty}^{+\infty}xf(x,y)\mathrm{d}x\mathrm{d}y=\int_0^2\mathrm{d}x\int_0^2 x\frac{1}{8}(x+y)\mathrm{d}y=\frac{7}{6}.$$

$$E(X^2)=\int_{-\infty}^{+\infty}\int_{-\infty}^{+\infty}x^2f(x,y)\mathrm{d}x\mathrm{d}y=\int_0^2\mathrm{d}x\int_0^2 x^2\frac{1}{8}(x+y)\mathrm{d}y=\frac{5}{3}.$$

$$D(X)=E(X^2)-(EX)^2=\frac{5}{3}-\frac{49}{36}=\frac{11}{36}.$$

同理
$$E(Y)=\frac{7}{6},\quad E(Y^2)=\frac{5}{3},\quad DY=\frac{11}{36}.$$

又
$$E(XY)=\int_{-\infty}^{+\infty}\int_{-\infty}^{+\infty}xyf(x,y)\mathrm{d}x\mathrm{d}y=\int_0^2\mathrm{d}x\int_0^2 xy\frac{1}{8}(x+y)\mathrm{d}y=\frac{4}{3}.$$

故
$$\mathrm{Cov}(X,Y)=E(XY)-EX\cdot EY=\frac{4}{3}-\frac{49}{36}=-\frac{1}{36}.$$

$$\rho_{XY}=\frac{\mathrm{Cov}(X,Y)}{\sqrt{DX}\cdot\sqrt{DY}}=-\frac{\frac{1}{36}}{\sqrt{\frac{11}{36}\cdot\frac{11}{36}}}=-\frac{1}{11}.$$

$$D(X+Y)=DX+DY+2\mathrm{Cov}(X,Y)=\frac{11}{36}+\frac{11}{36}-\frac{2}{36}=\frac{5}{9}.$$

题型5　二维随机变量函数的期望和方差

【例 1】 设随机变量 X 与 Y 相互独立, 且 EX 与 EY 存在, 记 $U=\max\{X,Y\},V=\min\{X,Y\}$, 则 $E(UV)=(\quad)$.

(A) $EU\cdot EV$.　　(B) $EX\cdot EY$.　　(C) $EU\cdot EY$.　　(D) $EX\cdot EV$.　　□□□

【解析】 由题设, 当 $X\geqslant Y$ 时, $UV=XY$; 当 $X<Y$ 时, $UV=YX$, 故 $UV=XY$. 且 X 与 Y 相互独立, $E(UV)=EX\cdot EY$, 故选 (B).

【例 2】 设两个随机变量相互独立, 且都服从均值为 0, 方差为 $\frac{1}{2}$ 的正态分布, 求随机变量 $|X-Y|$ 的期望和方差.　　□□□

【解析】 由题设, $X\sim N\left(0,\frac{1}{2}\right)$, $Y\sim N\left(0,\frac{1}{2}\right)$, 且随机变量 X,Y 相互独立, 故二维随机变量 (X,Y) 的联合概率密度为

$$f(x,y)=\frac{1}{\pi}\mathrm{e}^{-x^2-y^2},\quad -\infty<x<+\infty,-\infty<y<+\infty.$$

看作二维随机变量函数的期望. 利用公式

$$E\left[g(X,Y)\right]=\int_{-\infty}^{+\infty}\int_{-\infty}^{+\infty}g(x,y)f(x,y)\mathrm{d}x\mathrm{d}y,$$

$$\begin{aligned}E(|X-Y|)&=\int_{-\infty}^{+\infty}\int_{-\infty}^{+\infty}|x-y|\,f(x,y)\mathrm{d}x\mathrm{d}y\\&=\int_{-\infty}^{+\infty}\int_{-\infty}^{+\infty}|x-y|\cdot\frac{1}{\pi}\mathrm{e}^{-x^2-y^2}\mathrm{d}x\mathrm{d}y\\&=\int_0^{2\pi}\mathrm{d}\theta\int_0^{+\infty}|r\cos\theta-r\sin\theta|\cdot\frac{1}{\pi}\mathrm{e}^{-r^2}r\mathrm{d}r\\&=\int_0^{2\pi}|\cos\theta-\sin\theta|\,\mathrm{d}\theta\int_0^{+\infty}\frac{1}{\pi}\mathrm{e}^{-r^2}r^2\mathrm{d}r\\&=\frac{4\sqrt{2}}{\pi}\int_0^{+\infty}\mathrm{e}^{-r^2}r^2\mathrm{d}r=\frac{4\sqrt{2}}{\pi}\frac{\sqrt{\pi}}{4}=\sqrt{\frac{2}{\pi}}.\end{aligned}$$

$$E(|X-Y|^2)=E\left[(X-Y)^2\right]=D(X-Y)+\left[E(X-Y)\right]^2=1.$$

故
$$D(|X-Y|)=E(|X-Y|^2)-E^2(|X-Y|)=1-\frac{2}{\pi}.$$

【例 3】 设 X 与 Y 相互独立, 其概率密度分别为

$$f_X(x)=\begin{cases}2x\mathrm{e}^{-x^2}, & x>0,\\ 0, & x\leqslant 0,\end{cases}\qquad f_Y(y)=\begin{cases}2y\mathrm{e}^{-y^2}, & y>0,\\ 0, & y\leqslant 0,\end{cases}$$

求 $Z=\sqrt{X^2+Y^2}$ 的期望.　　□□□

【解析】 由题设, (X,Y) 的概率密度函数为

$$f(x,y)=f_X(x)\cdot f_Y(y)=\begin{cases}4xy\mathrm{e}^{-(x^2+y^2)}, & x>0,y>0,\\ 0, & \text{其他},\end{cases}$$

则二维随机变量 (X,Y) 的函数的期望公式计算.

$$\begin{aligned}E(\sqrt{X^2+Y^2})&=\int_{-\infty}^{+\infty}\int_{-\infty}^{+\infty}\sqrt{x^2+y^2}f(x,y)\mathrm{d}x\mathrm{d}y\\&=\int_0^{+\infty}\int_0^{+\infty}\sqrt{x^2+y^2}\cdot 4xy\mathrm{e}^{-(x^2+y^2)}\mathrm{d}x\mathrm{d}y\\&=\int_0^{\frac{\pi}{2}}4\cos\theta\sin\theta\mathrm{d}\theta\int_0^{+\infty}r^4\mathrm{e}^{-r^2}\mathrm{d}r\quad(\text{三次分部积分})\\&=2\times\frac{3\sqrt{\pi}}{8}=\frac{3}{4}\sqrt{\pi}.\end{aligned}$$

【名师点睛】 可以利用伽马函数公式计算

$$\Gamma(\alpha)=\int_0^{+\infty}x^{\alpha-1}\mathrm{e}^{-x}\mathrm{d}x(\alpha>0),\Gamma(\alpha+1)=\alpha\Gamma(\alpha),$$

$$\Gamma(n+1)=n!,\quad\Gamma(1)=1,\quad\Gamma\left(\frac{1}{2}\right)=\sqrt{\pi}.$$

$$\begin{aligned}\int_0^{+\infty}\mathrm{e}^{-r^2}r^4\mathrm{d}r&=\frac{1}{2}\int_0^{+\infty}(r^2)^{\frac{5}{2}-1}\mathrm{e}^{-r^2}\mathrm{d}(r^2)\\&=\frac{1}{2}\int_0^{+\infty}x^{\frac{3}{2}}\mathrm{e}^{-x}\mathrm{d}x=\frac{1}{2}\Gamma\left(\frac{5}{2}\right)=\frac{1}{2}\cdot\frac{3}{2}\Gamma\left(\frac{3}{2}\right)\\&=\frac{1}{2}\cdot\frac{3}{2}\cdot\frac{1}{2}\Gamma\left(\frac{1}{2}\right)=\frac{3}{8}\sqrt{\pi}.\end{aligned}$$

四、协方差和相关系数

1. k 阶原点矩

设 X 为随机变量, 若 $E(X^k),k=1,2,\cdots$ 存在, 则称 $E(X^k)$ 为 X 的 k 阶原点矩, 记为 μ_k.

【名师点睛】 当 $k=1$ 时, X 的 1 阶原点矩就是 EX, 当 $k=2$ 时, X 的 2 阶原点矩就是 $E(X^2)$.

2. k 阶中心矩

设 X 为随机变量, 若 $E(X-EX)^k,k=1,2,3,\cdots$ 存在, 则称 $E(X-EX)^k$ 为 X 的 k 阶中心矩, 记为 v_k.

【名师点睛】 当 $k=2$ 时, X 的 2 阶中心矩就是 DX.

3. $k+l$ 混合矩

设 X,Y 为两个随机变量, 若 $E(X^kY^l)$ 存在 $(k,l=1,2,\cdots)$, 则称 $E(X^kY^l)$ 为 X 与 Y

的 $k+l$ 阶混合矩.

4. $k+l$ 阶混合中心矩

设 X,Y 为两个随机变量, 若 $E\left[(X-EX)^k(Y-EY)^l\right], k,l=1,2,\cdots$ 存在, 则称 $E[(X-EX)^k(Y-EY)^l]$ 为 X 与 Y 的 $k+l$ 阶混合中心矩.

【名师点睛】 k 阶混合中心矩是协方差的推广.

5. 协方差

设 X,Y 为两个随机变量, 且 EX 和 EY 都存在, 若 $E\left[(X-EX)(Y-EY)\right]$ 存在, 则称 $E\left[(X-EX)(Y-EY)\right]$ 为随机变量 X 与 Y 的协方差, 记为 $\mathrm{Cov}(X,Y)$, 即

$$\mathrm{Cov}(X,Y)=E\left[(X-EX)(Y-EY)\right].$$

【名师点睛】 X 与 Y 的协方差描述的是随机变量 X,Y 偏离它们各自中心的整体程度.

6. 协方差的计算公式

设 X,Y 为两个随机变量, 若 X 与 Y 的协方差存在, 则

$$\mathrm{Cov}(X,Y)=E(XY)-EX\cdot EY.$$

7. 协方差的性质

(1) $\mathrm{Cov}(X,Y)=\mathrm{Cov}(Y,X)$.

(2) $\mathrm{Cov}(X,X)=DX$.

(3) 设 a,b 为任意常数, 则 $\mathrm{Cov}(aX,bY)=ab\mathrm{Cov}(X,Y)$.

(4) 设 C 为任意常数, 则 $\mathrm{Cov}(X,C)=0$.

(5) 对于任意随机变量 X,Y,Z, 有 $\mathrm{Cov}(X+Y,Z)=\mathrm{Cov}(X,Z)+\mathrm{Cov}(Y,Z)$.

(6) X 与 Y 独立, 有 $\mathrm{Cov}(X,Y)=0$.

(7) 对于任意随机变量 X,Y, 有 $D(X\pm Y)=DX+DY\pm 2\mathrm{Cov}(X,Y)$.

(8) 对于任意随机变量 X,Y, 有 $|\mathrm{Cov}(X,Y)|\leqslant\sqrt{DX\cdot DY}$.

8. 相关系数

设随机变量 X 和 Y 的方差均存在, 且都不为零, 则称 $\dfrac{\mathrm{Cov}(X,Y)}{\sqrt{DX}\sqrt{DY}}$ 为 X 与 Y 的相关系数, 记为 ρ_{XY} 或 ρ, 即

$$\rho_{XY}=\frac{\mathrm{Cov}(X,Y)}{\sqrt{DX}\sqrt{DY}}=\frac{E(XY)-EXEY}{\sqrt{DX}\sqrt{DY}}.$$

9. 正相关负相关

若随机变量 X 与 Y 相关系数 $\rho_{XY}>0$, 则称 X 与 Y 正相关; 若 $\rho_{XY}<0$, 则称 X 与 Y 负相关; 若 $\rho_{XY}=0$, 则称 X 与 Y 不相关.

10. 相关系数的性质

(1) $|\rho_{XY}| \leqslant 1$.

(2) $\rho_{XY} = 1 \Leftrightarrow$ 存在常数 $a > 0$ 和 b, 使得 $P\{Y = aX + b\} = 1$.

$\rho_{XY} = -1 \Leftrightarrow$ 存在常数 $a < 0$ 和 b, 使得 $P\{Y = aX + b\} = 1$.

(3) 若存在常数 $a > 0$ 和 b, 使得 $Y = aX + b$, 则 $\rho_{XY} = 1$.

若存在常数 $a < 0$ 和 b, 使得 $Y = aX + b$, 则 $\rho_{XY} = -1$.

(4) X 与 Y 不相关 $\Leftrightarrow \rho_{XY} = 0 \Leftrightarrow \mathrm{Cov}(X, Y) = 0 \Leftrightarrow EXY - EXEY = 0$

$$\Leftrightarrow D(X \pm Y) = DX + DY.$$

(5) 若 X 与 Y 独立, 则 X 与 Y 不相关, 即 $\rho_{XY} = 0$.

(6) 若 $(X, Y) \sim N(\mu_1, \mu_2; \sigma_1^2, \sigma_2^2; \rho_{XY})$, 则 X, Y 独立 $\Leftrightarrow \rho_{XY} = 0$.

【易错提示】 (5) 的逆命题不一定成立, 若已知 $\rho_{XY} = 0$, 则 X 与 Y 是否独立未知.

题型6 协方差和相关系数的性质

【例 1】 设随机变量 X 和 Y 独立同分布, 记 $U = X - Y, V = X + Y$, 则随机变量 U 与 V 必然 (   ). □□□

(A) 不独立. (B) 独立. (C) 相关系数不为零. (D) 相关系数为零.

【解析】 由 X 和 Y 独立同分布, 知 $D(X) = D(Y)$, 因此

$$\begin{aligned}\mathrm{Cov}(U, V) &= \mathrm{Cov}(X - Y, X + Y)\\ &= \mathrm{Cov}(X, X) + \mathrm{Cov}(X, Y) - \mathrm{Cov}(Y, X) - \mathrm{Cov}(Y, Y)\\ &= D(X) - D(Y) = 0.\end{aligned}$$

从而 U 和 V 的相关系数为零, 所以选 (D).

【例 2】 设随机变量 $X_1, X_2, \cdots, X_n (n > 1)$ 独立同分布, 且其方差为 $\sigma^2 > 0$. 令 $Y = \dfrac{1}{n}\sum\limits_{i=1}^{n} X_i$, 则 (   ).

(A) $\mathrm{Cov}(X_1, Y) = \dfrac{\sigma^2}{n}$. (B) $\mathrm{Cov}(X_1, Y) = \sigma^2$.

(C) $D(X_1 + Y) = \dfrac{n+2}{n}\sigma^2$. (D) $D(X_1 - Y) = \dfrac{n+1}{n}\sigma^2$. □□□

【解析】 由协方差的性质得

$$\begin{aligned}\mathrm{Cov}(X_1, Y) &= \mathrm{Cov}\left(X_1, \frac{1}{n}\sum_{i=1}^{n} X_i\right)\\ &= \frac{1}{n}\mathrm{Cov}(X_1, X_1) + \frac{1}{n}\sum_{i=2}^{n}\mathrm{Cov}(X_1, X_i)\end{aligned}$$

$$= \frac{1}{n}D(X_1) = \frac{\sigma^2}{n}.$$

故选 (A).

【例 3】将一枚硬币重复掷 n 次, 以 X 和 Y 分别表示正面向上和反面向上的次数, 则 X 和 Y 的相关系数等于 (　　).

(A) -1.　　(B) 0.　　(C) $\frac{1}{2}$.　　(D) 1.　　□□□

【解析 1】注意到

$$D(Y) = D(n - X) = D(X),$$

$$\mathrm{Cov}(X, Y) = \mathrm{Cov}(X, n - X) = -\mathrm{Cov}(X, X) = -D(X)$$

则

$$\rho_{XY} = \frac{\mathrm{Cov}(X, Y)}{\sqrt{DX} \cdot \sqrt{DY}} = -1.$$

【解析 2】 解题的关键是明确 X 和 Y 的关系: $X + Y = n$, 即 $Y = n - X$, 利用性质: 相关系数 ρ_{XY} 的绝对值等于 1 的充要条件是随机变量 X 与 Y 之间存在线性关系, 即 $Y = a + bX$(其中 a, b 是常数), 且当 $b > 0$ 时, $\rho_{XY} = 1$; 当 $b < 0$ 时, $\rho_{XY} = -1$, 由此便知 $\rho_{XY} = -1$, 故选 (A).

【例 4】设随机变量 $X \sim N(0,1), Y \sim N(1,4)$, 且相关系数 $\rho_{XY} = 1$, 则 (　　).

(A) $P\{Y = -2X - 1\} = 1$.　　(B) $P\{Y = 2X - 1\} = 1$.

(C) $P\{Y = -2X + 1\} = 1$.　　(D) $P\{Y = 2X + 1\} = 1$.　　□□□

【解析】由 $X \sim N(0,1), Y \sim N(1,4)$ 知

$$EX = 0, \quad DX = 1, \quad EY = 1, DY = 4.$$

由于 $\rho_{XY} = 1$, 所以存在常数 a, b, 使得 $P\{Y = aX + b\} = 1$, 从而 $EY = aEX + b$, 得 $b = 1$. 而

$$1 = \rho_{XY} = \frac{E(XY) - EX \cdot EY}{\sqrt{DX}\sqrt{DY}} = \frac{E[X(aX + b)] - 0 \times 1}{1 \times 2} = \frac{a}{2},$$

得 $a = 2$, 故选 (D).

【例 5】设随机变量 X 和 Y 的相关系数为 0.9, 若 $Z = X - 0.4$, 则 Y 与 Z 的相关系数为________.　　□□□

【解析】由于

$$\rho_{YZ} = \frac{E(Y - EY)(Z - EZ)}{\sqrt{DY} \cdot \sqrt{DZ}}$$

又

$$DZ = D(X - 0.4) = DX,$$

$$Z - EZ = (X - 0.4) - E(X - 0.4) = X - EX,$$

所以

$$\rho_{YZ} = \frac{E(Y - EY)(X - EX)}{\sqrt{DY} \cdot \sqrt{DX}} = \rho_{YX} = \rho_{XY} = 0.9.$$

【例 6】设随机变量 X 和 Y 的相关系数为 $0.5, EX = EY = 0, EX^2 = EY^2 = 2$, 则 $E(X + Y)^2 =$ ________.　　□□□

【解析】$E(X + Y)^2 = EX^2 + 2E(XY) + EY^2$, 由相关系数 $\rho = 0.5$, 有

$$\rho = \frac{\mathrm{Cov}(X, Y)}{\sqrt{DX} \cdot \sqrt{DY}} = \frac{E(XY) - EX \cdot EY}{\sqrt{DX} \cdot \sqrt{DY}} = \frac{E(XY)}{\sqrt{DX} \cdot \sqrt{DY}} = 0.5,$$

所以 $E(XY)=0.5\sqrt{DX}\cdot\sqrt{DY}$, 又

$$DX=EX^2-(EX)^2=EX^2=2,$$

$$DY=EY^2-(EY)^2=EY^2=2,$$

$$E(XY)=0.5\cdot\sqrt{2}\cdot\sqrt{2}=1,$$

于是 $$E(X+Y)^2=EX^2+2E(XY)+EY^2=2+2+2=6.$$

【例 7】 已知随机变量 $X\sim N(-3,1), Y\sim N(2,1)$, 且 X,Y 相互独立, 设随机变量 $Z=X-2Y+7$, 则 $Z\sim$ ________. □□□

【解析】因为 X,Y 是相互独立且都服从正态分布的随机变量, 故其线性组合仍服从正态分布. 由 $E(X)=-3, E(Y)=2, D(X)=D(Y)=1$ 得

$$E(Z)=E(X-2Y+7)=E(X)-2E(Y)+7=-3-2\times 2+7=0.$$

$$D(Z)=D(X-2Y+7)=1^2\cdot D(X)+(-2)^2\cdot D(Y)=1+4\times 1=5.$$

故 $Z\sim N(0,5)$.

【例 8】 设二维随机变量 (X,Y) 服从正态分布 $N=(\mu,\mu;\sigma^2,\sigma^2;0)$, 则 $E(XY^2)=$ ________. □□□

【解析】因为 (X,Y) 服从正态分布 $N(\mu,\mu;\sigma^2,\sigma^2;0)$, 所以 X 与 Y 相互独立. 而

$$EX=EY=\mu, E(Y^2)=DY+(EY)^2=\sigma^2+\mu^2,$$

所以 $$E(XY^2)=EX\cdot E(Y^2)=\mu(\sigma^2+\mu^2).$$

【例 9】设随机变量 X 与 Y 相互独立, 且 $X\sim N(1,2), Y\sim N(1,4)$ 则 $D(XY)=($ $)$.

(A) 6 (B) 8 (C) 14 (D) 15 □□□

【解析】
$$\begin{aligned}D(XY)&=E\left[(XY)^2\right]-E^2(XY)=E(X^2)E(Y^2)-E^2(X)E^2(Y)\\&=\left[D(X)+E^2(X)\right]\left[D(Y)+E^2(Y)\right]-E^2(X)E^2(Y)\\&=3\times 5-1=14.\end{aligned}$$

故选 (C).

题型7 二维离散型随机变量的协方差和相关系数

【例 1】设随机变量 X 和 Y 的联合概率分布为

X \ Y	-1	0	1
0	0.07	0.18	0.15
1	0.08	0.32	0.20

则 X 和 Y 的相关系数 $\rho=$________. □□□

【解析】根据和的联合概率分布知

$$X\sim\begin{pmatrix}0 & 1\\0.4 & 0.6\end{pmatrix},\quad Y\sim\begin{pmatrix}-1 & 0 & 1\\0.15 & 0.5 & 0.35\end{pmatrix},\quad XY\sim\begin{pmatrix}-1 & 0 & 1\\0.08 & 0.72 & 0.20\end{pmatrix}$$

故 $EX=0.6,EY=0.20,E(XY)=0.12$. 因此

$$\mathrm{Cov}(X,Y)=EX\cdot EY-EXY=0.6\times0.2-0.12=0.$$

故 $\rho=0$.

【例 2】设随机变量 X 和 Y 的联合概率分布为

X \ Y	-1	0	1
0	0.07	0.18	0.15
1	0.08	0.32	0.20

则 X^2 和 Y^2 的协方差 $\mathrm{Cov}(X^2,Y^2)=$________. □□□

【解析】根据随机变量 X 和 Y 的联合概率分布，则 X^2,Y^2 和 X^2Y^2 的概率分布为

$$X^2\sim\begin{pmatrix}0 & 1\\0.4 & 0.6\end{pmatrix},\quad Y^2\sim\begin{pmatrix}0 & 1\\0.5 & 0.5\end{pmatrix},\quad X^2Y^2\sim\begin{pmatrix}0 & 1\\0.72 & 0.28\end{pmatrix}$$

故
$$EX^2=0.6,\quad EY^2=0.5,\quad EX^2Y^2=0.28.$$

因而

$$\mathrm{Cov}(X^2,Y^2)=E(X^2Y^2)-E(X^2)\cdot E(Y^2)=0.28-0.6\times0.5=-0.02.$$

【例 3】设 A,B 为随机事件，且 $P(A)=\dfrac{1}{4},P(B|A)=\dfrac{1}{3},P(A|B)=\dfrac{1}{2}$，令

$$X=\begin{cases}1, & A\text{ 发生},\\0, & A\text{ 不发生};\end{cases}\qquad Y=\begin{cases}1, & B\text{ 发生},\\0, & B\text{ 不发生}.\end{cases}$$

求：(Ⅰ) 二维随机变量 (X,Y) 的概率分布；　(Ⅱ) X 与 Y 的相关系数 ρ_{XY}；
(Ⅲ) $Z=X^2+Y^2$ 的概率分布. □□□

【解析】(Ⅰ) 由于
$$P(AB)=P(A)P(B|A)=\frac{1}{12},$$

$$P(B)=\frac{P(AB)}{P(A|B)}=\frac{1}{6},$$

所以
$$P\{X=1,Y=1\}=P(AB)=\frac{1}{12};$$

$$P\{X=1,Y=0\}=P(A\overline{B})=P(A)-P(AB)=\frac{1}{6};$$

$$P\{X=0,Y=1\}=P(\overline{A}B)=P(B)-P(AB)=\frac{1}{12};$$

$$\begin{aligned}P\{X=0,Y=0\}&=P(\overline{A}\,\overline{B})=P(\overline{A\bigcup B})=1-P(A\bigcup B)\\&=1-[P(A)+P(B)-P(AB)]=\frac{2}{3};\end{aligned}$$

故 (X,Y) 的概率分布为

$X \backslash Y$	0	1
0	$\frac{2}{3}$	$\frac{1}{12}$
1	$\frac{1}{6}$	$\frac{1}{12}$

(Ⅱ) X,Y 的概率分布律分别为

X	0	1
P	$\frac{3}{4}$	$\frac{1}{4}$

Y	0	1
P	$\frac{5}{6}$	$\frac{1}{6}$

则 $EX=\frac{1}{4},EY=\frac{1}{6},DX=\frac{3}{16},DY=\frac{5}{36},E(XY)=\frac{1}{12}$.

故 $\mathrm{Cov}(X,Y)=E(XY)-(EX)(EY)=\frac{1}{24}$, 从而

$$\rho_{XY}=\frac{\mathrm{Cov}(X,Y)}{\sqrt{DX}\sqrt{DY}}=\frac{\sqrt{15}}{15}.$$

(Ⅲ) Z 的概率分布律为

Z	0	1	2
P	$\frac{2}{3}$	$\frac{1}{4}$	$\frac{1}{12}$

【例 4】设随机变量 X 与 Y 的概率分布分别为

X	0	1
P	$\frac{1}{3}$	$\frac{2}{3}$

Y	-1	0	1
P	$\frac{1}{3}$	$\frac{1}{3}$	$\frac{1}{3}$

且 $P\left\{X^2=Y^2\right\}=1$.

(Ⅰ) 求二维随机变量 (X,Y) 的概率分布;　　(Ⅱ) 求 $Z=XY$ 的概率分布;

(Ⅲ) 求 X 与 Y 的相关系数 ρ_{XY}.　　□□□

【解析】(Ⅰ) 由 $P\left\{X^2=Y^2\right\}=1$ 得 $P\left\{X^2\neq Y^2\right\}=0$, 所以

$$P\{X=0,Y=-1\}=P\{X=0,Y=1\}=P\{X=1,Y=0\}=0.$$

再利用 X,Y 的边缘概率分布即得 (X,Y) 的概率分布为

$X \backslash Y$	-1	0	1
0	0	$\frac{1}{3}$	0
1	$\frac{1}{3}$	0	$\frac{1}{3}$

(Ⅱ) $Z=XY$ 的可能取值为 $-1,0,1$ 由 (X,Y) 的概率分布可得 $Z=XY$ 的概率分布为

Z	-1	0	1
P	$\frac{1}{3}$	$\frac{1}{3}$	$\frac{1}{3}$

(Ⅲ) 由 X,Y 及 Z 的概率分布计算可得

$$EX=\frac{2}{3},\quad DX=\frac{2}{9};\quad EY=0,\quad DY=\frac{2}{3};\quad EZ=E(XY)=0,$$

所以
$$\mathrm{Cov}(X,Y)=0,\quad \rho_{XY}=0.$$

【例 5】设二维离散型随机变量 (X,Y) 的概率分布为

$X \backslash Y$	0	1	2
0	$\frac{1}{4}$	0	$\frac{1}{4}$
1	0	$\frac{1}{3}$	0
2	$\frac{1}{12}$	0	$\frac{1}{12}$

(Ⅰ) 求 $P\{X=2Y\}$;　(Ⅱ) 求 $\mathrm{Cov}(X-Y,Y)$.　□□□

【解析】(Ⅰ) $P\{X=2Y\}=P\{X=0,Y=0\}+P\{X=2,Y=1\}=\frac{1}{4}$.

(Ⅱ) 由 (X,Y) 的概率分布可得, X,Y,XY 的概率分布分别为

X	0	1	2
P	$\frac{1}{2}$	$\frac{1}{3}$	$\frac{1}{6}$

Y	0	1	2
P	$\frac{1}{3}$	$\frac{1}{3}$	$\frac{1}{3}$

XY	0	1	4
P	$\frac{7}{12}$	$\frac{1}{3}$	$\frac{1}{12}$

所以
$$EX=\frac{2}{3},\quad EY=1,\quad E(Y^2)=\frac{5}{3},\quad DY=\frac{2}{3},\quad E(XY)=\frac{2}{3},$$

$$\mathrm{Cov}(X,Y)=E(XY)-EX\cdot EY=0,$$

故
$$\mathrm{Cov}(X-Y,Y)=\mathrm{Cov}(X,Y)-DY=-\frac{2}{3}.$$

【例 6】设随机变量 X,Y 的概率分布相同, X 的概率分布为 $P\{X=0\}=\frac{1}{3}, P\{X=1\}=\frac{2}{3}$, 且 X 与 Y 的相关系数 $\rho_{XY}=\frac{1}{2}$,

(Ⅰ) 求 (X,Y) 的概率分布;　(Ⅱ) 求 $P\{X+Y\leqslant 1\}$.　□□□

【解析】(Ⅰ) 设 (X,Y) 的概率分布为

$X \backslash Y$	0	1
0	a	b
1	c	d

由题设条件知

$$EX=EY=\frac{2}{3},\quad DX=DY=\frac{2}{3}\left(1-\frac{2}{3}\right)=\frac{2}{9},$$

$$\begin{aligned}\mathrm{Cov}(X,Y)&=E(XY)-EX\cdot EY\\&=P\{X=1,Y=1\}-\frac{4}{9}.\end{aligned}$$

由
$$\rho_{XY}=\frac{\mathrm{Cov}(X,Y)}{\sqrt{DX}\cdot\sqrt{DY}}=\frac{P\{X=1,Y=1\}-\frac{4}{9}}{\frac{2}{9}}=\frac{1}{2},$$

解得
$$d=P\{X=1,Y=1\}=\frac{1}{9}+\frac{4}{9}=\frac{5}{9},$$

由此可得
$$c=b=\frac{2}{3}-d=\frac{1}{9},\quad a=\frac{1}{3}-b=\frac{2}{9},$$

所以 (X,Y) 的概率分布为

$X \backslash Y$	0	1
0	$\frac{2}{9}$	$\frac{1}{9}$
1	$\frac{1}{9}$	$\frac{5}{9}$

(Ⅱ)
$$P\{X+Y\leqslant 1\}=1-P\{X+Y>1\}=1-P\{X=1,Y=1\}=\frac{4}{9}.$$

【例 7】随机试验 E 有三种两两不相容的结果 A_1,A_2,A_3, 且三种结果发生的概率均为 $\frac{1}{3}$. 将试验 E 独立重复做 2 次, X 表示 2 次试验中结果 A_1 发生的次数, Y 表示 2 次试验中结果 A_2 发生的次数, 则 X 与 Y 的相关系数为 (　　).

(A) $-\frac{1}{2}$.　　(B) $-\frac{1}{3}$.　　(C) $\frac{1}{3}$.　　(D) $\frac{1}{2}$.　　□□□

【解析】由题意知

$X \backslash Y$	0	1	2
0	$\frac{1}{9}$	$\frac{2}{9}$	$\frac{1}{9}$
1	$\frac{2}{9}$	$\frac{2}{9}$	0
2	$\frac{1}{9}$	0	0

$$X \sim B\left(2, \frac{1}{3}\right), \quad Y \sim B\left(2, \frac{1}{3}\right), \quad X+Y \sim B\left(2, \frac{2}{3}\right),$$

从而有

$$E(X)=E(Y)=\frac{2}{3}, \quad D(X)=D(Y)=\frac{4}{9},$$

$$E(XY)=1 \cdot 1 \cdot P\{X=1, Y=1\}=\frac{2}{9},$$

于是 $\rho_{XY}=\dfrac{E(XY)-E(X)E(Y)}{\sqrt{D(X)} \cdot \sqrt{D(Y)}}=-\dfrac{1}{2}$. 故选 (A).

【例 8】设随机变量 X 与 Y 独立同分布, 且 X 的概率分布为

X	1	2
P	$\frac{2}{3}$	$\frac{1}{3}$

记 $U=\max\{X, Y\}, V=\min\{X, Y\}$, 求.

(Ⅰ) (U, V) 的概率分布;　　(Ⅱ) U 与 V 的协方差 $\operatorname{Cov}(U, V)$.　　□□□

【解析】(Ⅰ) (U, V) 有三个可能值: $(1,1),(2,1),(2,2)$, 而

$$P\{U=1, V=1\}=P\{X=1, Y=1\}=P\{X=1\} \cdot P\{Y=1\}=\frac{4}{9};$$

$$P\{U=2, V=1\}=P\{X=1, Y=2\}+P\{X=2, Y=1\}=\frac{4}{9};$$

$$P\{U=2, V=2\}=P\{X=2, Y=2\}=P\{X=2\} \cdot P\{Y=2\}=\frac{1}{9};$$

故 (U, V) 的概率分布为

U \ V	1	2
1	$\frac{4}{9}$	0
2	$\frac{4}{9}$	$\frac{1}{9}$

(Ⅱ) 因为

$$EU=\frac{14}{9}, \quad EV=\frac{10}{9}, \quad E(UV)=\frac{16}{9},$$

所以 $\operatorname{Cov}(U, V)=E(UV)-EU \cdot EV=\dfrac{4}{81}$.

【例 9】假设二维随机变量 (X, Y) 在矩形 $G=\{(x, y) \mid 0 \leqslant x \leqslant 2,0 \leqslant y \leqslant 1\}$ 上服从均匀分布, 记

$$U=\begin{cases}0, & 若\ X \leqslant Y, \\ 1, & 若\ X>Y;\end{cases} \quad V=\begin{cases}0, & 若\ X \leqslant 2Y, \\ 1, & 若\ X>2Y.\end{cases}$$

(Ⅰ) 求 U 和 V 的联合分布;　　(Ⅱ) 求 U 和 V 的相关系数 ρ.　　□□□

【解析】 如图 4.1, 由题设可得 $P\{X \leqslant Y\} = \frac{1}{4}$,

$$P\{X > 2Y\} = \frac{1}{2}, \quad P\{Y < X \leqslant 2Y\} = \frac{1}{4}.$$

(Ⅰ) (U,V) 有四个可能值: $(0,0),(0,1),(1,0),(1,1)$.

$$P\{U=0,V=0\} = P\{X \leqslant Y, X \leqslant 2Y\} = P\{X \leqslant Y\} = \frac{1}{4};$$

$$P\{U=0,V=1\} = P\{X \leqslant Y, X > 2Y\} = 0;$$

$$P\{U=1,V=0\} = P\{X > Y, X \leqslant 2Y\} = P\{Y < X \leqslant 2Y\} = \frac{1}{4};$$

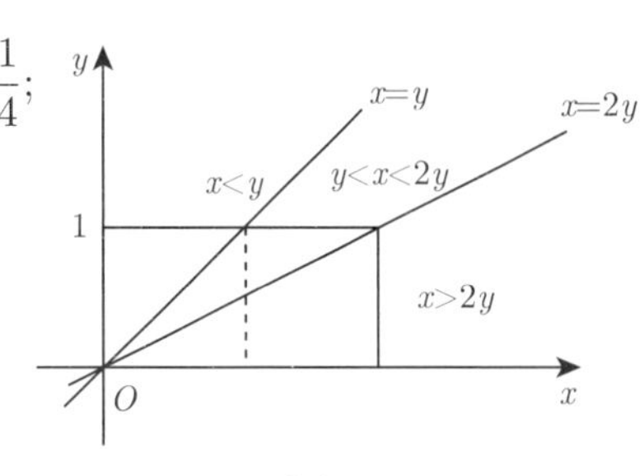

图 4.1

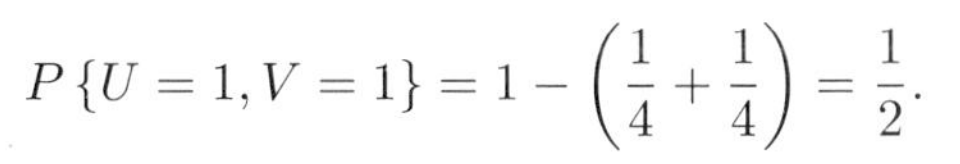

$$P\{U=1,V=1\} = 1 - \left(\frac{1}{4} + \frac{1}{4}\right) = \frac{1}{2}.$$

(Ⅱ) 由以上可见 UV 及 U 和 V 的分布为

$$UV \sim \begin{pmatrix} 0 & 1 \\ \frac{1}{2} & \frac{1}{2} \end{pmatrix}, \quad U \sim \begin{pmatrix} 0 & 1 \\ \frac{1}{4} & \frac{3}{4} \end{pmatrix}, \quad V \sim \begin{pmatrix} 0 & 1 \\ \frac{1}{2} & \frac{1}{2} \end{pmatrix}$$

于是有

$$EU = \frac{3}{4}, \quad DU = \frac{3}{16}; \quad EV = \frac{1}{2}, \quad DV = \frac{1}{4}; \quad E(UV) = \frac{1}{2};$$

$$\operatorname{Cov}(U,V) = E(UV) - EU \cdot EV = \frac{1}{8};$$

$$\rho = \frac{\operatorname{Cov}(U,V)}{\sqrt{DU} \cdot \sqrt{DV}} = \frac{1}{\sqrt{3}}.$$

题型8 二维连续型随机变量的协方差和相关系数

【例 1】设随机变量 X 和 Y 的联合分布在以点 $(0,1),(1,0),(1,1)$ 为顶点的三角形区域上服从均匀分布, 试求随机变量 $U = X + Y$ 的方差. □□□

【解析】 三角形区域的为 $G = \{(x,y) \mid 0 \leqslant x \leqslant 1, 0 \leqslant y \leqslant 1, x + y \geqslant 1\}$; 随机变量 X 和 Y 的联合密度为

$$f(x,y) = \begin{cases} 2, & (x,y) \in G, \\ 0, & (x,y) \notin G. \end{cases}$$

当 $x \leqslant 0$ 或 $x \geqslant 1$ 时, $f_X(x) = 0$;

当 $0<x<1$ 时, 有

$$f_X(x)=\int_{-\infty}^{+\infty}f(x,y)\mathrm{d}y=\int_{1-x}^{1}2\mathrm{d}y=2x.$$

因此

$$EX=\int_0^1 2x^2\mathrm{d}x=\frac{2}{3};\quad EX^2=\int_0^1 2x^3\mathrm{d}x=\frac{1}{2};$$

$$DX=EX^2-(EX)^2=\frac{1}{2}-\frac{4}{9}=\frac{1}{18}.$$

同理可得 $EY=\dfrac{2}{3},DY=\dfrac{1}{18}$.

现在求 X 和 Y 的协方差.

$$E(XY)=\iint\limits_G 2xy\mathrm{d}x\mathrm{d}y=2\int_0^1 x\mathrm{d}x\int_{1-x}^{x}y\mathrm{d}y=\frac{5}{12};$$

$$\mathrm{Cov}(X,Y)=EXY-EX\cdot EY=\frac{5}{12}-\frac{4}{9}=-\frac{1}{36}.$$

于是

$$DU=D(X+Y)=DX+DY+2\mathrm{Cov}(X,Y)=\frac{1}{18}+\frac{1}{18}-\frac{2}{36}=\frac{1}{18}.$$

【例 2】设随机变量 X 和 Y 在圆区域 $x^2+y^2\leqslant r^2$ 上服从均匀分布,

(Ⅰ) 求 X 和 Y 的相关系数 ρ;　　(Ⅱ) 问 X 和 Y 是否独立?　□□□

【解析】(Ⅰ) 由题设, X 和 Y 的联合概率密度为

$$f(x,y)=\begin{cases}\dfrac{1}{\pi r^2}, & x^2+y^2\leqslant r^2,\\ 0, & x^2+y^2>r^2.\end{cases}$$

则 X 的边缘概率密度为

当 $|x|\leqslant r$ 时,　$$f_X(x)=\int_{-\sqrt{r^2-x^2}}^{\sqrt{r^2-x^2}}\frac{1}{\pi r^2}\mathrm{d}y=\frac{2}{\pi r^2}\sqrt{r^2-x^2},$$

当 $|x|>r$ 时,　$$f_X(x)=0,$$

$$EX=\int_{-r}^{r}x\frac{2}{\pi r^2}\sqrt{r^2-x^2}\mathrm{d}x=0.$$

同理

当 $|y|\leqslant r$ 时,　$$f_Y(y)=\int_{-\sqrt{r^2-y^2}}^{\sqrt{r^2-y^2}}\frac{1}{\pi r^2}\mathrm{d}x=\frac{2}{\pi r^2}\sqrt{r^2-y^2},$$

当 $|y|>r$ 时,　$$f_Y(y)=0,$$

$$EY=0.$$

$$EXY=\iint\limits_{x^2+y^2\leqslant r^2}xy\frac{1}{\pi r^2}\mathrm{d}x\mathrm{d}y=0;$$

$$\mathrm{Cov}(X,Y)=EXY-EX\cdot EY=0;$$

故 X 和 Y 的相关系数 $\rho=0$.

(Ⅱ) 由于 $f(x,y)\neq f_X(x)f_Y(y)$, 故 X 和 Y 不独立.

【例 3】设随机变量 X 的概率分布密度为 $f(x)=\dfrac{1}{2}\mathrm{e}^{-|x|},-\infty<x<+\infty$.

(Ⅰ) 求 X 的数学期望 $E(X)$ 和方差 (DX).

(Ⅱ) 求 X 与 $|X|$ 的协方差, 并问 X 与 $|X|$ 是否不相关?

(Ⅲ) 问 X 与 $|X|$ 是否相互独立? 为什么? □□□

【解析】(Ⅰ) 由题设得

$$EX=\int_{-\infty}^{+\infty}xf(x)\mathrm{d}x=0,$$

$$DX=\int_{-\infty}^{+\infty}x^2f(x)\mathrm{d}x=\int_0^{+\infty}x^2\mathrm{e}^{-x}\mathrm{d}x=2.$$

(Ⅱ)
$$E(X|X|)-EX\cdot E|X|=E(X|X|)=\int_{-\infty}^{+\infty}x|x|f(x)\mathrm{d}x=0,$$

故 X 与 $|X|$ 不相关.

(Ⅲ) 对给定 $0<a<+\infty$, 显然事件 $\{|X|<a\}$ 包含在事件 $\{X<a\}$ 内, 且

$$P\{X<a\}<1,0<P\{|X|<a\},$$

故
$$P\{X<a,|X|<a\}=P\{|X|<a\}.$$

但
$$P\{X<a\}\cdot P\{|X|<a\}<P\{|X|<a\},$$

所以
$$P\{X<a,|X|<a\}\neq P\{X<a\}\cdot P\{|X|<a\}.$$

因此 X 与 $|X|$ 不独立.

【例 4】已知随机变量 (X,Y) 服从二维正态分布, 且 X 和 Y 分别服从正态分布 $N(1,3^2)$ 和 $N(0,4^2)$, X 与 Y 的相关系数 $\rho_{XY}=-\dfrac{1}{2}$. 设 $Z=\dfrac{X}{3}+\dfrac{Y}{2}$.

(Ⅰ) 求 Z 的数学期望 $E(Z)$ 和方差 $D(Z)$.

(Ⅱ) 求 X 与 Z 的相关系数 ρ_{XZ}.

(Ⅲ) 问 X 与 Z 是否相互独立? 为什么? □□□

【解析】(Ⅰ) 由 $X\sim N(1,3^2),Y\sim N(0,4^2)$, 知

$$E(X)=1,\quad D(X)=9,\quad E(Y)=0,\quad D(Y)=16,$$

由数学期望的运算性质, 有

$$E(Z)=E\left(\frac{X}{3}+\frac{Y}{2}\right)=\frac{1}{3}E(X)+\frac{1}{2}E(Y)=\frac{1}{3}$$

又根据方差的运算公式, 知

$$D(Z)=D\left(\frac{X}{3}+\frac{Y}{2}\right)=\frac{1}{9}D(X)+\frac{1}{4}D(Y)+2\cdot\frac{1}{3}\cdot\frac{1}{2}\mathrm{Cov}(X,Y),$$

$$= \frac{1}{9} \times 9 + \frac{1}{4} \times 16 + \frac{1}{3}\rho_{XY}\sqrt{D(X)}\sqrt{D(Y)}$$
$$= 5 + \frac{1}{3} \times \left(-\frac{1}{2}\right) \times 3 \times 4 = 3.$$

(Ⅱ) 因为 $\mathrm{Cov}(X,Z) = \mathrm{Cov}\left(X, \frac{X}{3} + \frac{Y}{2}\right) = \frac{1}{3}\mathrm{Cov}(X,X) + \frac{1}{2}\mathrm{Cov}(X,Y)$

$$= \frac{1}{3}D(X) + \frac{1}{2}\rho_{XY} \cdot \sqrt{D(X)}\sqrt{D(Y)}$$
$$= \frac{1}{3} \times 9 + \frac{1}{2} \times \left(-\frac{1}{2}\right) \times 3 \times 4 = 0,$$

所以有
$$\rho_{XZ} = \frac{\mathrm{Cov}(X,Z)}{\sqrt{DX}\sqrt{DY}} = 0.$$

(Ⅲ) 因为 (X,Z) 服从二维正态分布, 故由 $\rho_{XZ}=0$, 所以 X 与 Z 相互独立.

第三节　专题精讲及解题技巧

专题一　分解随机变量求期望和方差

【例 1】从甲地到乙地的公交车上载有 20 位乘客自甲地出发, 沿途有 10 个车站, 如果到达一个车站没有乘客下车就不停车. 以 X 表示停车次数, 求 $E(X)$ (假设每位乘客在各个车站下车是等可能, 且相互独立的). □□□

【解析】设随机变量 $X_i = \begin{cases} 1, & \text{第 } i \text{ 站有人下车}, \\ 0, & \text{第 } i \text{ 站没有人下车}. \end{cases}$ $(i=1,2,\cdots,10)$, 则

$$X = X_1 + X_2 + \cdots + X_{10}.$$

由题设, 任意一个乘客在第 i 站下车的概率为 $\frac{1}{10}$, 不下车的概率为 $\frac{9}{10}$, 乘客之间相互独立, 故 20 位乘客在第 i 站不下车的概率为 $\left(\frac{9}{10}\right)^{20}$, 在第 i 站有人下车的概率为 $1-\left(\frac{9}{10}\right)^{20}$. 即

$$P\{X_i=0\} = \left(\frac{9}{10}\right)^{20}, P\{X_i=1\} = 1-\left(\frac{9}{10}\right)^{20}.(i=1,2,\cdots,10)$$

由此
$$EX_i = 0 \times \left(\frac{9}{10}\right)^{20} + 1 \times \left[1-\left(\frac{9}{10}\right)^{20}\right] = 1-\left(\frac{9}{10}\right)^{20}$$

$$EX = \sum_{i=1}^{10} EX_i = 10 \times \left[1-\left(\frac{9}{10}\right)^{20}\right] \approx 8.78.$$

故公交车平均停车 9 次.

【例 2】n 封不同的信件随机装入 n 个不同信封中, 以 X 表示信件和信封正确匹配的个数, 求 X 的数学期望和方差. □□□

【解析】设随机变量 $X_i=\begin{cases}1, & 若第\ i\ 封信装对信封,\\ 0, & 若第\ i\ 封信装错信封,\end{cases}$ $(i=1,2,\cdots,n)$, 则有

$$X=X_1+X_2+\cdots+X_n.$$

且
$$P\{X_i=1\}=\frac{1}{n}, P\{X_i=0\}=1-\frac{1}{n}, (i=1,2,\cdots,n).$$

$$EX_i=1\times\frac{1}{n}+0\times\left(1-\frac{1}{n}\right)=\frac{1}{n},\quad EX_i^2=1^2\times\frac{1}{n}+0^2\times\left(1-\frac{1}{n}\right)=\frac{1}{n},$$

$$EX=EX_1+EX_2+\cdots+EX_n=n\cdot\frac{1}{n}=1,$$

$$DX_i=EX_i^2-(EX)^2=\frac{1}{n}-\frac{1}{n^2}=\frac{1}{n}\left(1-\frac{1}{n}\right),$$

注意到
$$X_iX_j=\begin{cases}1, & 若第\ i\ 封, j\ 封信都装对信封,\\ 0, & 其他.\end{cases}$$

则概率乘法公式得

$$P\{X_iX_j=1\}=P\{X_i=1,X_j=1\}=P\{X_i=1\}P\{X_j=1|X_i=1\}=\frac{1}{n}\cdot\frac{1}{n-1},$$

$$P\{X_iX_j=0\}=1-P\{X_iX_j=1\}=1-\frac{1}{n(n-1)},$$

$$E(X_iX_j)=1\times\frac{1}{n(n-1)}+0\times\left(1-\frac{1}{n(n-1)}\right)=\frac{1}{n(n-1)}.$$

故
$$\mathrm{Cov}(X_i,X_j)=E(X_iX_j)-EX_iEX_j=\frac{1}{n(n-1)}-\frac{1}{n^2}=\frac{1}{n^2(n-1)}.$$

注意到 $X_1,X_2,\cdots,X_n$ 不相互独立, 故

$$\begin{aligned}DX&=D\left(\sum_{i=1}^{n}X_i\right)=\sum_{i=1}^{n}D(X_i)+2\sum_{1\leqslant i<j\leqslant n}\mathrm{Cov}(X_i,X_j),\\&=n\cdot\frac{1}{n}\left(1-\frac{1}{n}\right)+2C_n^2\cdot\frac{1}{n^2(n-1)}=\frac{n-1}{n}+\frac{1}{n}=1.\end{aligned}$$

【例 3】设 $X_1,X_2,\cdots,X_n$ 是来自总体 $N(\mu,\sigma^2)$ 的样本, 记 $Y=\frac{1}{n}\sum_{i=1}^{n}|X_i-\mu|$, 试证:

$$E(Y)=\sqrt{\frac{2}{\pi}}\sigma,\quad D(Y)=\left(1-\frac{2}{\pi}\right)\frac{\sigma^2}{n}.$$ □□□

【分析】 $Y_i=X_i-\mu\sim N(0,\sigma^2)$, $E(|Y_i|)=\frac{2}{\sqrt{2\pi}\sigma}\int_0^{+\infty}y\mathrm{e}^{-\frac{y^2}{2\sigma^2}}\mathrm{d}y$.

【证明】 设 $Y_i=X_i-\mu$, 得 $Y_i\sim N(0,\sigma^2)$, $i=1,2,\cdots,n$.

$$E(|X_i-\mu|)=E(|Y_i|)=\int_{-\infty}^{+\infty}|y|\cdot\frac{1}{\sqrt{2\pi}\sigma}\mathrm{e}^{-\frac{y^2}{2\sigma^2}}\mathrm{d}y=\frac{2}{\sqrt{2\pi}\sigma}\int_0^{+\infty}y\mathrm{e}^{-\frac{y^2}{2\sigma^2}}\mathrm{d}y$$

$$= -\frac{2\sigma}{\sqrt{2\pi}} \mathrm{e}^{-\frac{y^2}{2\sigma^2}} \bigg|_0^{+\infty} = \sqrt{\frac{2}{\pi}}\sigma.$$

$$D(|X_i - \mu|) = D(|Y_i|) = E(Y_i^2) - [E(|Y_i|)]^2 = D(Y_i) + E(Y_i)^2 - \left(\sqrt{\frac{2}{\pi}}\sigma\right)^2$$

$$= \sigma^2 + 0 - \frac{2}{\pi}\sigma^2 = \left(1 - \frac{2}{\pi}\right)\sigma^2.$$

所以
$$E(Y) = E\left(\frac{1}{n}\sum_{i=1}^{n}|X_i - \mu|\right) = \frac{1}{n}\sum_{i=1}^{n}E(|X_i - \mu|) = \frac{1}{n}\cdot n\sqrt{\frac{2}{\pi}}\sigma = \sqrt{\frac{2}{\pi}}\sigma,$$

$$D(Y) = D\left(\frac{1}{n}\sum_{i=1}^{n}|X_i - \mu|\right) = \frac{1}{n^2}\sum_{i=1}^{n}D(|X_i - \mu|) = \left(1 - \frac{2}{\pi}\right)\frac{\sigma^2}{n}.$$

专题二　期望和方差的综合题

【例 1】 设总体 X 服从参数为 $\lambda(\lambda > 0)$ 的泊松分布, $X_1, X_2, \cdots, X_n\ (n \geqslant 2)$ 为来自总体的简单随机样本. 则对于统计量 $T_1 = \frac{1}{n}\sum_{i=1}^{n}X_i$ 和 $T_2 = \frac{1}{n-1}\sum_{i=1}^{n-1}X_i + \frac{1}{n}X_n$, 有 (　　).

(A) $ET_1 > ET_2, DT_1 > DT_2$.　　(B) $ET_1 > ET_2, DT_1 < DT_2$.

(C) $ET_1 < ET_2, DT_1 > DT_2$.　　(D) $ET_1 < ET_2, DT_1 < DT_2$.　　□□□

【解析】 由题设

$$ET_1 = \frac{1}{n}\sum_{i=1}^{n}EX_i = \lambda, \quad ET_2 = \frac{1}{n-1}\sum_{i=1}^{n-1}EX_i + \frac{1}{n}EX_n = \lambda + \frac{\lambda}{n},$$

则
$$ET_1 < ET_2.$$

又因为

$$DT_1 = \frac{1}{n^2}\sum_{i=1}^{n}DX_i = \frac{\lambda}{n}, \quad DT_2 = \frac{1}{(n-1)^2}\sum_{i=1}^{n-1}DX_i + \frac{1}{n^2}DX_n = \frac{\lambda}{n-1} + \frac{\lambda}{n^2},$$

得
$$DT_1 < DT_2.$$

【例 2】 设连续型随机变量 X_1 与 X_2 相互独立且方差均存在, X_1 与 X_2 的概率密度分别为 $f_1(x)$ 与 $f_2(x)$, 随机变量 Y_1 的概率密度为 $f_{Y_1}(y) = \frac{1}{2}[f_1(y) + f_2(y)]$, 随机变量 $Y_2 = \frac{1}{2}(X_1 + X_2)$, 则 (　　).

(A) $EY_1 > EY_2, DY_1 > DY_2$.　　(B) $EY_1 = EY_2, DY_1 = DY_2$.

(C) $EY_1 = EY_2, DY_1 < DY_2$.　　(D) $EY_1 = EY_2, DY_1 > DY_2$.　　□□□

【解析】 记

$$\mu_1 = EX_1, \quad \mu_2 = EX_2, \quad \sigma_1^2 = DX_1, \quad \sigma_2^2 = DX_2,$$

从而
$$EY_1 = \int_{-\infty}^{+\infty} y \cdot \frac{1}{2}[f_1(y)+f_2(y)]\mathrm{d}y,$$
$$= \frac{1}{2}\int_{-\infty}^{+\infty} y f_1(y), \mathrm{d}y + \frac{1}{2}\int_{-\infty}^{+\infty} y f_2(y), \mathrm{d}y$$
$$= \frac{1}{2}(\mu_1+\mu_2).$$

$$EY_2 = \frac{1}{2}(EX_1+EX_2) = \frac{1}{2}(\mu_1+\mu_2).$$

故 $EY_1 = EY_2$.
$$DY_2 = \frac{1}{4}(DX_1+DX_2) = \frac{1}{4}(\sigma_1^2+\sigma_2^2),$$

$$E(Y_1^2) = \int_{-\infty}^{+\infty} y^2 \cdot \frac{1}{2}[f_1(y)+f_2(y)]\mathrm{d}y$$
$$= \frac{1}{2}\int_{-\infty}^{+\infty} y^2 f_1(y)\mathrm{d}x + \frac{1}{2}\int_{-\infty}^{+\infty} y^2 f_2(y)\mathrm{d}x$$
$$= \frac{1}{2}(\sigma_1^2+\mu_1^2) + \frac{1}{2}(\sigma_2^2+\mu_2^2),$$

所以
$$DY_1 = E(Y_1^2) - (EY_1)^2$$
$$= \frac{1}{2}(\sigma_1^2+\sigma_2^2) = \frac{1}{2}(\mu_1^2+\mu_2^2) - \left(\frac{\mu_1+\mu_2}{2}\right)^2$$
$$= \frac{1}{2}(\sigma_1^2+\sigma_2^2) + \frac{(\mu_1-\mu_2)^2}{4},$$

因此 $DY_1 > DY_2$. 故选 (D).

【例 3】设随机变量 X 的概率密度为

$$f(x) = \begin{cases} 2^{-x}\ln 2, & x > 0, \\ 0, & x \leqslant 0, \end{cases}$$

对 X 进行独立重复的观测, 直到第 2 个大于 3 的观察值出现时停止, 记 Y 为观测次数.

(Ⅰ) 求 Y 的概率分布;

(Ⅱ) 求 EY. □□□

【解析】(Ⅰ) 每次观测中, 观测值大于 3 的概率

$$P\{X>3\} = \int_3^{\infty} f(x)\mathrm{d}x = \int_3^{\infty} 2^{-x}\ln 2\mathrm{d}x = \frac{1}{8},$$

故 Y 的概率分布为
$$P\{Y=k\} = (k-1)\left(\frac{1}{8}\right)^2\left(\frac{7}{8}\right)^{k-2}, k=2,3,\cdots.$$

(Ⅱ) 由题设得

$$EY = \sum_{k=2}^{\infty} k(k-1)\left(\frac{1}{8}\right)^2\left(\frac{7}{8}\right)^{k-2} = \left(\frac{1}{8}\right)^2\left(\sum_{k=2}^{\infty} x^k\right)''\Bigg|_{x=\frac{7}{8}}$$

$$= \left(\frac{1}{8}\right)^2 \frac{2}{(1-x)^3}\Bigg|_{x=\frac{7}{8}} = 16.$$

【例 4】 某流水生产线上每个产品不合格的概率为 $p(0 < p < 1)$, 各产品合格与否相互独立, 当出现一个不合格产品时即停机检修. 设开机后第一次停机时已生产了的产品个数为 X, 求 X 的数学期望 $E(X)$ 和方差 $D(X)$. □□□

【解析】 由题设, X 的概率分布为

$$P\{X = k\} = (1-p)^{k-1}p, k = 1, 2, \cdots$$

则 X 的数学期望为

$$\begin{aligned} E(X) &= \sum_{k=1}^{\infty} k(1-p)^{k-1}p = p\sum_{k=1}^{\infty} k(1-p)^{k-1} = p\sum_{k=1}^{\infty} kx^{k-1}\Bigg|_{x=1-p} \\ &= p\left(\sum_{k=1}^{\infty} x^k\right)'\Bigg|_{x=1-p} = p\left(\frac{x}{1-x}\right)'\Bigg|_{x=1-p} \\ &= p\frac{1}{(1-x)^2}\Bigg|_{x=1-p} = \frac{1}{p}. \end{aligned}$$

又因为

$$\begin{aligned} E(X^2) &= \sum_{k=1}^{\infty} k^2(1-p)^{k-1}p = p\sum_{k=1}^{\infty} k^2(1-p)^{k-1} \\ &= p\sum_{k=1}^{\infty}(k+1)kx^{k-1}\Bigg|_{x=1-p} - p\sum_{k=1}^{\infty} kx^{k-1}\Bigg|_{x=1-p} \\ &= p\left[\sum_{k=1}^{\infty} x^{k+1}\right]''\Bigg|_{x=1-p} - p\left[\sum_{k=1}^{\infty} x^k\right]'\Bigg|_{x=1-p} \\ &= p\left(\frac{x^2}{1-x}\right)''\Bigg|_{x=1-p} - p\left(\frac{x}{1-x}\right)'\Bigg|_{x=1-p} \\ &= p\frac{2}{(1-x)^3}\Bigg|_{x=1-p} - p\frac{1}{(1-x)^2}\Bigg|_{x=1-p} = \frac{2-p}{p^2}. \end{aligned}$$

故 X 的方差为

$$D(X) = E(X^2) - E^2(X) = \frac{2-p}{p^2} - \frac{1}{p^2} = \frac{1-p}{p^2}.$$

专题三 协方差和相关系数的综合题

【例 1】 设 $(X_1, X_2, \cdots, X_n)$ 为来自总体 X 的一个简单随机样本, $DX = 4$, 正整数 $s \leqslant n, t \leqslant n$, 则 $\mathrm{Cov}\left(\frac{1}{s}\sum_{i=1}^{s} X_i, \frac{1}{t}\sum_{j=1}^{t} X_j\right) = (\quad)$. □□□

(A) $4\max(s,t)$ (B) $4\min(s,t)$ (C) $\frac{4}{\max(s,t)}$ (D) $\frac{4}{\min(s,t)}$

【解析】由于 $X_1, X_2, \cdots, X_n$ 为来自总体 X 的简单随机样本, 故 $X_1, X_2, \cdots, X_n$ 相互独立且服从总体 X 同分布, 故 $\operatorname{Cov}(X_i, X_j) = \begin{cases} 0, & i \neq j, \\ 4, & i = j. \end{cases}$

当 $s < t$ 时, 则

$$\operatorname{Cov}\left(\frac{1}{s}\sum_{i=1}^{s} X_j, \frac{1}{t}\sum_{j=1}^{t} X_j\right) = \frac{1}{st}\operatorname{Cov}\left(\sum_{i=1}^{s} X_j, \sum_{j=1}^{t} X_j\right)$$

$$= \frac{1}{st}\sum_{j=1}^{s}\operatorname{Cov}(X_j, X_j) = \frac{1}{t}DX_j = \frac{4}{t}.$$

同理, 当 $s \geqslant t$ 时,

$$\operatorname{Cov}\left(\frac{1}{s}\sum_{i=1}^{s} X_i, \frac{1}{t}\sum_{j=1}^{t} X_i\right) = \frac{4}{s}.$$

因此

$$\operatorname{Cov}\left(\frac{1}{s}\sum_{i=1}^{s} X_i, \frac{1}{t}\sum_{j=1}^{t} X_i\right) = \frac{4}{\max(s,t)}.$$

故选 (C).

【例 2】将长度为 1 米的木棒任意截成三段, 前两段的长度分别为 X 和 Y, 则 X 和 Y 的相关系数为 (　　).

(A) -1.　　(B) $-\frac{1}{3}$.　　(C) $\frac{1}{4}$.　　(D) $-\frac{1}{2}$.　□□□

【解析】由题设, 设第三段长度为 Z, 则 X, Y, Z 具有相同的分布, 且 $X+Y+Z=1$, 故

$$DX = DY = DZ,$$

$$D(X+Y) = D(1-Z) = DZ,$$

$$D(X+Y) = DX + DY + 2\operatorname{Cov}(X,Y) = DZ,$$

联立得

$$DX = -2\operatorname{Cov}(X,Y),$$

则 $\rho = \dfrac{\operatorname{Cov}(X,Y)}{\sqrt{DX}\sqrt{DY}} = \dfrac{\operatorname{Cov}(X,Y)}{\sqrt{DX}\sqrt{DY}} = \dfrac{-\frac{1}{2}DX}{\sqrt{DX}\sqrt{DX}} = -\dfrac{1}{2}$. 故选 (D).

【例 3】设 $X_1, X_2, \cdots, X_n (n>1)$ 相互独立且服从同一分布. 又 $EX_i = 0$, $DX_i = \sigma^2 > 0 (i = 1, 2, \cdots, n)$, 令 $Y = \dfrac{1}{n}\sum\limits_{i=1}^{n} X_i$.

(Ⅰ) 求 X_1 与 Y 的相关系数 ρ_{X_1Y};　(Ⅱ) 若 $E\left[c(X_1+Y)^2\right] = \sigma^2$, 求常数 c. □□□

【解析】(Ⅰ) 由题设 $X_1, X_2, \cdots, X_n$ 独立同分布知

$$DY = D\left(\frac{1}{n}\sum_{i=1}^{n} X_i\right) = \frac{1}{n^2}\sum_{i=1}^{n} DX_i = \frac{\sigma^2}{n}.$$

为计算 ρ_{X_1Y}, 先求出 $\operatorname{Cov}(X_1, Y)$, 由协方差的性质, 有

$$\operatorname{Cov}(X_1, Y) = \operatorname{Cov}\left(X_1, \frac{1}{n}(X_1 + \cdots + X_n)\right)$$

$$= \text{Cov}\left(X_1, \frac{1}{n}X_1\right) + \text{Cov}\left(X_1, \frac{1}{n}(X_2 + \cdots + X_n)\right)$$
$$= \frac{1}{n}\text{Cov}(X_1, X_1) = \frac{\sigma^2}{n},$$

其中因 X_1 与 $\frac{1}{n}(X_2 + X_3 + \cdots + X_n)$ 相互独立, 故有 $\text{Cov}\left(X_1, \frac{1}{n}(X_2 + \cdots + X_n)\right) = 0$,

于是
$$\rho_{X_1Y} = \frac{\text{Cov}(X_1, Y)}{\sqrt{DX_1}\sqrt{DY}} = \frac{\frac{\sigma^2}{n}}{\sqrt{\sigma^2}\sqrt{\frac{\sigma^2}{n}}} = \frac{1}{\sqrt{n}}.$$

(Ⅱ)
$$\begin{aligned} E\left[c(X_1 + Y)^2\right] &= cE(X_1 + Y)^2 \\ &= c\left\{D(X_1 + Y) + [E(X_1 + Y)]^2\right\} \\ &= cD(X_1 + Y) + 0 \\ &= c\left[DX_1 + DY + 2\text{Cov}(X_1, Y)\right] \\ &= c\left(\sigma^2 + \frac{\sigma^2}{n} + \frac{2\sigma^2}{n}\right) \\ &= c \cdot \frac{n+3}{n}\sigma^2 = \sigma^2, \end{aligned}$$

因此
$$c = \frac{n}{n+3}.$$

【例 4】 设 $X_1, X_2, \cdots, X_n$ $(n > 2)$ 为来自总体 $N(0, \sigma^2)$ 的简单随机样本, 其样本均值为 $\overline{X}$, 记 $Y_i = X_i - \overline{X}$, $i = 1, 2, \cdots, n$. 求

(Ⅰ) Y_i 的方差 DY_i, $i = 1, 2, \cdots, n$;

(Ⅱ) Y_1 与 Y_n 的协方差 $\text{Cov}(Y_1, Y_n)$;

(Ⅲ) 若 $c(Y_1 + Y_n)^2$ 是 σ^2 的无偏估计量, 求常数 c.

(Ⅳ) $P\{Y_1 + Y_n \leqslant 0\}$. □□□

【解析】 由题设, 知 $X_1, X_2, \cdots, X_n (n > 2)$ 相互独立, 且 $EX_i = 0, DX_i = 1 (i = 1, 2, \cdots, n)$, $E\overline{X} = 0$.

(Ⅰ) $DY_i = D(X_i - \overline{X}) = D\left[\left(1 - \frac{1}{n}\right)X_i - \frac{1}{n}\sum\limits_{k \neq i} Y_k\right] = \frac{n-1}{n}\sigma^2, i = 1, 2, \cdots, n.$

(Ⅱ)
$$\begin{aligned} \text{Cov}(Y_1, Y_n) &= EY_1Y_n - EY_1 \cdot EY_n = EY_1Y_n \\ &= E(X_1 - \overline{X})(X_n - \overline{X}) = E(X_1X_n) + E(\overline{X^2}) - E(X_1\overline{X}) - E(X_n\overline{X}) \\ &= EX_1EX_n + D\overline{X} - \frac{1}{n}E(X_1^2) - \frac{1}{n}\sum_{i=2}^{n} E(X_1X_i) - \frac{1}{n}E(X_n^2) \\ &\quad - \frac{1}{n}\sum_{i=1}^{n-1} E(X_iX_n) \\ &= -\frac{1}{n}\sigma^2. \end{aligned}$$

(Ⅲ) $E\left[c(Y_1 + Y_n)^2\right] = cD(Y_1 + Y_n) = c\left[DY_1 + DY_n + 2\text{Cov}(Y_1, Y_n)\right]$

$$-c\left[\frac{n-1}{n}+\frac{n-1}{n}-\frac{2}{n}\right]\sigma^2=\frac{2(n-2)}{n}c\sigma^2=\sigma^2,$$

故 $c=\dfrac{n}{2(n-2)}$.

(Ⅳ) 由题设

$$Y_1+Y_n=X_1-\overline{X}+X_n-\overline{X}=\frac{n-2}{n}X_1-\frac{2}{n}\sum_{n=2}^{n-1}X_1+\frac{n-2}{n}X_n.$$

上式是相互独立的正态随机变量的线性组合, 所以服从正态分布. 由于 $E(Y_1+Y_n)=0$, 故

$$P\{Y_1+Y_n\leqslant 0\}=\frac{1}{2}.$$

【例 5】设 A,B 是二随机事件, 随机变量

$$X=\begin{cases}1, & \text{若 } A \text{ 出现},\\ -1, & \text{若 } A \text{ 不出现},\end{cases}\qquad Y=\begin{cases}1, & \text{若 } B \text{ 出现},\\ -1, & \text{若 } B \text{ 不出现},\end{cases}$$

试证明: 随机变量 X 和 Y 不相关的充分必要条件是 A 与 B 相互独立. □□□

【证明】记 $P(A)=p_1,P(B)=p_2,P(AB)=p_{12}$. 由数学期望定义, 可知

$$EX=P(A)-P(A)=2p_1-1,EY=2p_2-1,$$

现在求 EXY. 由于 XY 只有两个可能值 1 和 -1, 可见

$$P\{XY=1\}=P(AB)+P(\overline{AB})=2p_{12}-p_1-p_2+1,$$

$$P\{XY=-1\}=1-P\{XY=1\}=p_1+p_2-2p_{12},$$

$$EXY=P\{XY=1\}-P\{XY=-1\}=4p_{12}-2p_1-2p_2+1.$$

从而

$$\mathrm{Cov}(X,Y)=EXY-EX\cdot EY=4p_{12}-4p_1p_2,$$

因此, $\mathrm{Cov}(X,Y)=0$ 当且仅当 $p_{12}=p_1p_2$, 即 X 和 Y 不相关当且仅当 A 与 B 相互独立.

【例 6】对于任意二事件 A 和 B, $0<P(A)<1,0<P(B)<1$,

$$\rho=\frac{P(AB)-P(A)P(B)}{\sqrt{P(A)P(B)P(\overline{A})P(\overline{B})}}$$

称作事件 A 和 B 的相关系数.

(Ⅰ) 证明事件 A 和 B 独立的充分必要条件是其相关系数等于零;

(Ⅱ) 利用随机变量的相关系数的基本性质, 证明 $|\rho|\leqslant 1$. □□□

【证明】(Ⅰ) 由 ρ 的定义, 可见 $\rho=0$ 当且仅当 $P(AB)-P(A)P(B)=0$,
而这恰好是二事件 A 和 B 独立的定义, 即 $\rho=0$ 是 A 和 B 独立的充分必要条件.

(Ⅱ) 考虑随机变量 X 和 Y：$X=\begin{cases}1, & 若 A 出现,\\ 0, & 若 A 不出现,\end{cases}$　$Y=\begin{cases}1, & 若 B 出现,\\ 0, & 若 B 不出现,\end{cases}$

由条件知, X 和 Y 都服从 $0-1$ 分布:

$$X\sim\begin{pmatrix}0 & 1\\ 1-P(A) & P(A)\end{pmatrix},\quad Y\sim\begin{pmatrix}0 & 1\\ 1-P(B) & P(B)\end{pmatrix}.$$

易见

$$EX=P(A),\quad EY=(B);$$

$$DX=P(A)P(\overline{A}),\quad DY=P(B)P(\overline{B});$$

$$\mathrm{Cov}(X,Y)=P(AB)-P(A)P(B)$$

因此, 事件 A 和 B 的相关系数就是随机变量 X 和 Y 相关系数.

于是由两个随机变量相关系数的基本性质, 有 $|\rho|\leqslant 1$.

【例 7】 设二维随机变量 (X,Y) 的密度函数为

$$f(x,y)=\frac{1}{2}\left[\varphi_1(x,y)+\varphi_2(x,y)\right],$$

其中 $\varphi_1(x,y)$ 和 $\varphi_2(x,y)$ 都是二维正态密度函数, 且它们对应的二维随机变量的相关系数分别为 $\frac{1}{3}$ 和 $-\frac{1}{3}$, 它们的边缘密度对应的随机变量的数学期望都是零, 方差都是 1.

(Ⅰ) 求随机变量 X 和 Y 密度函数 $f_1(x)$ 和 $f_2(y)$ 及 X 和 Y 的相关系数 ρ (可以直接利用二维正态密度的性质).

(Ⅱ) 问 X 和 Y 是否独立? 为什么?　□□□

【解析】 (Ⅰ) 由于二维正态密度函数的两个边缘密度都是正态密度函数, 因此 $\varphi_1(x,y)$ 和 $\varphi_2(x,y)$ 的两个边缘密度为标准正态密度函数, 故

$$\begin{aligned}f_1(x)&=\int_{-\infty}^{+\infty}f(x,y)\mathrm{d}y=\frac{1}{2}\left[\int_{-\infty}^{+\infty}\varphi_1(x,y)\mathrm{d}y+\int_{-\infty}^{+\infty}\varphi_2(x,y)\mathrm{d}y\right]\\&=\frac{1}{2}\left[\frac{1}{\sqrt{2\pi}}\mathrm{e}^{-\frac{x^2}{2}}+\frac{1}{\sqrt{2\pi}}\mathrm{e}^{-\frac{x^2}{2}}\right]=\frac{1}{\sqrt{2\pi}}\mathrm{e}^{-\frac{x^2}{2}};\end{aligned}$$

同理,

$$f_2(y)=\frac{1}{\sqrt{2\pi}}\mathrm{e}^{-\frac{y^2}{2}}.$$

故 $EX=EY=0,\quad DY=DY=1.$

(1) 随机变量 X 和 Y 的密度函数为 $\varphi_1(x,y)$, 满足 $X\sim N(0,1), Y\sim N(0,1)$, 故

$$EX=EY=0,\quad DY=DY=1.$$

其相关系数为

$$\rho_{\varphi_1}=\frac{\mathrm{Cov}(X,Y)}{\sqrt{DX}\cdot\sqrt{DY}}=\mathrm{Cov}(X,Y)=E(XY)-EX\cdot EY=E(XY).$$

(2) 同理, 随机变量 X 和 Y 的密度函数为 $\varphi_2(x,y)$,

$$EX=EY=0,\quad DY=DY=1.$$

$$\rho_{\varphi_2} = E(XY).$$

(3) 随机变量 X 和 Y 的密度函数为 $f(x,y)$, XY 的期望为

$$\begin{aligned}
EXY &= \int_{-\infty}^{+\infty}\int_{-\infty}^{+\infty} xyf(x,y)\mathrm{d}x\mathrm{d}y \\
&= \frac{1}{2}\left[\int_{-\infty}^{+\infty}\int_{-\infty}^{+\infty} xy\varphi_1(x,y)\mathrm{d}x\mathrm{d}y + \int_{-\infty}^{+\infty}\int_{-\infty}^{+\infty} xy\varphi_2(x,y)\mathrm{d}x\mathrm{d}y\right] \\
&= \frac{1}{2}\left[\rho_{\varphi_1} + \rho_{\varphi_2}\right] = \frac{1}{2}\left[\frac{1}{3} - \frac{1}{3}\right] = 0.
\end{aligned}$$

$$\rho = \frac{\mathrm{Cov}(X,Y)}{\sqrt{DX}\cdot\sqrt{DY}} = \mathrm{Cov}(X,Y) = E(XY) - EX\cdot EY = E(XY) = 0.$$

(Ⅱ) 由题设

$$\varphi_1(x,y) = \frac{3}{4\pi\sqrt{2}}\mathrm{e}^{-\frac{9}{16}\left(x^2 - \frac{2}{3}xy + y^2\right)};\quad \varphi_2(x,y) = \frac{3}{4\pi\sqrt{2}}\mathrm{e}^{-\frac{9}{16}\left(x^2 + \frac{2}{3}xy + y^2\right)}$$

故
$$f(x,y) = \frac{3}{8\pi\sqrt{2}}\left[\mathrm{e}^{-\frac{9}{16}\left(x^2 - \frac{2}{3}xy + y^2\right)} + \mathrm{e}^{-\frac{9}{16}\left(x^2 + \frac{2}{3}xy + y^2\right)}\right],$$

而
$$f_1(x)\cdot f_2(y) = \frac{1}{2\pi}\mathrm{e}^{-\frac{x^2}{2}}\cdot\mathrm{e}^{-\frac{y^2}{2}} = \frac{1}{2\pi}\mathrm{e}^{-\frac{(x^2+y^2)}{2}},$$

因为 $f(x,y) \neq f_1(x)\cdot f_2(y)$, 所以 X 和 Y 不独立.

第五章　大数定律和中心极限定理

第一节　考试要求及考点精讲

一、考试要求

考试要求	科目	考试内容
了解	数学一 数学三	切比雪夫不等式; 切比雪夫大数定律、伯努利大数定律和辛钦大数定律 (独立同分布随机变量序列的大数定律); 棣莫弗–拉普拉斯定理 (二项分布以正态分布为极限分布) 和 列维–林德伯格定理 (独立同分布随机变量序列的中心极限定理)

二、考点精讲

本章重点是掌握切比雪夫不等式、三个常用的大数定律, 了解中心极限定理的内容. 注意辛钦大数定律只要求期望存在.

第二节　内容精讲及典型题型

一、切比雪夫不等式

设随机变量 X 的数学期望 EX 和方差 DX 都存在, 则对任意 $\varepsilon>0$, 有

$$P\{|X-EX|\geqslant\varepsilon\}\leqslant\frac{DX}{\varepsilon^2},$$

称为切比雪夫不等式.

【名师点睛】 切比雪夫不等式的另一种等价形式为

$$P\{|X-EX|<\varepsilon\}\geqslant1-\frac{DX}{\varepsilon^2}.$$

题型1 切比雪夫不等式的应用

【例 1】 设随机变量 X 的数学期望 $EX=\mu$, 方差 $DX=\sigma^2$, 则由切比雪夫不等式, 有 $P\{|X-\mu|\geqslant 3\sigma\}\leqslant$________. □□□

【解析】 因为 $EX=\mu, DX=\sigma^2$, 根据切比雪夫不等式, 知

$$P\{|X-\mu|\geqslant 3\sigma\}\leqslant \frac{\sigma^2}{(3\sigma)^2}=\frac{1}{9}.$$

【例 2】 设随机变量 X 和 Y 的数学期望分别为 -2 和 2, 方差分别为 1 和 4, 而相关系数为 -0.5, 则根据切比雪夫不等式 $P\{|X+Y|\geqslant 6\}\leqslant$________. □□□

【解析】 由切比雪夫不等式. 对于任意 $\varepsilon>0$.

$$P\{|X-EX|\geqslant\varepsilon\}\leqslant\frac{DX}{\varepsilon^2}.$$

由于

$$E(X+Y)=EX+EY=-2+2=0,$$

$$D(X+Y)=DX+DY+2\rho_{XY}DXDY=1+4-2\times 0.5\times\sqrt{1\times 4}=3,$$

令 $\varepsilon=6$, 则

$$P\{|X+Y|\geqslant 6\}\leqslant\frac{D(X+Y)}{36}=\frac{3}{36}=\frac{1}{12}.$$

【例 3】 设 $X_1,X_2,\cdots,X_{10}$ 为来自总体 $X\sim N(\mu,\sigma^2)$ 的一个简单随机样本, S^2 为样本方差, 则根据切比雪夫不等式估计 $P\{0<S^2<2\sigma^2\}$________. □□□

【解析】 由于 $\dfrac{9S^2}{\sigma^2}\sim\chi^2(9)$, 所以 $E\left(\dfrac{9S^2}{\sigma^2}\right)=9, D\left(\dfrac{9S^2}{\sigma^2}\right)=18$, 得

$$E(S^2)=\sigma^2,\quad D(S^2)=\frac{2}{9}\sigma^4.$$

因此

$$P\left\{0<S^2<2\sigma^2\right\}=P\left\{\left|S^2-\sigma^2\right|<\sigma^2\right\}\geqslant 1-\frac{2\sigma^4/9}{\sigma^4}=\frac{7}{9}.$$

二、大数定律

1. 依概率收敛

设 $X_1,X_2,\cdots,X_n,\cdots$ 是一个随机变量序列, A 是一个实数, 如果对于任意给定的 $\varepsilon>0$, 有

$$\lim_{n\to+\infty}P\{|X_n-A|<\varepsilon\}=1,$$

则称随机变量序列 $X_1,X_2,\cdots,X_n,\cdots$ 依概率收敛于 A, 记为 $X_n\xrightarrow{P}A$.

2. 切比雪夫大数定律

设 $X_1, X_2, \cdots, X_n, \cdots$ 是两两独立 (或两两不相关) 的随机变量序列, EX_i 和 DX_i 都存在, 且存在常数 C, 使 $DX_i \leqslant C$, $i=1,2,\cdots,n,\cdots$, 则对任意给定的 $\varepsilon>0$, 有

$$\lim_{n\to+\infty} P\left\{\left|\frac{1}{n}\sum_{i=1}^{n}X_i-\frac{1}{n}\sum_{i=1}^{n}EX_i\right|<\varepsilon\right\}=1.$$

【名师点睛】 当 $X_1, X_2, \cdots, X_n, \cdots$ 相互独立, 具有相同的数学期望和方差: $EX_i=\mu$ 和 $DX_i=\sigma^2$, $i=1,2,\cdots,n,\cdots$, 则对任意给定的 $\varepsilon>0$, 有

$$\lim_{n\to+\infty} P\left\{\left|\frac{1}{n}\sum_{i=1}^{n}X_i-\mu\right|<\varepsilon\right\}=1.$$

当独立的随机变量的期望和方差存在时, 无穷个独立随机变量的算术平均值趋于常数, 即趋于它们期望的算术平均值. 实际上说明大量随机现象的平均值趋于其数学期望.

3. 伯努利大数定律

设 n_A 是 n 重伯努利试验中事件 A 发生的次数, $p=P(A)$ 是每次试验中事件 A 发生的概率, 则对任意给定的 $\varepsilon>0$, 有

$$\lim_{n\to+\infty} P\left\{\left|\frac{n_A}{n}-p\right|<\varepsilon\right\}=1.$$

【名师点睛】 伯努利大数定律表明事件发生的频率 $\dfrac{n_A}{n}$ 依概率收敛于事件的概率 p, 这是概率中用频率代替概率的理论基础.

4. 辛钦大数定律

设随机变量 $X_1, X_2, \cdots, X_n, \cdots$ 独立同分布, 且期望 $EX_i=\mu$, $i=1,2,\cdots$ 存在, 则对任意给定的 $\varepsilon>0$, 有

$$\lim_{n\to+\infty} P\left\{\left|\frac{1}{n}\sum_{i=1}^{n}X_i-\mu\right|<\varepsilon\right\}=1.$$

【易错提示】 辛钦大数定律不要求方差存在, 这是与其他大数定律不同的地方.

5. 大数定律的本质

随机变量列 $\{X_n\}$ 满足一定条件. 则随机变量序列 $X_1, X_2, \cdots, X_n$ 的均值依概率收敛于期望的均值, 即

$$\lim_{n\to+\infty} P\left\{\left|\frac{1}{n}\sum_{i=1}^{n}X_i-\frac{1}{n}\sum_{i=1}^{n}EX_i\right|<\varepsilon\right\}=1.$$

三、中心极限定理

1. 棣莫弗–拉普拉斯中心极限定理

设随机变量列 $X_1, X_2, \cdots, X_n, \cdots$, 相互独立, 并且都服从参数为 p 的两点分布, 则对任意实数 x, 有

$$\lim_{n\to+\infty} P\left\{\frac{\sum_{i=1}^{n} X_i - np}{\sqrt{np(1-p)}} \leqslant x\right\} = \Phi(x),$$

其中 $\Phi(x)$ 为标准正态分布的分布函数.

2. 列维–林德伯格中心极限定理

设随机变量列 $\{X_n\}$ 独立同分布, 期望 $EX_i = \mu$, 方差 $DX_i = \sigma^2 > 0$, $i = 1, 2, \cdots$, 则对任意实数 x, 有

$$\lim_{n\to+\infty} P\left\{\frac{\sum_{i=1}^{n} X_i - n\mu}{\sqrt{n}\sigma} \leqslant x\right\} = \Phi(x),$$

其中 $\Phi(x)$ 为标准正态分布的分布函数.

3. 中心极限定理的本质

独立同分布的随机变量 (期望和方差都存在) 之和近似服从正态分布.

【规律总结】 (1) 设随机变量 $X_1, X_2, \cdots, X_n$, 独立同分布, 且 $EX_i = \mu, DX_i = \sigma^2$, $i = 1, 2, \cdots, n$, 则当 n 充分大时, $\sum_{i=1}^{n} X_i$ 近似服从正态分布 $N(n\mu, n\sigma^2)$.

(2) 将 $\sum_{i=1}^{n} X_i$ 标准化, 可得 $\dfrac{\sum_{i=1}^{n} X_i - n\mu}{\sqrt{n}\sigma}$ 近似服从标准正态分布 $N(0,1)$.

题型2 大数定律和中心极限定理的应用

【例 1】 设总体 X 服从参数为 2 的指数分布, $X_1, X_2, \cdots, X_n$ 来自总体 X 的简单随机样本, 则当 $n \to \infty$ 时 $Y_n = \dfrac{1}{n}\sum_{i=1}^{n} X_i^2$ 依概率收敛于________. □□□

【解析】 由于 $X_1, X_2, \cdots, X_n$ 是来自总体 X 的简单随机样本, 因而 $X_1, X_2, \cdots, X_n$ 相互独立, 并可以推出 $X_1^2, X_2^2, \cdots, X_n^2$ 也相互独立并且同分布. 又 X 服从参数为 2 的指数分

布, 所以

$$EX_i = \frac{1}{2}, \quad DX_i = \frac{1}{4} \qquad (i = 1, 2, \cdots, n),$$

则
$$EX_i^2 = DX_i + (EX_i)^2 = \frac{1}{4} + \left(\frac{1}{2}\right)^2 = \frac{1}{2} \quad (i = 1, 2, \cdots, n).$$

由独立同分布大数定律知 $\frac{1}{n}\sum_{i=1}^{n} X_i^2$ 依概率收敛于 $\frac{1}{2}$.

【例 2】 设随机变量 $X_1, X_2, \cdots, X_n$ 相互独立, $S_n = X_1 + X_2 + \cdots + X_n$, 则根据列维–林德伯格 (Levy-Lindberg) 中心极限定理, 当 n 充分大时, S_n 近似服从正态分布, 只要 $X_1, X_2, \cdots, X_n$(　　).

(A) 有相同的数学期望.　　　　(B) 有相同的方差.

(C) 服从同一指数分布.　　　　(D) 服从同一离散型分布.　　□□□

【解析】 列维–林德伯格中心极限定理: 设 $X_1, X_2, \cdots, X_n$ 是独立同分布的随机变量, $EX_i = \mu, DX_i = \sigma^2$ $(i = 1, 2, \cdots, n)$, 则 S_n 近似服从正态分布 $N(n\mu, n\sigma^2)$. 对照该定理 (A), (B), (C), (D)4 个选项中只有 (C) 符合条件, 因为 $X_1, X_2, \cdots, X_n$ 服从同一指数分布时, EX_i 和 DX_i 均存在.

(A) 不成立, 同为 X_i 有相同的数学期望, 并不能保证 X_i 方差存在; 同样, X_i 有相同方差, 但数学期望不一定存在, 如 X 服从柯西分布, X_i 服从同一离散分布也不能保证数学期望和方差均存在.

【例 3】 设 $X_1, X_2, \cdots, X_n \cdots$ 为独立同分布的随机变量列, 且均服从参数为 $\lambda(\lambda > 1)$ 的指数分布, 记 $\Phi(x)$ 为标准正态分布函数, 则 (　　).　　□□□

(A) $\lim\limits_{n\to\infty} P\left\{\dfrac{\sum\limits_{i=1}^{n} X_i - n\lambda}{\lambda\sqrt{n}} \leqslant x\right\} = \Phi(x)$.　　(B) $\lim\limits_{n\to\infty} P\left\{\dfrac{\sum\limits_{i=1}^{n} X_i - n\lambda}{\sqrt{n\lambda}} \leqslant x\right\} = \Phi(x)$.

(C) $\lim\limits_{n\to\infty} P\left\{\dfrac{\lambda\sum\limits_{i=1}^{n} X_i - n}{\sqrt{n}} \leqslant x\right\} = \Phi(x)$.　　(D) $\lim\limits_{n\to\infty} P\left\{\dfrac{\sum\limits_{i=1}^{n} X_i - \lambda}{\sqrt{n\lambda}} \leqslant x\right\} = \Phi(x)$.

【解析】 列维–林德伯格中心极限定理: 设随机变量 $X_1, X_2, \cdots, X_n, \cdots$ 相互独立, 服从同一分布, 具有数学期望和方差

$$E(X_n) = \mu, D(X_n) = \sigma^2 > 0, n = 1, 2, \cdots,$$

则对于任意实数 x, 有

$$\lim_{n\to\infty} P\left\{\frac{\sum\limits_{i=1}^{n} X_i - n\mu}{\sqrt{n}\sigma} \leqslant x\right\} = \Phi(x).$$

本题中 $\mu=\dfrac{1}{\lambda},\sigma^2=\dfrac{1}{\lambda^2}$, 代入上式可知选 (C).

【例 4】 某保险公司多年的统计资料表明, 在索赔户中被盗索赔户占 20%, 以 X 表示在随机抽查的 100 个索赔户中因被盗向保险公司索赔的户数.

(Ⅰ) 写出 X 的概率分布;

(Ⅱ) 利用棣莫弗–拉普拉斯定理, 求出索赔户不少于 14 户且不多于 30 户的概率的近似值.

附表: $\Phi(x)$ 是标准正态分布函数.

x	0	0.5	1.0	1.5	2.0	2.5	3.0
$\Phi(x)$	0.500	0.692	0.841	0.933	0.977	0.994	0.999

□□□

【解析】 (Ⅰ)X 服从二项分布, 参数 $n=100,p=0.2$, 其概率分布为

$$P\{X=k\}=\mathrm{C}_{100}^{k}0.2^k0.8^{100-k}\ (k=0,1,\cdots,100).$$

(Ⅱ) 由 $X\sim B(n,p)$ 知, $EX=np=20,DX=np(1-p)=16$, 故根据棣莫弗–拉普拉斯定理, 有

$$\begin{aligned}P\{14\leqslant X\leqslant 30\}&=P\left\{\frac{14-20}{\sqrt{16}}\leqslant\frac{X-20}{\sqrt{16}}\leqslant\frac{30-20}{\sqrt{16}}\right\}\\&=P\left\{-1.5\leqslant\frac{X-20}{4}\leqslant 2.5\right\}\\&=\Phi(2.5)-\Phi(-1.5)=\Phi(2.5)-[1-\Phi(-1.5)]\\&\approx 0.994-[1-0.933]=0.927.\end{aligned}$$

【例 5】 一生产线生产的产品成箱包装, 每箱的重量是随机的, 假设每箱平均重 50 千克, 标准差为 5 千克. 若用最大载重量为 5 吨的汽车承运, 试利用中心极限定理说明每辆车最多可以装多少箱, 才能保障不超载的概率大于 0.977($\Phi(2)=0.977$, 其中 $\Phi(x)$ 是标准正态分布函数).

□□□

【解析】 设 $X_i(i=1,2,\cdots,n)$ 是装运的第 i 箱的重量 (单位: 千克), n 是所求箱数. 由条件可以把 $X_1,X_1,\cdots,X_n$ 视为独立同分布随机变量. 且 n 箱的重量

$$Y=X_1+X_2+\cdots+X_n$$

是独立同分布随机变量之和.

由条件知

$$EX_i=50,\quad \sqrt{DX_i}=5;\quad EY_n=50n,\quad \sqrt{DY_n}=5\sqrt{n}\ (\text{单位: 千克})$$

根据列维–林德伯格中心极限定理, Y_n 近似服从正态分布 $N(50n,25n)$. 箱数 n 决定于条件

$$P\{Y_n\leqslant 5000\}=P\left\{\frac{Y_n-50n}{5\sqrt{n}}\leqslant\frac{5000-50n}{5\sqrt{n}}\right\}\approx\Phi\left(\frac{1000-10n}{\sqrt{n}}\right)>0.977=\Phi(2).$$

由此可见

$$\frac{1000-10n}{\sqrt{n}}>2,$$

从而 $n<98.0199$, 即最多可以装 98 箱.

【例 6】 设 $X_1,X_2,\cdots,X_n$ 独立且与 X 同分布, $EX^k=\alpha_k\ (k-1,2,3,4)$. 求证: 当 n 充分大时, $z_n=\frac{1}{n}\sum_{i=1}^{n}X_i^2$ 近似服从正态分布, 并求出其分布参数. □□□

【解析】 依题意, $X_1,X_2,\cdots,X_n$ 独立同分布, 于是 $X_1^2,X_2^2,\cdots,X_n^2$ 也独立同分布. 由 $EX^k=\alpha_k(k=1,2,3,4)$, 有

$$EX_i^2=\alpha_2,\quad DX_i^2=EX_i^4-(EX_i^2)^2=\alpha_4-\alpha_2^2;$$

$$EZ_n=\frac{1}{n}\sum_{i=1}^{n}EX_i^2=\alpha_2,$$

$$DZ_n=\frac{1}{n^2}\sum_{i=1}^{n}DX_i^2=\frac{1}{n}(\alpha_4-\alpha_2^2)$$

根据中心极限定理 $U_n=\frac{Z_n-\alpha_2}{\sqrt{(\alpha_4-\alpha_2^2)/n}}$ 的极限分布是标准正态分布, 即当 n 充分大时, Z_n 近似服从参数为 $\left(\alpha_2,\frac{\alpha_4-\alpha_2^2}{n}\right)$ 的正态分布.

第六章　数理统计的基本概念

第一节　考试要求及考点精讲

一、考试要求

考试要求	科目	考试内容
了解	数学一 数学三	χ^2 分布、t 分布和 F 分布的概念和性质; 标准正态分布、χ^2 分布、t 分布和 F 分布的上侧 α 分位数的概念; 正态总体的常用抽样分布
	数学三	χ^2 分布、t 分布和 F 分布产生的典型模式; 了解经验分布函数的概念和性质
理解	数学一 数学三	总体、简单随机样本、统计量、样本均值、样本方差和样本矩的概念
会	数学一 数学三	查表计算上侧 α 分位数

二、考点精讲

本章重点是总体、个体、简单随机样本、统计量、样本均值、样本方差、样本矩的概念. 掌握 χ^2 分布、t 分布、F 分布的概念和性质, 熟练运用上 α 分位数定义计算概率.

本章的难点是利用 χ^2 分布的性质和模型计算期望和方差, 利用正态分布的抽样分布的结论求分布、期望和方差.

第二节　内容精讲及典型题型

一、总体、个体和样本

1. 总体

在数理统计中, 研究对象的某项数量指标 X 的全体称为总体, X 的分布和数字特征分别称为总体的分布和总体的数字特征.

【注】 总体本质上就是一个分布.

2. 个体

总体 X 中的每一个元素称为个体, 总体 X 中包含的个体总数称为总体容量, 容量有限的总体称为有限总体, 容量无限的总体称为无限总体.

3. 样本

设 X 是具有分布函数 $F(x)$ 的随机变量, 若 $X_1, X_2, \cdots, X_n$ 是具有同一分布函数 $F(x)$ 的、相互独立的随机变量, 则称 $X_1, X_2, \cdots, X_n$ 为分布函数 $F(x)$(或总体 F, 或总体 X) 的容量为 n 的随机样本, 简称样本. 简单随机样本 $X_1, X_2, \cdots, X_n$ 中所含随机变量的个数 n 称为样本容量, 它们的观察值 $x_1, x_2, \cdots, x_n$ 称为样本值, 又称为 X 的 n 个独立观察值.

【名师点睛】

从总体中抽取一部分的个体进行观察, 则被抽取的部分个体称作总体的一个样本. 样本具有总体的性质和特征, 故可以通过对样本的观察来推测总体具有的性质和特征.

(1) 样本中的个体之间相互独立: 随机变量 $X_1, X_2, \cdots, X_n$ 相互独立.

(2) 样本具有总体的特征:

① $X_1, X_2, \cdots, X_n$ 与总体 X 同分布, $F_{X_i}(x) = F(x), i = 1, 2, \cdots, n$.

② 期望和方差与总体 X 相同, 即 $EX_i = EX$, $DX_i = DX$, $i = 1, 2, \cdots, n$.

(3) 简单随机样本 $X_1, X_2, \cdots, X_n$ 可以看成对总体 X 进行 n 次独立重复试验而得到的.

4. 样本的联合分布函数

设总体 X 的分布函数为 $F(x)$, $X_1, X_2, \cdots, X_n$ 是来自总体 X 的一个简单随机样本, 则样本 $X_1, X_2, \cdots, X_n$ 的联合分布函数为

$$\begin{aligned} F(x_1, x_2, \cdots, x_n) &= P\{X_1 \leqslant x_1, X_2 \leqslant x_2, \cdots, X_n \leqslant x_n\} \\ &= \prod_{i=1}^{n} P\{X_i \leqslant x_i\} = \prod_{i=1}^{n} F(x_i). \end{aligned}$$

5. 样本的联合密度函数

设总体 X 的概率密度函数为 $f(x)$, $X_1, X_2, \cdots, X_n$ 是来自总体 X 的一个简单随机样本, 则样本 $X_1, X_2, \cdots, X_n$ 的联合概率密度为

$$f(x_1, x_2, \cdots, x_n) = \prod_{i=1}^{n} f(x_i).$$

二、统计量和统计量的数字特征

1. 统计量

设 $X_1, X_2, \cdots, X_n$ 是来自总体 X 的简单随机样本, $g(X_1, X_2, \cdots, X_n)$ 是 $X_1, X_2, \cdots, X_n$ 的 n 元连续函数, 且不含任何未知参数, 则称 $T = g(X_1, X_2, \cdots, X_n)$ 是一个统计量.

2. 抽样分布

统计量作为简单随机样本的函数, 也是一个随机变量, 故称统计量的分布为抽样分布.

3. 统计量的数字特征

设 $X_1, X_2, \cdots, X_n$ 是来自总体 X 的简单随机样本, $x_1, x_2, \cdots, x_n$ 是样本 $X_1, X_2, \cdots, X_n$ 的一组样本观测值.

(1) 样本均值: $\overline{X}=\frac{1}{n}\sum_{i=1}^{n}X_i$, 样本均值的观测值: $\overline{x}=\frac{1}{n}\sum_{i=1}^{n}x_i$.

(2) 若总体 X 的期望 EX 和 DX 方差都存在, 则

$$E\overline{X}=E\left(\frac{1}{n}\sum_{i=1}^{n}X_i\right)=\frac{1}{n}\sum_{i=1}^{n}EX_i=EX,$$
$$D\overline{X}=D\left(\frac{1}{n}\sum_{i=1}^{n}X_i\right)=\frac{1}{n^2}\sum_{i=1}^{n}DX_i=\frac{DX}{n}.$$

(3) 样本方差: $S^2=\frac{1}{n-1}\sum_{i=1}^{n}(X_i-\overline{X})^2$, 样本方差的观测值: $s^2=\frac{1}{n-1}\sum_{i=1}^{n}(x_i-\overline{x})^2$.

(4) 样本标准差: $S=\sqrt{\frac{1}{n-1}\sum_{i=1}^{n}(X_i-\overline{X})^2}$, 样本标准差的观测值: $s=\sqrt{\frac{1}{n-1}\sum_{i=1}^{n}(x_i-\overline{x})^2}$.

(5) 样本 k 阶原点矩: $A_k=\frac{1}{n}\sum_{i=1}^{n}X_i^k$, 样本 k 阶原点矩的观测值为 $a_k=\frac{1}{n}\sum_{i=1}^{n}x_i^k, k=1,2,\cdots$

(6) 样本 k 阶中心矩: $B_k=\frac{1}{n}\sum_{i=1}^{n}(X_i-\overline{X})^k$, 样本 k 阶中心矩的观测值为 $b_k=\frac{1}{n}\sum_{i=1}^{n}(x_i-x)^k$, $k=1,2,\cdots$

【名师点睛】 $A_1=\frac{1}{n}\sum_{i=1}^{n}X_i=\bar{X}$, $B_2=\frac{1}{n}\sum_{i=1}^{n}(X_i-\overline{X})^2\neq S^2$.

4. 样本 k 阶原点矩的收敛性

【定理】 若 $X_1, X_2, \cdots, X_n$ 独立同总体 X 分布, 则 $X_1^k, X_2^k, \cdots, X_n^k$ 独立同 X^k 分布, $k=1, 2, \cdots$. 若总体 X 的 k 阶原点矩 $EX^k(k=1,2,\cdots)$ 存在, 则样本 k 阶原点矩 $\frac{1}{n}\sum_{i=1}^{n}X_i^k$ 依概率收敛于总体 X 的 k 阶原点矩 $EX^k(k=1,2,\cdots)$, 即对任意的 $\varepsilon>0$, 有

$$\lim_{n\to\infty}\left\{\left|\frac{1}{n}\sum_{i=1}^{n}X_i^k-EX^k\right|<\varepsilon\right\}=1.$$

5. 样本均值和样本方差的数字特征

【定理】 $E\overline{X}=EX=\mu$, $D\overline{X}=\frac{1}{n}DX=\frac{1}{n}\sigma^2$, $ES^2=DX$.

【证明】 $ES^2=E\left[\frac{1}{n-1}\sum_{i=1}^{n}(X_i-\overline{X})^2\right]=\frac{1}{n-1}\sum_{i=1}^{n}E(X_i-\overline{X})^2$

$$=\frac{1}{n-1}\sum_{i=1}^{n}\left[D(X_i-\overline{X})+E^2(X_i-\overline{X})\right]$$

$$=\frac{1}{n-1}\sum_{i=1}^{n}\left[D(\frac{n-1}{n}X_i-\frac{1}{n}\sum_{j\neq i}X_j)\right]$$

$$=\frac{1}{n-1}\sum_{i=1}^{n}\left[\frac{(n-1)^2}{n^2}DX_i+\frac{1}{n^2}\sum_{j\neq i}DX_j\right]$$

$$=\frac{1}{n-1}\sum_{i=1}^{n}\left[\frac{(n-1)^2}{n^2}DX+\frac{n-1}{n^2}DX\right]$$

$$=\frac{1}{n-1}\sum_{i=1}^{n}\frac{n-1}{n}DX=DX.$$

6. 经验分布函数 (数学三要求)

设 $X_1,X_2,\cdots,X_n$ 是来自总体 X 的简单随机样本, 其样本值为 $x_1,x_2,\cdots,x_n$, 按 x_i 的大小顺序排列为 $x_{(1)}<x_{(2)}<\cdots<x_{(n)}$, 对于任意实数 x, 称函数

$$F_{(n)}(x)=\begin{cases}0, & x<x_1,\\ \frac{1}{n}, & x_{(1)}\leqslant x<x_{(2)},\\ \frac{k}{n}, & x_{(k)}\leqslant x<x_{(k+1)},\\ 1, & x_{(n)}\leqslant x.\end{cases}\quad k=1,2,\cdots,n-1,$$

为经验分布函数.

7. 顺序统计量

设 $X_1,X_2,\cdots,X_n$ 是来自总体 X 的容量为 n 的简单随机样本, 记随机变量 $X_{(k)}$ 的取值为每次抽取容量为 n 的样本中由小到大的第 k 个值 $(k=1,2,\cdots,n)$, 则称 $X_{(1)},X_{(2)},\cdots,X_{(n)}$, 为样本 $X_1,X_2,\cdots,X_n$ 的顺序统计量. 显然, 有

$$X_{(1)}=\min\{X_1,X_2,\cdots,X_n\},\quad X_{(n)}=\max\{X_1,X_2,\cdots,X_n\}$$

称 $X_{(1)}$ 为最小顺序统计量, $X_{(n)}$ 为最大顺序统计量.

8. 最大最小顺序统计量的分布函数

设 $X_1,X_2,\cdots,X_n$ 是来自总体 X 的简单随机样本, 且总体 X 的分布函数为 $F(x)$, 则最大顺序统计量 $X_{(n)}=\max\{X_1,X_2,\cdots,X_n\}$ 的分布函数为

$$F_{\max}(x)=F^n(x).$$

且最小顺序统计量 $X_{(1)} = \min\{X_1, X_2, \cdots, X_n\}$ 的分布函数为

$$F_{\min}(x) = 1 - [1 - F(x)]^n,$$

【证明】

$$\begin{aligned}
F_{\max}(x) &= P\left\{X_{(n)} \leqslant x\right\} = P(\max\{X_1, X_2, \cdots, X_n\} \leqslant x) \\
&= P\{X_1 \leqslant x, X_2 \leqslant x, \cdots, X_n \leqslant x\} \\
&= P\{X_1 \leqslant x\} P\{X_2 \leqslant x\} \cdots P\{X_n \leqslant x\} \\
&= F_{X_1}(x) F_{X_2}(x) \cdots F_{X_n}(x) = F^n(x). \\
F_{\min}(x) &= P\left\{X_{(1)} \leqslant x\right\} = P\{\min\{X_1, X_2, \cdots, X_n\} \leqslant x\} \\
&= 1 - P\{\min\{X_1, X_2, \cdots, X_n\} > x\} \\
&= 1 - P\{X_1 > x, X_2 > x, \cdots, X_n > x\} \\
&= 1 - P\{X_1 > x\} P\{X_2 > x\} \cdots P\{X_n > x\} \\
&= 1 - (1 - P\{X_1 \leqslant x\})(1 - P\{X_2 \leqslant x\}) \cdots (1 - P\{X_n \leqslant x\}) \\
&= 1 - [1 - F_{X_1}(x)][1 - F_{X_2}(x)] \cdots [1 - F_{X_n}(x)] \\
&= 1 - [1 - F(x)]^n.
\end{aligned}$$

三、三大抽样分布

1. χ^2 分布

(1) 设随机变量 $X_1, X_2, \cdots, X_n$ 相互独立, 且都服从标准正态分布 $N(0,1)$, 则称统计量

$$\chi^2 = X_1^2 + X_2^2 + \cdots + X_n^2$$

服从自由度为 n 的 χ^2 分布, 记为 $\chi^2 \sim \chi^2(n)$. (n 个相互独立的标准正态分布的平方和)

(2) χ^2 分布的密度函数

设随机变量 χ^2 服从自由度为 n 的 χ^2 分布, 则 χ^2 的密度函数为

$$f(x) = \begin{cases} \dfrac{1}{2^{\frac{n}{2}} \Gamma\left(\dfrac{n}{2}\right)} x^{\frac{n}{2}-1} \mathrm{e}^{-\frac{x}{2}}, & x > 0, \\ 0, & x \leqslant 0. \end{cases}$$

其中伽马函数 $\Gamma(n) = \displaystyle\int_0^{+\infty} x^{n-1} \mathrm{e}^{-x} \mathrm{d}x$, 且 $f(x)$ 的图形如图 6.1 所示.

(3) χ^2 分布的上 α 分位点

如图 6.2 所示, 设随机变量 χ^2 服从自由度为 n 的 χ^2 分布, 即 $\chi^2 \sim \chi(n)$, α 为区间 $(0,1)$ 上任意给定的常数, 若存在某个实数 $\chi_\alpha^2(n)$, 使得 $P\left\{\chi^2 > \chi_\alpha^2(n)\right\} = \alpha$, 则称 $\chi_\alpha^2(n)$ 为 χ^2 分布的上 α 分位点.

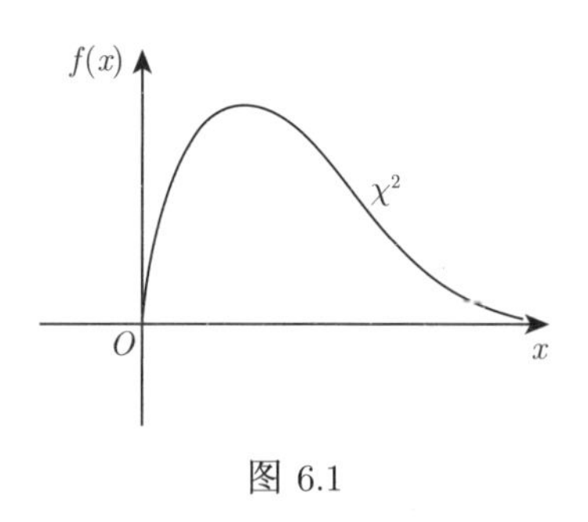

图 6.1

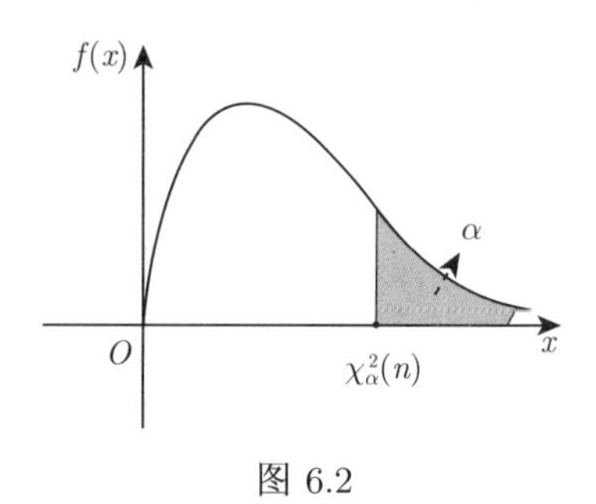

图 6.2

(4) χ^2 分布的性质

① 若 $X\sim\chi^2(n),Y\sim\chi^2(m)$, 且 X 与 Y 相互独立, 则 $X+Y\sim\chi^2(n+m)$.

② 若 $X\sim\chi^2(n)$, 则 $EX=n,DX=2n$.

2. t 分布

(1) 设随机变量 $X\sim N(0,1),Y\sim\chi^2(n)$, 且 X 与 Y 相互独立, 则称随机变量 $T=\dfrac{X}{\sqrt{\dfrac{Y}{n}}}$ 服从自由度为 n 的 t 分布, 记为 $T\sim t(n)$.

(2) t 分布的密度函数

若随机变量 T 服从自由度为 n 的分布, 即 $T\sim t(n)$, 则随机变量 T 的密度函数为

$$f(x)=\frac{\Gamma\left(\dfrac{n+1}{2}\right)}{\sqrt{n\pi}\Gamma\left(\dfrac{n}{2}\right)}\left(1+\frac{x^2}{n}\right)^{-\frac{n+1}{2}},-\infty<x<+\infty.$$

且 $f(x)$ 的大致图形如图 6.3 所示.

【规律总结】 t 分布的密度函数是偶函数, 它的图像是关于 y 轴对称, 与标准正态分布的图像类似, 故 $X\sim t(n),EX=0$. 当 t 分布的自由度 n 充分大时, t 分布的密度函数近似服从标准正态分布.

(3) t 分布的上 α 分位点

设随机变量 t 服从自由度为 n 的 t 分布, 即 $t\sim t(n)$, α 为区间 $(0,1)$ 上任意给定的常数, 若存在某个实数 $t_\alpha(n)$, 使得 $P\{t>t_\alpha(n)\}=\alpha$, 则称 $t_\alpha(n)$ 为 t 分布的上 α 分位点.

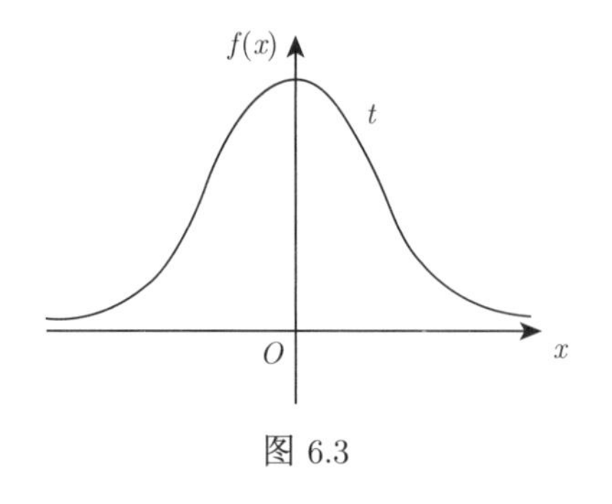

图 6.3

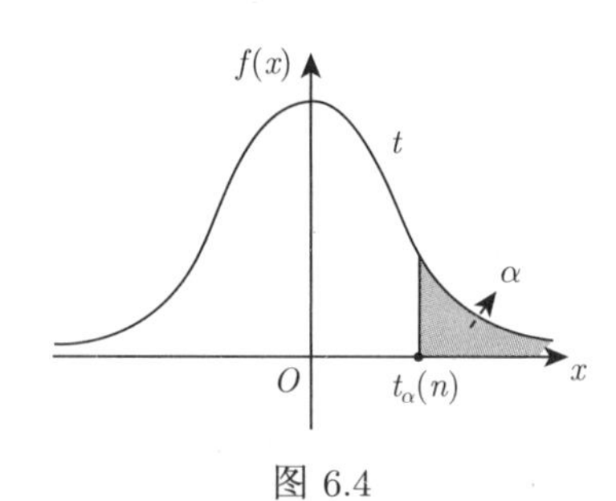

图 6.4

(4) t 分布的简单性质

由 t 分布的密度函数 $f(x)$ 的图形 (图 6.4) 可知

$$P\{T > t_\alpha(n)\} = P\{T < -t_{1-\alpha}(n)\},$$

所以 $t_\alpha(n) = -t_{1-\alpha}(n)$.

3. $F(m,n)$ 分布

(1) 设随机变量 $X \sim \chi^2(m), Y \sim \chi^2(n)$, 且 X, Y 相互独立, 则称随机变量

$$F = \frac{X/m}{Y/n}$$

服从第一自由度为 m, 第二自由度为 n 的 F 分布, 记为 $F \sim F(m,n)$.

(2) $F(m,n)$ 分布密度函数

若随机变量 F 服从第一自由度为 m, 第二自由度为 n 的 F 分布, 即 $F \sim F(m,n)$, 则随机变量 F 的密度函数为

$$f(x) = \begin{cases} \dfrac{\Gamma\left(\dfrac{n+m}{2}\right)}{\Gamma\left(\dfrac{m}{2}\right)\Gamma\left(\dfrac{n}{2}\right)}\left(\dfrac{m}{n}\right)\left(\dfrac{m}{n}x\right)^{\frac{m}{2}-1}\left(1+\dfrac{m}{n}x\right)^{-\frac{m+n}{2}}, & x \geqslant 0, \\ 0, & x < 0. \end{cases}$$

且 $f(x)$ 的图形如图 6.5 所示.

(3) $F(m,n)$ 分布上 α 分位点

设随机变量 F 服从第一自由度为 m, 第二自由度为 n 的 F 分布, 即 $F \sim F(m,n)$, α 为区间 $(0,1)$ 上任意给定的常数, 若存在某个实数 $F_\alpha(m,n)$, 使得 $P\{F > F_\alpha(m,n)\} = \alpha$, 则称 $F_\alpha(m,n)$ 为 F 分布的上 α 分位点 (图 6.6).

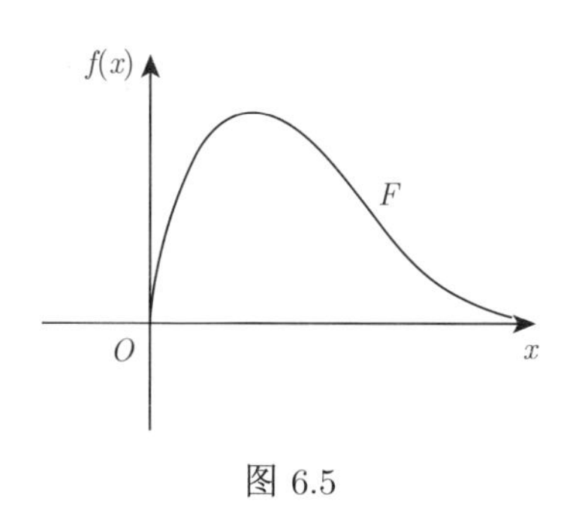

图 6.5

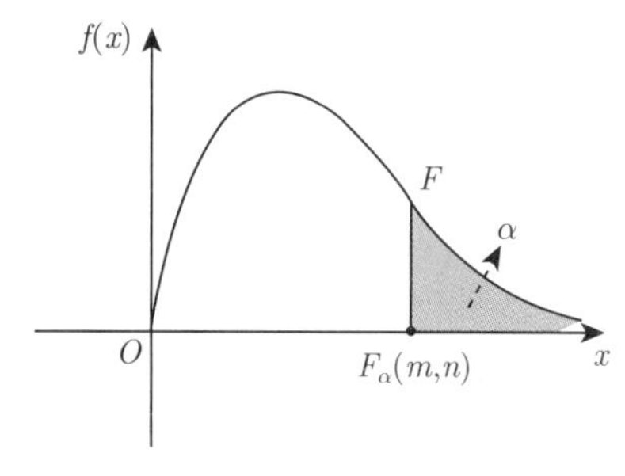

图 6.6

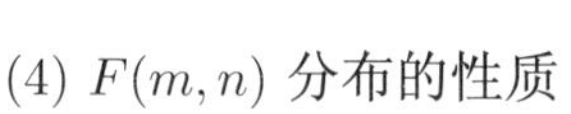
(4) $F(m,n)$ 分布的性质

①若 $F \sim F(m,n)$, 则 $\dfrac{1}{F} \sim F(n,m)$.

②若 $T \sim t(n)$, 则 $T^2 \sim F(1,n)$, $\dfrac{1}{T^2} \sim F(n,1)$.

③ $F_{1-\alpha}(m,n) = \dfrac{1}{F_\alpha(n,m)}$.

【证明】 设 $F \sim F(m,n)$, 则 $\dfrac{1}{F} \sim F(n,m)$. 因此有

$$\begin{aligned}1-\alpha &= P\{F > F_{1-\alpha}(m,n)\} = P\left\{\frac{1}{F} < \frac{1}{F_{1-\alpha}(m,n)}\right\} \\ &= 1 - P\left\{\frac{1}{F} \geqslant \frac{1}{F_{1-\alpha}(m,n)}\right\} = 1 - P\left\{\frac{1}{F} > \frac{1}{F_{1-\alpha}(m,n)}\right\}\end{aligned}$$

故
$$P\left\{\frac{1}{F} > \frac{1}{F_{1-\alpha}(m,n)}\right\} = \alpha.$$

因为 $P\left\{\dfrac{1}{F} > F_\alpha(n,m)\right\} = \alpha$, 所以 $F_{1-\alpha}(m,n) = \dfrac{1}{F_\alpha(n,m)}$.

题型1 χ^2分布的应用

【例 1】 若 $X \sim N(0,\sigma^2)$, 求 DX^2. □□□

【解析】 由题设得, $\dfrac{X-0}{\sigma} \sim N(0,1)$, 即 $\dfrac{X^2}{\sigma^2} \sim \chi^2(1)$. 由 χ^2 分布的性质知 $D\left(\dfrac{X^2}{\sigma^2}\right) = 2$, 故有 $DX^2 = 2\sigma^4$.

【例 2】 设随机变量 X 和 Y 都服从标准正态分布, 则 (　　).

(A) $X+Y$ 服从正态分布.　　(B) X^2+Y^2 服从 χ^2 分布.

(C) X^2 和 Y^2 都服从 χ^2 分布.　　(D) $\dfrac{X^2}{Y^2}$ 服从 F 分布. □□□

【解析】 当随机变量 X 和 Y 都服从正态分布, 且两者相互独立时, (A), (B), (C), (D) 四选项均成立. 当未给出 X,Y 相互独立这一条件, (A), (B), (D) 均不一定成立, 故选 (C).

【例 3】设 $X_1,X_2,\cdots,X_n(n \geqslant 2)$ 为来自总体 $N(\mu,1)$ 的简单随机样本, 记 $\overline{X} = \dfrac{1}{n}\sum\limits_{i=1}^{n} X_i$, 则下列结论中不正确的是 (　　).

(A) $\sum\limits_{i=1}^{n}(X_i-\mu)^2$ 服从 χ^2 分布.　　(B) $2(X_n-X_i)^2$ 服从 χ^2 分布.

(C) $\sum\limits_{i=1}^{n}(X_i-\overline{X})^2$ 服从 χ^2 分布.　　(D) $n(\overline{X}-\mu)^2$ 服从 χ^2 分布. □□□

【解析】 (A) 选项 $X_i-\mu \sim N(0,1)$ 所以 $\sum\limits_{i=1}^{n}(X_i-\mu)^2 \sim \chi^2(n)$;

(B) 选项 $X_n - X_i \sim N(0,2)$ 所以 $\dfrac{(X_n-X_i)^2}{2} \sim \chi^2(1)$, 从而 $2(X_n-X_i)^2$ 不服从 χ^2 发布;

(C) 选项 $\sum\limits_{i=1}^{n}(X_i-\overline{X})^2 \sim \chi^2(n-1)$;

(D) 选项 $\overline{X}-\mu \sim N\left(0,\dfrac{1}{n}\right)$, 所以 $n(\overline{X}-\mu)^2 \sim \chi^2(1)$.

故选 (B).

【例 4】 设 X_1,X_2,X_3,X_4 是来自正态总体 $N(0,2^2)$ 的简单随机样本, $X=a(X_1-2X_2)^2+b(3X_3-4X_4)^2$. 则当 $a=$________, $b=$________时, 统计量 X 服从 χ^2 分布, 其自由度为________.

□□□

【解析】 根据 χ^2 分布的定义, 若 $Y_1,Y_2,\cdots,Y_m$ 服从标准正态分布, 则 $Y=Y_1^2+Y_2^2+\cdots+Y_m^2$ 服从自由度为 m 的 χ^2 分布. 对于本题, 若 X 服从 χ^2 分布, 则 $m=2$, 且须

$$\sqrt{a}(X_1-2X_2)\sim N(0,1);\quad \sqrt{b}(3X_3-4X_4)\sim N(0,1).$$

于是
$$D\left[\sqrt{a}(X_1-2X_2)\right]=(a+4a)DX_1=5a\times 2^2=1,\ 即\ a=\frac{1}{20}.$$

$$D\left[\sqrt{b}(3X_3-4X_4)\right]=(9b+16b)DX_1=25b\times 2^2=1,\ 即\ b=\frac{1}{100}.$$

故 $a=\dfrac{1}{20},b=\dfrac{1}{100}$, 自由度为 2.

题型2 t分布的应用

【例 1】 设 $X_1,X_2,\cdots,X_n$ 来自正态总体 $N(\mu,\sigma^2)$ 的简单随机样本, $\overline{X}$ 是样本均值, 记

$$S_1^2=\frac{1}{n-1}\sum_{i=1}^{n}(X_i-\overline{X})^2,\quad S_2^2=\frac{1}{n}\sum_{i=1}^{n}(X_i-\overline{X})^2,$$

$$S_3^2=\frac{1}{n-1}\sum_{i=1}^{n}(X_i-\mu)^2,\quad S_4^2=\frac{1}{n}\sum_{i=1}^{n}(X_i-\mu)^2,$$

则服从自由度为 $n-1$ 的 t 分布的随机变量是 ( ).

(A) $t=\dfrac{\overline{X}-\mu}{\dfrac{S_1}{\sqrt{n-1}}}$. (B) $t=\dfrac{\overline{X}-\mu}{\dfrac{S_2}{\sqrt{n-1}}}$. (C) $t=\dfrac{\overline{X}-\mu}{\dfrac{S_3}{\sqrt{n}}}$. (D) $t=\dfrac{\overline{X}-\mu}{\dfrac{S_4}{\sqrt{n}}}$.

□□□

【解析】 因为 $X_1,X_2,\cdots,X_n$ 为来自总体 $N(\mu,\sigma^2)$ 的简单随机样本, $\overline{X}$ 为样本均值, 由正态总体抽样分布的性质知,

$$U=\frac{\overline{X}-\mu}{\dfrac{\sigma}{\sqrt{n}}}\sim N(0,1),\quad V=\frac{\displaystyle\sum_{i=1}^{n}(X_i-\overline{X})^2}{\sigma^2}=\frac{nS_2^2}{\sigma^2}\sim\chi^2(n-1),$$

并且 U,V 相互独立, 于是 $\dfrac{U}{\sqrt{\dfrac{V}{n-1}}}=\dfrac{\overline{X}-\mu}{\dfrac{S_2}{\sqrt{n-1}}}$ 服从自由度为 $n-1$ 的 t 分布. 故选 (B).

【例 2】 设随机变量 X 和 Y 相互独立且都服从正态分布 $N(0,3^2)$, 而 $X_1,X_2,\cdots,X_9$ 和 $Y_1,Y_2,\cdots,Y_9$ 分别是来自总体的 X 和 Y 简单随机样本, 则统计量 $U=\dfrac{X_1+X_2+\cdots+X_9}{\sqrt{Y_1^2+\cdots+Y_9^2}}$ 服从分布________; 参数为________. □□□

【解析】 由题设知: $X_1,X_2,\cdots,X_9,Y_1,Y_2,\cdots,Y_9$ 相互独立同正态分布 $N(0,3^2)$, 于是

$$\frac{X_i}{3}\sim N(0,1),\quad \frac{Y_i}{3}\sim N(0,1), i=1,\cdots,9.$$

则

$$\frac{X_1}{3}+\cdots+\frac{X_9}{3}\sim N(0,9),\text{ 即 }\frac{X_1+\cdots+X_9}{9}\sim N(0,1),$$

$$\left(\frac{Y_1}{3}\right)^2+\cdots+\left(\frac{Y_9}{3}\right)^2=\frac{Y_1^2+\cdots+Y_9^2}{9}\sim\chi^2(9),$$

因此

$$U=\frac{X_1+\cdots+X_9}{\sqrt{Y_1^2+\cdots+Y_9^2}}=\frac{\dfrac{X_1+\cdots+X_9}{9}}{\sqrt{\dfrac{Y_1^2+\cdots+Y_9^2}{9\times 9}}}\sim t(9).$$

故服从自由度为 9 的 t 分布.

【例 3】 设 X_1,X_2,X_3,X_4 设来自总体 $N(1,\sigma^2)(\sigma>0)$ 的简单随机样本, 则统计量 $\dfrac{X_1-X_2}{|X_3+X_4-2|}$ 的分布为(　　).

(A) $N(0,1)$.　(B) $t(1)$.　(C) $\chi^2(1)$.　(D) $F(1,1)$. □□□

【解析】 由题设知, $X_1-X_2\sim N(0,2\sigma^2), X_3+X_4-2\sim N(0,2\sigma^2)$, 即

$$\frac{X_1-X_2}{\sqrt{2}\sigma}\sim N(0,1),\frac{X_3+X_4-2}{\sqrt{2}\sigma}\sim N(0,1)\text{ 且 }\left(\frac{X_3+X_4-2}{\sqrt{2}\sigma}\right)^2\sim\chi^2(1),$$

所以

$$\frac{X_1-X_2}{|X_3+X_4-2|}=\frac{\dfrac{X_1-X_2}{\sqrt{2}\sigma}}{\left|\dfrac{X_3+X_4-2}{\sqrt{2}\sigma}\right|}\sim t(1).$$

故选 (B).

【例 4】 设 $X_1,X_2,\cdots,X_9$ 是来自正态总体 X 的简单随机样本,

$$Y_1=\frac{1}{6}(X_1+\cdots+X_6),\quad Y_2=\frac{1}{3}(X_7+X_8+X_9),$$

$$S^2=\frac{1}{2}\sum_{i=7}^{9}(X_i-Y_2)^2,\quad Z=\frac{\sqrt{2}(Y_1-Y_2)}{S},$$

证明: 统计量 Z 服从自由度为 2 的 t 分布. □□□

【解析】 记 $DX=\sigma^2$ (未知). 易见 $EY_1=EY_2, DY_1=\dfrac{\sigma^2}{6}, DY_2=\dfrac{\sigma^2}{3}$.

由于 Y_1 和 Y_2 独立, 可见 $E(Y_1-Y_2)=0$,

$$D(Y_1-Y_2)=\frac{\sigma^2}{6}+\frac{\sigma^2}{3}=\frac{\sigma^2}{2}.$$

从而
$$U=\frac{Y_1-Y_2}{\frac{\sigma}{\sqrt{2}}}\sim N(0,1).$$

由正态总体样本方差的性质, 知 $\chi^2=\frac{2S^2}{\sigma^2}$, 服从自由度为 2 的 χ^2 分布.

由于 Y_1 和 Y_2, Y_1 和 S^2 独立, 以及 Y_2 和 S^2 独立, 可见 Y_1-Y_2 与 S^2 独立.

于是知
$$Z=\frac{\sqrt{2}(Y_1-Y_2)}{S}=\frac{U}{\sqrt{\frac{\chi^2}{2}}},$$
服从自由度为 2 的 t 分布.

题型3 $F(m,n)$分布的应用

【例 1】 设总体 X 服从正态分布 $N(0,0.2^2)$, 而 $X_1,X_1,\cdots,X_{15}$ 是来自总体 X 的简单随机样本, 则随机变量
$$Y=\frac{X_1^2+\cdots+X_{10}^2}{2(X_{11}^2+\cdots+X_{15}^2)}$$
服从________分布, 参数为________. □□□

【解析】 由于 $X_i\sim N(0,2^2)$, 则 $\frac{1}{2}X_i\sim N(0,1)$.

故
$$U=\frac{1}{4}X_1^2+\cdots+\frac{1}{4}X_{10}^2\sim\chi^2(10),\quad V=\frac{1}{4}X_{11}^2+\cdots+\frac{1}{4}X_{15}^2\sim\chi^2(5),$$
$$Y=\frac{U/10}{V/5}\sim F(10,5).$$

【例 2】 设随机变量 $X\sim t(n)(n>1), Y=\frac{1}{X^2}$, 则 (　　).

(A) $Y\sim\chi^2(n)$.　(B) $Y\sim\chi^2(n-1)$.　(C) $Y\sim F(n,1)$.　(D) $Y\sim F(1,n)$.

□□□

【解析】 设 $W\sim N(0,1), Z\sim\chi^2(n)$, 且 W,Z 独立, 则 $X=\frac{W}{\sqrt{Z/n}}\sim t(n)$. 又 $W\sim N(0,1)$, 所以 $W^2\sim\chi^2(1)$, 所以 $\frac{1}{X^2}=\frac{Z/n}{W^2/1}$, 按定义为 $F(n,1)$. 故选 (C).

【例 3】 设 $X_1,X_2,\cdots,X_n(n\geqslant 2)$ 为来自总体 $N(0,1)$ 的简单随机样本, $\overline{X}$ 为样本均值, S^2 为样本方差, 则 (　　).

(A) $n\overline{X}\sim N(0,1)$.

(B) $nS^2\sim\chi^2(n)$.

(C) $\frac{(n-1)\overline{X}}{S}\sim t(n-1)$.

(D) $\frac{(n-1)X_1^2}{\sum\limits_{i=2}^{n}X_i^2}\sim F(1,n-1)$. □□□

【解析】 由于 $n\overline{X} \sim N(0,n)$, 所以不能选 (A). 由 $(n-1)S^2 \sim X^2(n-1)$ 知, 不能选 (B).

已知 $\dfrac{\overline{X}-\mu}{S/\sqrt{n}} = \dfrac{\sqrt{n}\overline{X}}{S} \sim t(n-1)$, 而非 $\dfrac{(n-1)\overline{X}}{S} \sim t(n-1)$, 故不能选 (C).

已知如下结论: 设总体 $X \sim N(\mu_1,\sigma_1^2), X_1, X_2, \cdots, X_{n_1}$ 是来自总体 X 的样本; 设总体 $Y \sim N(\mu_2,\sigma_2^2), Y_1, Y_2, \cdots, Y_{n_2}$ 是来自总体 Y 的样本, 且来自两个总体的样本相互独立, 则有

$$F = \frac{n_2\sigma_2^2}{n_1\sigma_1^2} \cdot \frac{\sum\limits_{i=1}^{n_1}(X_i-\mu_1)^2}{\sum\limits_{j=1}^{n_2}(Y_i-\mu_2)^2} \sim F(n_1,n_2),$$

故选 (D).

【例 4】 设随机变量 $X \sim t(n), Y \sim F(1,n)$, 给定 $\alpha(0<\alpha<0.5)$, 常数 c 满足 $P\{X>c\}=\alpha$, 则 $P\{Y>c^2\}=(\quad)$.

(A) α.　　(B) $1-\alpha$.　　(C) 2α.　　(D) $1-2\alpha$.　　□□□

【解析】 由 $X \sim t(n)$, 可得 $X^2 \sim F(1,n)|$, 从而

$$P\{Y>c^2\} = P\{X^2>c^2\} = P\{X>c\} + P\{X<-c\} = 2\alpha,$$

故选 (C).

四、正态分布的抽样分布

1. 一个正态总体的抽样分布

设总体 $X \sim N(\mu,\sigma^2), X_1, X_2, \cdots, X_n$ 是来自总体 X 的简单随机样本, 则

(1) 样本均值的分布

$$\overline{X} \sim N\left(\mu, \frac{\sigma^2}{n}\right), \quad U = \frac{\overline{X}-\mu}{\dfrac{\sigma}{\sqrt{n}}} \sim N(0,1).$$

(2) $\overline{X}$ 为样本均值, $S=\sqrt{S^2}$ 为样本标准差, 则统计量

$$t = \frac{\overline{X}-\mu}{\dfrac{S}{\sqrt{n}}} \sim t(n-1).$$

(3) 样本均值 $\overline{X}$ 与样本方差 S^2 相互独立, 则统计量

$$\frac{(n-1)S^2}{\sigma^2} = \frac{\sum\limits_{i=1}^{n}(X_i-\overline{X})^2}{\sigma^2} \sim \chi^2(n-1).$$

【名师点睛】 因为 $\dfrac{(n-1)S^2}{\sigma^2} \sim \chi^2(n-1)$, 所以有结论

$$D\left(\frac{(n-1)S^2}{\sigma^2}\right) = 2(n-1) \Rightarrow DS^2 = \frac{2\sigma^4}{n-1}.$$

$$ES^4 = DS^2 + (ES^2)^2 = \frac{2\sigma^4}{n-1} + \sigma^4.$$

(4) 统计量

$$\frac{1}{\sigma^2}\sum_{i=1}^{n}(X_i-\mu)^2 \sim \chi^2(n).$$

(5) 样本均值 $\overline{X}$ 与样本方差 S^2 相互独立.

【名师点睛】 区间估计或假设检验使用的统计量如下 (数学一):

(1) 估计或检验 μ, 在 σ^2 已知或未知的情况下, 构造的统计量分别为

$$\begin{cases} \sigma^2 \text{ 已知}: \dfrac{\overline{X}-\mu}{\dfrac{\sigma}{\sqrt{n}}} \sim N(0,1), \\ \sigma^2 \text{ 已知}: \dfrac{\overline{X}-\mu}{\dfrac{S}{\sqrt{n}}} \sim t(n-1). \end{cases}$$

(2) 估计或检验 σ^2, 在 μ 已知或未知的情况下, 构造的统计量分别为

$$\begin{cases} \sigma^2 \text{ 已知}: \dfrac{1}{\sigma^2}\displaystyle\sum_{i=1}^{n}(X_i-\mu)^2 \sim \chi^2(n), \\ \sigma^2 \text{ 已知}: \dfrac{(n-1)S^2}{\sigma^2} \sim \chi^2(n-1). \end{cases}$$

2. 两个正态总体的抽样分布

设 $X_1, X_2, \cdots, X_{n_1}$ 和 $Y_1, Y_2, \cdots, Y_{n_2}$ 分别是来自正态总体 $X \sim N(\mu_1, \sigma_1^2)$ 和 $Y \sim N(\mu_2, \sigma_2^2)$ 的两个相互独立的简单随机样本, 样本均值分别为 $\overline{X}, \overline{Y}$, 样本方差分别为 S_1^2, S_2^2, 则有

(1) 均值差:

$$\overline{X} - \overline{Y} \sim N\left(\mu_1 - \mu_2, \frac{\sigma_1^2}{n_1} + \frac{\sigma_2^2}{n_2}\right).$$

标准化:

$$U = \frac{(\overline{X}-\overline{Y}) - (\mu_1-\mu_2)}{\sqrt{\dfrac{\sigma_1^2}{n_1} + \dfrac{\sigma_2^2}{n_2}}} \sim N(0,1).$$

(2) 统计量 $\dfrac{(n_1-1)S_1^2}{\sigma_1^2} \sim \chi^2(n_1-1)$ 与 $\dfrac{(n_2-1)S_2^2}{\sigma_2^2} \sim \chi^2(n_2-1)$ 相互独立, 由此可知,

$$\frac{(n_1-1)S_1^2}{\sigma_1^2} + \frac{(n_2-1)S_2^2}{\sigma_2^2} \sim \chi^2(n_1+n_2-2),$$

于是, 有统计量

$$T=\frac{\dfrac{(\overline{X}-\overline{Y})-(\mu_1-\mu_2)}{\sqrt{\dfrac{\sigma_1^2}{n_1}+\dfrac{\sigma_2^2}{n_2}}}}{\sqrt{\dfrac{\dfrac{(n_1-1)S_1^2}{\sigma_1^2}+\dfrac{(n_2-1)S_2^2}{\sigma_2^2}}{(n_1+n_2-2)}}}\sim t(n_1+n_2-2).$$

若 $\sigma_1^2=\sigma_2^2$, 则

$$T=\frac{(\overline{X}-\overline{Y})-(\mu_1-\mu_2)}{S_\omega\sqrt{\dfrac{1}{n_1}+\dfrac{1}{n_2}}}\sim t(n_1+n_2-2),$$

其中 $S_\omega^2=\dfrac{(n_1-1)S_1^2+(n_2-1)S_2^2}{n_1+n_2-2}$.

(3)
$$F=\frac{S_1^2\sigma_2^2}{S_2^2\sigma_1^2}\sim F(n_1-1,n_2-1)$$

(4)
$$F=\frac{n_2\sigma_2^2\sum\limits_{n=1}^{n_1}(X_i-\mu_1)^2}{n_1\sigma_1^2\sum\limits_{j=1}^{n_2}(Y_j-\mu_2)^2}\sim F(n_1,n_2)$$

【名师点睛】 重点掌握一个正态总体的抽样分布.

题型4 抽样分布的数字特征

【例 1】 设 $X_1,X_2,\cdots,X_m$ 为来自二项分布总体 $B(n,p)$ 的简单随机样本, $\overline{X}$ 和 S^2 分别为样本均值和样本方差. 若统计量 $T=\overline{X}-S^2$, 则 $ET=$________. □□□

【解析】 由题设得

$$ET=E(\overline{X}-S^2)=E\overline{X}-ES^2=np-np(1-p)=np^2.$$

【例 2】 设总体 X 的概率密度为 $f(x)=\dfrac{1}{2}\mathrm{e}^{-|x|}(-\infty<x<+\infty)$, $X_1,X_2,\cdots,X_n$ 为总体 X 的简单随机样本, 其样本方差为 S^2, 则 $ES^2=$________. □□□

【解析】 因为样本方差的数学期望等于总体的方差, 即 $ES^2=DX$, 而

$$EX=\int_{-\infty}^{+\infty}xf(x)\mathrm{d}x=\int_{-\infty}^{+\infty}x\cdot\frac{1}{2}\mathrm{e}^{-|x|}\mathrm{d}x=0,$$

$$EX^2=\int_{-\infty}^{+\infty}x^2f(x)\mathrm{d}x=\int_0^{+\infty}x^2\mathrm{e}^{-x}\mathrm{d}x=2,$$

故
$$ES^2=DX=EX^2-(EX)^2=2-0=2.$$

【例 3】 设总体 $X\sim B(m,\theta)$, $X_1,X_2,\cdots,X_n$为来自总体的简单随机样本, $\overline{X}$ 为样本均

值, 则 $E\left[\sum_{i=1}^{n}(X_i-\overline{X})^2\right]=(\quad)$.

(A) $(m-1)n\theta(1-\theta)$. (B) $m(n-1)\theta(1-\theta)$.

(C) $(m-1)(n-1)\theta(1-\theta)$. (D) $mn\theta(1-\theta)$. □□□

【解析】 样本方差 $S^2=\frac{1}{n-1}\sum_{i=1}^{n}(X_i-\overline{X})^2$, 且 $ES^2=DX=m\theta(1-\theta)$, 总之

$$E\left[\sum_{i=1}^{n}(X_i-\overline{X})^2\right]=(n-1)E\left[\frac{1}{n-1}\sum_{i=1}^{n}(X_i-\overline{X})^2\right]$$
$$=(n-1)E(S^2)$$
$$=(n-1)m\theta(1-\theta^2).$$

故选 (B).

第三节 专题精讲及解题技巧

专题一 统计量的数字特征综合题

【例 1】 设总体 X 服从正态分布 $N(\mu_1,\sigma^2)$, 总体 Y 服从正态分布 $N(\mu_2,\sigma^2)$, $X_1,X_2,\cdots,X_{n_1}$ 和 $Y_1,Y_2,\cdots,Y_{n_2}$ 分别是来自总体 X 和 Y 的简单随机样本, 则

$$E\left[\frac{\sum_{i=1}^{n_1}(X_i-\overline{X})^2+\sum_{j=1}^{n_2}(Y_j-\overline{Y})^2}{n_1+n_2-2}\right]=\underline{\qquad\qquad}.$$ □□□

【解析】 记

$$S_1^2=\frac{1}{n_1-1}\sum_{i=1}^{n_1}(X_1-\overline{X})^2,\quad S_2^2=\frac{1}{n_2-1}\sum_{j=1}^{n_2}(Y_1-\overline{Y})^2,$$

则
$$E(S_1^2)=E(S_2^2)=\sigma^2,$$

故
$$\text{原式}=E\left[\frac{(n_1-1)S_1^2+(n_2-1)S_2^2}{n_1+n_2-2}\right]$$
$$=\frac{(n_1-1)E(S_1^2)+(n_2-1)E(S_2^2)}{n_1+n_2-2}$$
$$=\sigma^2.$$

【例 2】 设总体 X 服从正态分布 $N(\mu,\sigma^2)(\sigma>0)$, 从该总体中抽取简单随机样本 $X_1,X_2,\cdots,X_{2n}(n\geqslant 2)$, 其样本均值为 $\overline{X}=\frac{1}{2n}\sum_{i=1}^{2n}X_i$, 求统计量 $Y=\sum_{i=1}^{n}(X_i+X_{n+i}-2\overline{X})^2$ 的数学期望 $E(Y)$. □□□

【解析 1】 考虑 $(X_1+X_{n+1}),(X_2+X_{n+2}),\cdots,(X_n+X_{n+2n})$, 将其视为取自总体 $N(2\mu,2\sigma^2)$ 的简单随机样本.

则其样本均值为 $\frac{1}{n}\sum_{i=1}^{n}(X_i+X_{n+i})=\frac{1}{n}\sum_{i=1}^{2n}X_i=2\overline{X}$, 样本方差为 $\frac{1}{n-1}Y$.

由于 $E\left(\frac{1}{n-1}Y\right)=2\sigma^2$, 所以

$$E(Y)=(n-1)(2\sigma^2)=2(n-1)\sigma^2.$$

【解析 2】 记

$$\overline{X}'=\frac{1}{n}\sum_{i=1}^{n}X_i,\overline{X}''=\frac{1}{n}\sum_{i=1}^{n}X_{n+i},$$

显然有 $2\overline{X}=\overline{X}'+\overline{X}''$. 因此

$$\begin{aligned}E(Y)&=E\left[\sum_{i=1}^{n}(X_i+X_{n+i}-2\overline{X})^2\right]=E\left\{\sum_{i=1}^{n}\left[(X_i-\overline{X}')+(X_{n+i}-\overline{X}'')\right]^2\right\}\\&=E\left\{\sum_{i=1}^{n}\left[(X_i-\overline{X}')^2\right]+2\left[(X_i-\overline{X}')(X_{n+i}-\overline{X}'')\right]+(X_{n+i}-\overline{X}'')^2\right\}\\&=E\left[\sum_{i=1}^{n}(X_i-\overline{X}')^2\right]+0+E\left[\sum_{i=1}^{n}(X_{n+i}-\overline{X}'')^2\right]\\&=(n-1)\sigma^2+(n-1)\sigma^2\\&=2(n-1)\sigma^2.\end{aligned}$$

【例 3】 设 $X_1,X_2,\cdots,X_n$ 是总体 $N(\mu,\sigma^2)$ 的简单随机样本. 记

$$\overline{X}=\frac{1}{n}\sum_{i=1}^{n}X_i,\quad S^2=\frac{1}{n-1}\sum_{i=1}^{n}(X_i-\overline{X})^2,\quad T=\overline{X}^2-\frac{1}{n}S^2.$$

(Ⅰ) 证明 T 是 μ^2 的无偏估计量;

(Ⅱ) 当 $\mu=0,\sigma=1$ 时, 求 DT. □□□

【证明】 (Ⅰ) 因为

$$\begin{aligned}ET&=E\left(\overline{X}^2-\frac{1}{n}S^2\right)=E\overline{X}^2-\frac{1}{n}ES^2\\&=(E\overline{X})^2+D\overline{X}-\frac{1}{n}ES^2=\mu^2+\frac{\sigma^2}{n}-\frac{\sigma^2}{n}=\mu^2,\end{aligned}$$

所以 T 是 μ^2 的无偏估计量.

【解析 1】 (Ⅱ) 当 $\mu=0,\sigma=1$ 时,

$$\sqrt{n}\,\overline{X}\sim N(0,1),\quad (\sqrt{n}\,\overline{X})^2\sim\chi^2(1),\quad (n-1)S^2\sim\chi^2(n-1),$$

从而

$$D(\sqrt{n}\,\overline{X})^2=2,\quad D((n-1)S^2)=2(n-1),$$

故

$$\begin{aligned}DT&=D\left(\overline{X}^2-\frac{1}{n}S^2\right)\ (\text{注意 }\overline{X}\text{ 与 }S^2\text{ 独立})\\&=D\overline{X}^2+\frac{1}{n^2}DS^2\\&=\frac{1}{n^2}D(\sqrt{n}\,\overline{X})^2+\frac{1}{n^2}\cdot\frac{1}{(n-1)^2}D\left[(n-1)S^2\right]\\&=\frac{1}{n^2}\cdot2+\frac{1}{n^2}\cdot\frac{1}{(n-1)^2}\cdot2(n-1)\\&=\frac{2}{n^2}\cdot\left(1+\frac{1}{n-1}\right)=\frac{2}{n(n-1)}.\end{aligned}$$

【解析 2】 当 $\mu=0,\sigma=1$ 时

$$\overline{X}\sim N\left(0,\frac{1}{n}\right),\quad E\overline{X}^2=\frac{1}{n},\quad E\overline{X}^4=\frac{3}{n^2},$$

$$(n-1)S^2\sim\chi^2(n-1),\quad D((n-1)S^2)=2(n-1),$$

从而

$$D(S^2)=\frac{2}{n-1},\quad E(S^4)=D(S^2)+(ES^2)^2=\frac{2}{n-1}+1=\frac{n+1}{n-1},$$

则

$$\begin{aligned}DT&=ET^2-(ET)^2\\&=E(\overline{X}^4)-\frac{2}{n}E(\overline{X}^2S^2)+\frac{1}{n^2}E(S^4)\\&=E\overline{X}^4-\frac{2}{n}E\overline{X}^2\cdot ES^2+\frac{1}{n^2}ES^4\\&=\frac{3}{n^2}-\frac{2}{n}\times\frac{1}{n}\times1+\frac{1}{n^2}\times\frac{n+1}{n-1}\\&=\frac{2}{n(n-1)}.\end{aligned}$$

第七章 参数估计

第一节 考试要求及考点精讲

一、考试要求

考试要求	科目	考试内容
了解	数学一	估计量的无偏性、有效性 (最小方差性) 和一致性 (相合性) 的概念
理解	数学一 数学三	参数的点估计
	数学一	估计量与估计值的概念; 区间估计的概念
会	数学一	验证估计量的无偏性; 求单个正态总体的均值和方差的置信区间; 求两个正态总体的均值差和方差比的置信区间
掌握	数学一 数学三	矩估计法 (一阶矩、二阶矩) 和最大似然估计法

二、考点精讲

重点掌握矩估计和最大似然估计计算.

本章的难点, 一个是矩估计中一阶矩失效的时候, 采取二阶矩估计代替. 二是极大似然估计中导数不为零的时候, 利用单调性, 在端点处求极大似然估计.

数学一的难点是估计量的判别标准: 无偏性, 有效性和一致性. 无偏性就是求估计量的期望, 要求系数为 1, 有效性求估计量的方差, 越小越有效, 一致性要结合大数定律来证明.

第二节 内容精讲及典型题型

一、点估计

1. 参数的点估计

设总体 X 的分布函数 $F(x,\theta)$ 的形式已知, 其中 θ 为待估参数. $X_1, X_2, \cdots, X_n$ 是来自

总体 X 的简单随机样本, $x_1,x_2,\cdots,x_n$ 是样本 $X_1,X_2,\cdots,X_n$ 对应的观测值. 点估计就是构造一个适当的统计量 $\theta=\theta(X_1,X_2,\cdots,X_n)$, 用它的观测值 $\hat{\theta}(x_1,x_2,\cdots,x_n)$ 去估计未知参数 θ, 称统计量 $\theta=\theta(X_1,X_2,\cdots,X_n)$ 为未知参数 θ 的估计量, 称 $\hat{\theta}(x_1,x_2,\cdots,x_n)$ 为未知参数 θ 的估计值.

2. 矩估计

设总体 X 为连续型随机变量, 其概率密度为 $f(x,\theta_1,\theta_2,\cdots,\theta_k)$, 或 X 为离散型随机变量, 其分布律为 $P\{X=x\}=p(x;\theta_1,\theta_2,\cdots,\theta_k)$, 其中 $\theta_1,\theta_2,\cdots,\theta_t$ 为待估参数. X_1, $X_2,\cdots,X_n$ 是来自总体 X 的简单随机样本, 若总体 X 的 k 阶原点矩存在, 则样本的 k 阶原点矩依概率收敛于总体的 k 阶原点矩, 即

$$A_l=\frac{1}{n}\sum_{i=1}^{n}X_i^l\xrightarrow{P}EX^l=\int_{-\infty}^{+\infty}x^lf(x;\theta_1,\theta_2,\cdots,\theta_k)\mathrm{d}x,$$

或

$$A_l=\frac{1}{n}\sum_{i=1}^{n}X_i^l\xrightarrow{P}EX^l=\sum_{x\in R_X}x^lp(x;\theta_1,\theta_2,\cdots,\theta_k),$$

其中 $l=1,2,\cdots,k$.

【名师点睛】 矩估计的基本思想, 样本的 k 阶原点矩会依概率收敛于总体的 k 阶原点矩, 即当样本容量 n 充分大时, $\frac{1}{n}\sum_{i=1}^{n}X_i^l$ 在概率的意义下近似等于 EX^l, 则在估计的意义下, 令

$$\frac{1}{n}\sum_{i=1}^{n}X_i^l=EX^l,l=1,2,\cdots,k.$$

【规律总结】 矩估计的解题步骤

(1) 若总体 X 中只有一个未知参数 θ, 令样本的均值等于总体的期望, 即

$$\frac{1}{n}\sum_{i=1}^{n}X_i=EX,$$

解出未知参数 θ, 得未知参数 θ 的矩估计量 $\hat{\theta}=\hat{\theta}(X_1,X_2,\cdots,X_n)$. 若需要求出未知参数 θ 的矩估计值, 则只需将样本观测值 $x_1,x_2,\cdots,x_n$ 代入估计量 $\hat{\theta}=\hat{\theta}(X_1,X_2,\cdots,X_n)$ 中, 得未知参数 θ 的矩估计值 $\hat{\theta}(x_1,x_2,\cdots,x_n)$.

【注】 当总体期望 $EX=0$ 时, 一阶矩估计失效, 就要考虑用二阶矩来估计参数 θ, 即样本平方的均值等于总体平方的期望, 即

$$\frac{1}{n}\sum_{i=1}^{n}X_i^2=EX^2,$$

解出未知参数 θ, 得未知参数 θ 的矩估计量 $\hat{\theta}=\hat{\theta}(X_1,X_2,\cdots,X_n)$.

(2) 若总体 X 中有两个未知参数 θ_1, θ_2, 则令

$$\begin{cases} \dfrac{1}{n}\sum_{i=1}^{n} X_i = EX, \\ \dfrac{1}{n}\sum_{i=1}^{n} X_i^2 = EX^2, \end{cases}$$

解出未知参数 θ_1, θ_2 的矩估计量 $\hat{\theta}_1 = \hat{\theta}_1(X_1, X_2, \cdots, X_n)$, $\hat{\theta}_2 = \hat{\theta}_2(X_1, X_2, \cdots, X_n)$. 将样本观测值 $x_1, x_2, \cdots, x_n$ 代入矩估计量中, 得未知参数的矩估计值 $\hat{\theta}_1(x_1, x_2, \cdots, x_n)$, $\hat{\theta}_2(x_1, x_2, \cdots, x_n)$.

3. 似然函数

(1) 离散情形: 设总体 X 是离散型随机变量, 其分布律为 $P\{X = x\} = P(x; \theta)$, $\theta \in \Theta$ 的形式已知, θ 为待估参数, Θ 为 θ 的可能取值范围. 设 $X_1, X_2, \cdots, X_n$ 是来自总体 X 的简单随机样本, 则 $X_1, X_2, \cdots, X_n$ 的联合分布律为

$$\prod_{i=1}^{n} p(x_i; \theta),$$

又设 $x_1, x_2, \cdots, x_n$ 是样本 $X_1, X_2, \cdots, X_n$ 的一个样本观测值, 则

$$L(\theta) = P\{X_1 = x_1, X_2 = x_2, \cdots, X_n = x_n\} = \prod_{i=1}^{n} P\{X_i = x_i\} = \prod_{i=1}^{n} p(x_i; \theta).$$

这个概率随 θ 的取值而变化, 它是 θ 的函数, $L(\theta)$ 称为样本的似然函数.

(2) 连续情形: 设总体 X 是连续型随机变量, 其概率密度函数为 $f(x, \theta)$, $\theta \in \Theta$ 的形式已知, θ 为待估参数, Θ 为 θ 的可能取值范围. 设 $X_1, X_2, \cdots, X_n$ 是来自总体 X 的简单随机样本, 则 $X_1, X_2, \cdots, X_n$ 联合概率密度为

$$\prod_{i=1}^{n} f(x_i; \theta),$$

又设 $x_1, x_2, \cdots, x_n$ 是样本 $X_1, X_2, \cdots, X_n$ 的一个样本观测值, 则

$$L(\theta) = f(x_1, x_2, \cdots, x_n; \theta) = \prod_{i=1}^{n} f(x_i; \theta).$$

这个概率随 θ 的取值而变化, 它是 θ 的函数, $L(\theta)$ 称为样本的似然函数.

4. 最大似然估计

固定样本观察值 $x_1, x_2, \cdots, x_n$, 在 θ 的取值范围 Θ 内选取使概率 $L(\theta)$ 达到最大的参数值 $\hat{\theta}$, 作为参数 θ 的估计值, 即取 $\hat{\theta}$ 使

$$L(\theta) = L(x_1, x_2, \cdots, x_n; \theta) = \max_{\theta \in \Theta} L(x_1, x_2, \cdots, x_n; \theta),$$

这样得到的 $\hat{\theta}$ 与样本值 $x_1, x_2, \cdots, x_n$ 有关, 记为 $\hat{\theta}(x_1, x_2, \cdots, x_n)$, 称为参数 θ 的最大 (极大) 似然估计值. 相应的 $\hat{\theta}(X_1, X_2, \cdots, X_n)$ 称为参数 θ 的最大 (极大) 似然估计量.

【规律总结】 最大似然估计解题步骤.

(1) 写出似然函数:

$$L(\theta) = L(x_1, x_2, \cdots, x_n; \theta) = \prod_{i=1}^{n} p(x_i; \theta) \text{ (离散)},$$

$$L(\theta) = L(x_1, x_2, \cdots, x_n; \theta) = \prod_{i=1}^{n} f(x_i; \theta) \text{ (连续)},$$

其中 $x_1, x_2, \cdots, x_n$ 为样本观测值, θ 为未知参数.

(2) 取对数: 对似然函数取对数, 得

$$\ln L(\theta) = \sum_{i=1}^{n} \ln p(x_i; \theta) \text{ (离散)}; \quad \ln L(\theta) = \sum_{i=1}^{n} \ln f(x_i; \theta) \text{ (连续)}.$$

(3) 求导数: 一个参数的情况, 对 θ 求导并令

$$\frac{\mathrm{d} \ln L(\theta)}{\mathrm{d}\theta} = 0.$$

两个参数的情况, 对 θ_1, θ_2 求偏导并令

$$\frac{\partial \ln L(\theta)}{\partial \theta_1} = 0, \quad \frac{\partial \ln L(\theta)}{\partial \theta_2} = 0.$$

(4) 判断方程 (组) 是否有解: 若有解, 则其为所求的最大似然估计; 若无解, 则最大似然估计常在参数的边界上达到.

题型1 矩估计和最大似然估计

【例 1】 设总体 X 的概率密度为

$$f(x; \theta) = \begin{cases} \mathrm{e}^{-(x-\theta)}, & \text{若 } x \geqslant \theta, \\ 0, & \text{若 } x < \theta, \end{cases}$$

而 $X_1, X_2, \cdots, X_n$ 是来自总体 X 的简单随机样本, 则未知参数 θ 的矩估计量为________.

□□□

【解析】 $EX = \int_{-\infty}^{+\infty} x f(x, \theta) \mathrm{d}x = \int_{\theta}^{+\infty} x \mathrm{e}^{-(x-\theta)} \mathrm{d}x = \theta + 1,$

根据矩估计量的定义, 满足 $EX = \overline{X}$ 的 $\hat{\theta}$ 即为 θ 的矩估计量, 因此 $\hat{\theta} = \overline{X} - 1$.

【例 2】 设总体 X 的概率密度为

$$p(x,\lambda)=\begin{cases}\lambda a x^{a-1}\mathrm{e}^{-\lambda x^a}, & 若\ x>0,\\ 0, & 若\ x\leqslant 0,\end{cases}$$

其中 $\lambda>0$ 为未知参数, $a>0$ 是已知常数. 试根据来自总体 X 的简单随机样本 $X_1,X_2,\cdots,X_n$, 求 λ 的最大似然估计量 $\hat{\lambda}$. □□□

【解析】 似然函数为

$$L(x_1,x_2,\cdots,x_n,\lambda)=(\lambda a)^n\mathrm{e}^{-\lambda\sum\limits_{i=1}^{n}x_i^a}\prod_{i=1}^{n}x_i^{a-1},$$

$$\ln L=n\ln\lambda+n\ln a-\lambda\sum_{i=1}^{n}x_i^a+(a-1)\sum_{i=1}^{n}\ln x_i,$$

求导得

$$\frac{\mathrm{d}\ln L}{\mathrm{d}\lambda}=\frac{n}{\lambda}-\sum_{i=1}^{n}x_i^a=0,$$

因此可解得 λ 的最大似然估计量 $$\hat{\lambda}=\frac{n}{\sum\limits_{i=1}^{n}x_i^a}.$$

【例 3】 设总体 X 的概率密度为

$$f(x)=\begin{cases}\lambda^2 x\mathrm{e}^{-\lambda x}, & x>0,\\ 0, & 其他.\end{cases}$$

其中参数 $\lambda(\lambda>0)$ 未知, $X_1,X_2,\cdots,X_n$ 是来自总体 X 的简单随机样本.

(Ⅰ) 求参数 λ 的矩估计量;

(Ⅱ) 求参数 λ 的最大似然估计量. □□□

【解析】 (Ⅰ) $$EX=\int_{-\infty}^{+\infty}xf(x)\mathrm{d}x=\int_0^{+\infty}\lambda^2x^2\mathrm{e}^{-\lambda x}\mathrm{d}x=\frac{2}{\lambda}.$$

令 $\overline{X}=EX$, 即 $\overline{X}=\dfrac{2}{\lambda}$, 得 λ 的矩估计量为 $\hat{\lambda}_1=\dfrac{2}{\overline{X}}$.

(Ⅱ) 设 $x_1,x_2,\cdots,x_n\quad(x_i>0,i=1,2,\cdots,n)$ 为样本观测值, 则似然函数为

$$L(x_1,x_2,\cdots,x_n,\lambda)=\lambda^{2n}\mathrm{e}^{-\lambda\sum\limits_{i=1}^{n}x_i}\prod_{i=1}^{n}x_i,$$

$$\ln L=2n\ln\lambda-\lambda\sum_{i=1}^{n}x_i+\sum_{i=1}^{n}\ln x_i,$$

由 $\dfrac{\mathrm{d}(\ln L)}{\mathrm{d}\lambda}=\dfrac{2n}{\lambda}-\sum\limits_{i=1}^{n}x_i=0$, 得 λ 的最大似然估计量为 $\hat{\lambda}_2=\dfrac{2}{\overline{X}}$.

【例 4】 设总体 X 的概率分布为

X	0	1	2	3
P	θ^2	$2\theta(1-\theta)$	θ^2	$1-2\theta$

其中 $\theta\left(0<\theta<\dfrac{1}{2}\right)$ 是未知参数, 利用总体 X 的如下样本值 3, 1, 3, 0, 3, 1, 2, 3, 求 θ 的矩估计值和最大似然估计值. □□□

【解析】 矩估计, 总体的期望为

$$EX=0\times\theta^2+1\times 2\theta(1-\theta)+2\times\theta^2+3\times(1-2\theta)=3-4\theta$$

样本的均值为
$$\overline{x}=\frac{1}{8}(3+1+3+0+3+1+2+3)=2.$$

令 $EX=\overline{x}$, 即 $3-4\theta=2$, 得 θ 的矩估计值 $\hat{\theta}=\dfrac{1}{4}$.

最大似然估计, 似然函数为

$$L(\theta)=\theta^2\left[2\theta(1-\theta)\right]^2\theta^2(1-2\theta)^4=4\theta^6(1-\theta)^2(1-2\theta)^4.$$

取对数得

$$\ln L(\theta)=\ln 4+6\ln\theta+2\ln(1-\theta)+4\ln(1-2\theta).$$

求导得

$$\frac{\mathrm{d}\ln L(\theta)}{\mathrm{d}\theta}=\frac{6}{\theta}-\frac{2}{1-\theta}-\frac{8}{1-2\theta}=\frac{6-28\theta+24\theta^2}{\theta(1-\theta)(1-2\theta)}.$$

令 $\dfrac{\mathrm{d}\ln L(\theta)}{\mathrm{d}\theta}=0$, 解得 $\theta_1=\dfrac{1}{12}(7+\sqrt{13})$ 不合题意舍去,$\theta_2=\dfrac{1}{12}(7-\sqrt{13})$ 符合题意, 故 θ 的最大似然估计值为 $\hat{\theta}=\dfrac{1}{12}(7-\sqrt{13})$.

【例 5】 设总体 X 的概率密度为

$$f(x,\theta)=\begin{cases}\theta, & 0<x<1,\\ 1-\theta, & 1\leqslant x<2,\\ 0, & \text{其他},\end{cases}$$

其中 θ 是未知参数 $(0<\theta<1)$. $X_1,X_2,\cdots,X_n$ 为来自总体 X 的简单随机样本, 记 N 为样本值 $x_1,x_2,\cdots,x_n$ 中小于 1 的个数. 求 θ 的矩估计和最大似然估计. □□□

【解析】 矩估计, 总体的期望为

$$EX=\int_{-\infty}^{+\infty}xf(x;\theta)\mathrm{d}x=\int_0^1 x\theta\mathrm{d}x+\int_1^2 x(1-\theta)\mathrm{d}x=\frac{3}{2}-\theta,$$

设 $\bar{X}=\dfrac{1}{n}\sum\limits_{i=1}^{n}X_i$, 令 $\dfrac{3}{2}-\theta=\bar{X}$, 解得 θ 的矩估计为 $\hat{\theta}=\dfrac{3}{2}-\bar{X}$.

最大似然估计, 似然函数为

$$L(\theta)=\prod_{i=1}^{n}f(x_i,\theta)=\theta^N(1-\theta)^{n-N},$$

取对数, 得

$$\ln L(\theta)=N\ln\theta+(n-N)\ln(1-\theta),$$

两边对 θ 求导, 得

$$\frac{\mathrm{d}\ln L(\theta)}{\mathrm{d}\theta}=\frac{N}{\theta}-\frac{n-N}{1-\theta}.$$

令 $\frac{\mathrm{d}\ln L(\theta)}{\mathrm{d}\theta}=0$, 得 $\theta=\frac{N}{n}$, 所以 θ 的最大似然估计为 $\hat{\theta}=\frac{N}{n}$.

【例 6】 设某种元件的使用寿命 X 的概率密度为

$$f(x,\theta)=\begin{cases}2\mathrm{e}^{-2(x-\theta)}, & x\geqslant\theta,\\ 0, & x<\theta.\end{cases}$$

其中 $\theta>0$ 为未知参数, 又设 $x_1,x_2,\cdots,x_n$ 是 X 的一组样本观测值, 求参数 θ 的最大似然估计值. □□□

【解析】 似然函数为

$$L(\theta)=L(x_1,x_2,\cdots,x_n,\theta)=\begin{cases}2^n\mathrm{e}^{-2\sum\limits_{i=1}^{\infty}(x_i-\theta)}, & x_i\geqslant\theta(i=1,2,\cdots,n),\\ 0, & 其他.\end{cases}$$

当 $x_i\geqslant\theta(i=1,2\cdots,n)$ 时, $L(\theta)>0$, 取对数, 得

$$\ln L(\theta)=n\ln 2-2\sum_{i=1}^{\infty}(x_i-\theta).$$

因为 $\frac{\mathrm{d}\ln L(\theta)}{\mathrm{d}\theta}=2n>0$, 所以 $L(\theta)$ 单调增加. 由于 θ 必须满足 $\theta\leqslant x_i(i=1,2,\cdots,n)$, 因此当 θ 取 $x_1,x_2,\cdots,x_n$ 中的最小值时, $L(\theta)$ 取最大值. 所以 θ 的最大似然估计值为

$$\hat{\theta}=\min\{x_1,x_2,\cdots,x_n\}.$$

【例 7】 设随机变量 X 的分布函数为

$$F(x;\alpha,\beta)=\begin{cases}1-\left(\frac{\alpha}{x}\right)^{\beta}, & x>\alpha,\\ 0, & x\leqslant\alpha,\end{cases}$$

其中参数 $\alpha>0,\beta>1$. 设 $X_1,X_2,\cdots,X_n$ 为来自总体 X 的简单随机样本.

(Ⅰ) 当 $\alpha=1$ 时, 求未知参数 β 的矩估计量;

(Ⅱ) 当 $\alpha=1$ 时, 求未知参数 β 的最大似然估计量;

(Ⅲ) 当 $\beta=2$ 时, 求未知参数 α 的最大似然估计量. □□□

【解析】 当 $\alpha=1$ 时, X 的概率密度为

$$f(x,\beta)=\begin{cases}\frac{\beta}{x^{\beta+1}}, & x>1,\\ 0, & x\leqslant 1.\end{cases}$$

（Ⅰ）由于 $$EX=\int_{-\infty}^{+\infty}xf(x,\beta)\mathrm{d}x=\int_{1}^{+\infty}x\frac{\beta}{x^{\beta+1}}\mathrm{d}x=\frac{\beta}{\beta-1},$$

令 $\dfrac{\beta}{\beta-1}=\overline{X}$, 解得 $\beta=\dfrac{\overline{X}}{\overline{X}-1}$, 所以参数 β 的矩估计量为

$$\hat{\beta}=\frac{\overline{X}}{\overline{X}-1}.$$

（Ⅱ）对于总体 X 的样本值 $x_1,x_2,\cdots,x_n$, 似然函数为

$$L(\beta)=\prod_{i=1}^{n}f(x_i,\alpha)=\begin{cases}\dfrac{\beta^n}{(x_1,x_2,\cdots,x_n)^{\beta+1}}, & x_i>1(i=1,2,\cdots,n)\\ 0, & \text{其他}.\end{cases}$$

当 $x_i>1(i=1,2,\cdots,n)$ 时, $L(\beta)>0$, 取对数得

$$\ln L(\beta)=n\ln\beta-(\beta+1)\sum_{i=1}^{n}\ln x_i,$$

对 β 求导数, 得

$$\frac{\mathrm{d}\,[\ln L(\beta)]}{\mathrm{d}\beta}=\frac{n}{\beta}-\sum_{i=1}^{n}\ln x_i,$$

令 $$\frac{\mathrm{d}\,[\ln L(\beta)]}{\mathrm{d}\beta}=\frac{n}{\beta}-\sum_{i=1}^{n}\ln x_i=0.$$

解得 $\beta=\dfrac{n}{\sum\limits_{i=1}^{n}\ln x_i}$, 于是 β 的最大似然估计量为 $\hat{\beta}=\dfrac{n}{\sum\limits_{i=1}^{n}\ln X_i}$.

（Ⅲ）当 $\beta=2$ 时, X 的概率密度为

$$f(x,\beta)=\begin{cases}\dfrac{2\alpha^2}{x^3}, & x>\alpha,\\ 0, & x\leqslant\alpha.\end{cases}$$

对于总体 X 的样本值 $x_1,x_2,\cdots,x_n$, 似然函数为

$$L(\alpha)=\prod_{i=1}^{n}f(x_i,\alpha)\begin{cases}\dfrac{2^n\alpha^{2n}}{(x_1,x_2,\cdots,x_n)^3}, & x_i>\alpha(i=1,2,\cdots,n),\\ 0, & \text{其他}.\end{cases}$$

当 $x_i>\alpha$, $i=1,2,\cdots,n$ 时, α 越大, $L(\alpha)$ 越大, 即 α 的最大似然估计值为 $\hat{\alpha}=\min\{x_1,x_2,\cdots,x_n\}$, 于是 α 的最大似然估计量为 $\hat{\alpha}=\min\{X_1,X_2,\cdots,X_n\}$.

二、估计量的评判标准 (仅数学一)

1. 无偏性

设统计量 $\hat{\theta}=\hat{\theta}(X_1,X_2,\cdots,X_n)$ 是未知参数 θ 的估计量, 若 $E\hat{\theta}=\theta$, 则称 $\hat{\theta}$ 为未知参数 θ 的无偏估计量, 否则, 称为有偏估计量.

【名师点睛】 因为 $E\overline{X}=EX, ES^2=DX$, 所以样本均值 $\overline{X}$ 是总体期望 EX 的无偏估计量, 样本方差 S^2 是总体方差 DX 的无偏估计量.

2. 有效性

设统计量 $\hat{\theta}_1=\hat{\theta}_1(X_1,X_2,\cdots,X_n)$ 和 $\hat{\theta}_2=\hat{\theta}_2(X_1,X_2,\cdots,X_n)$ 都是未知参数 θ 的无偏估计量. 若 $D\hat{\theta}_1<D\hat{\theta}_2$, 则称 $\hat{\theta}_1$ 比 $\hat{\theta}_2$ 更有效.

3. 一致性

设 $\hat{\theta}=\hat{\theta}(X_1,X_2,\cdots,X_n)$ 是未知参数 θ 的估计量, 且 $\hat{\theta}=\hat{\theta}(X_1,X_2,\cdots,X_n)$ 依概率收敛于 θ, 即对任意给定的 $\varepsilon<0$, 有 $\lim\limits_{n\to\infty}P\left\{\left|\hat{\theta}-\theta\right|<\varepsilon\right\}=1$, 则称 $\hat{\theta}$ 为 θ 的一致估计量或相合估计量.

【思路点拨】 (1) 因为矩估计的理论是样本的 k 阶原点矩依概率收敛于总体的 k 阶原点矩, 所以矩估计一定是一致估计.

(2) 考查一致性问题, 一般需要利用大数定律来解题.

题型2 估计量的评判标准

【例 1】 设 $X_1,X_2,\cdots,X_m$ 为来自二项分布总体 $B(n,p)$ 的简单随机样本, $\overline{X}$ 和 S^2 分别为样本均值和样本方差. 若 $\overline{X}+kS^2$ 为 np^2 的无偏估计量, 则 $k=$________. □□□

【解析】 由于 $X_1,X_2,\cdots,X_m$ 为来自二项分布总体 $B(n.p)$ 的简单随机样本, $\overline{X}$ 和 S^2 分别为样本均值和样本方差, 故

$$E(\overline{X})=np,\quad E(S^2)=np(1-p),$$

所以由 $E(\overline{X}+kS^2)=np^2$ 知

$$np+knp(1-p)=np^2,$$

解得 $k=-1$.

【例 2】 设总体 X 的概率密度为

$$f(x,\theta)=\begin{cases}\dfrac{2x}{3\theta^2}, & \theta<x<2\theta,\\ 0, & \text{其他},\end{cases}$$

其中 θ 是未知参数, $X_1, X_2, \cdots, X_n$ 为来自总体 X 的简单随机样本, 若 $c\sum\limits_{i=1}^{n} X_i^2$ 是 θ^2 的无偏估计, 则 $c=$________. □□□

【解析】 因为 $E(X^2)=\int_{\theta}^{2\theta} x^2 \cdot \frac{2x}{3\theta^2}\mathrm{d}x=\frac{5}{2}\theta^2$, 从而 $E\left(c\sum\limits_{i=1}^{n} X_i^2\right)=\frac{5nc}{2}\theta^2$.

由于是无偏估计, 故 $\frac{5nc}{2}\theta^2=\theta^2$ 解得, $c=\frac{2}{5n}$.

【例 3】 设总体 X 在 $\left[\theta-\frac{1}{2}, \theta+\frac{1}{2}\right]$ 上服从均匀分布, $X_1, X_2, \cdots, X_n (n>2)$ 是取自总体 X 的一个简单随机样本, 统计量 $\widehat{\theta}_1=\frac{1}{n}\sum\limits_{i=1}^{n} X_i$, $\widehat{\theta}_2=\frac{1}{2}(X_1+X_n)$, 证明: $\widehat{\theta}_1, \widehat{\theta}_2$ 都是 θ 的无偏估计, 并指出哪一个更有效. □□□

【证明】 由题设得, $X \sim U\left[\theta-\frac{1}{2}, \theta+\frac{1}{2}\right]$, 则 $E(X)=\theta, D(X)=\frac{1}{12}$.

$$E(\widehat{\theta}_1)=\frac{1}{n}\sum_{i=1}^{n} E(X_i)=\frac{1}{n}\cdot n\theta=\theta,$$

$$E(\widehat{\theta}_2)=\frac{1}{2}\left[E(X_1)+E(X_n)\right]=\theta.$$

故 $\widehat{\theta}_1, \widehat{\theta}_2$ 都是 θ 的无偏估计.

又
$$D(\widehat{\theta}_1)=\frac{1}{n^2}\sum_{i=1}^{n} D(X_i)=\frac{1}{n^2}\cdot n\cdot\frac{1}{12}=\frac{1}{12n},$$

$$D(\widehat{\theta}_2)=\frac{1}{4}\left[D(X_1)+D(X_n)\right]=\frac{1}{4}\left(\frac{1}{12}+\frac{1}{12}\right)=\frac{1}{24},$$

由于 $n>2$, 所以 $D(\widehat{\theta}_1)<D(\widehat{\theta}_2)$, 从而 $\widehat{\theta}_1$ 比 $\widehat{\theta}_2$ 更有效.

【例 4】 设 n 个随机变量 $X_1, X_2, \cdots, X_n$ 独立同分布, $DX_1=\sigma^2, \overline{X}=\frac{1}{n}\sum\limits_{i=1}^{n} X_i$, $S^2=\frac{1}{n-1}\sum\limits_{i=1}^{n}(X_i-\overline{X})^2$, 则 (　　).

(A) S 是 σ 的无偏估计量.　(B) S 是 σ 的最大似然估计量.

(C) S 是 σ 的相合估计量 (即一致估计量).　(D) S 与 $\overline{X}$ 相互独立. □□□

【解析】 由于 S^2 是 σ^2 的相合估计量, $\sqrt{x}$ 是连续函数, 故 $\sqrt{S^2}$, 即 S 一定也是 σ 的相合估计量. 故选 (C).

【例 5】 设总体 X 服从正态分布 $N(\mu, \sigma^2)$, S^2 为样本方差, 证明 S^2 是 σ^2 的一致估计量. □□□

【证明】 由统计量的性质得 $\frac{(n-1)S^2}{\sigma^2} \sim \chi^2(n-1)$, 故

$$E(S^2)=\sigma^2, \quad D(S^2)=\frac{\sigma^4}{(n-1)^2}D\left(\frac{(n-1)S^2}{\sigma^2}\right)=\frac{2\sigma^4}{n-1}.$$

根据切比雪夫不等式

$$P\left\{\left|S^2-\sigma^2\right|<\varepsilon\right\}\geqslant 1-\frac{D(S^2)}{\varepsilon^2}=1-\frac{2\sigma^4}{(n-1)\varepsilon^2},$$

从而 $\lim\limits_{n\to\infty}P\left\{\left|S^2-\sigma^2\right|<\varepsilon\right\}=1$, 所以 S^2 是 σ^2 的一致估计量.

【例 6】 设总体 $X\sim U(0,\theta)$, $(X_1,X_2,\cdots,X_n)$ 为总体 X 的简单随机样本. 其中 $\overline{X}=\dfrac{1}{n}\sum\limits_{i=1}^{n}X_i$, $X_{(n)}=\max\{X_1,X_2,\cdots,X_n\}$.

证明: (Ⅰ) $\widehat{\theta}_1=2\overline{X}$ 和 $\widehat{\theta}_2=\dfrac{n+1}{n}X_{(n)}$ 都是 θ 的无偏估计量;

(Ⅱ) 比较 $\widehat{\theta}_1,\widehat{\theta}_2$ 的有效性;

(Ⅲ) $\widehat{\theta}_1$ 和 $\widehat{\theta}_2$ 都是 θ 的一致性估计量. □□□

【证明】 (Ⅰ) 由题设 $X\sim U(0,\theta)$, 知 X 的概率密度为

$$f(x;\theta)=\begin{cases}\dfrac{1}{\theta}, & 0<x<\theta,\\ 0, & \text{其他}.\end{cases}$$

X 的分布函数为

$$F(x;\theta)=\begin{cases}0, & x\leqslant 0,\\ \dfrac{x}{\theta}, & 0<x<\theta,\\ 1, & x\geqslant\theta.\end{cases}$$

故 $X_{(n)}$ 的概率分布为

$$F(x;\theta)=\begin{cases}0, & x\leqslant 0,\\ \dfrac{x^n}{\theta^n}, & 0<x<\theta,\\ 1, & x\geqslant\theta.\end{cases}$$

故 $X_{(n)}$ 的概率密度为

$$f_{X_{(n)}}(x)=\begin{cases}\dfrac{nx^{n-1}}{\theta^n}, & 0<x<\theta,\\ 0, & \text{其他}.\end{cases}$$

故

$$E(\widehat{\theta}_1)=E(2\overline{X})=2E(\overline{X})=2EX=2\cdot\frac{\theta}{2}=\theta,$$

$$E(X_{(n)})=\int_0^{\theta}x\frac{nx^{n-1}}{\theta^n}\mathrm{d}x=\frac{n}{n+1}\theta,$$

$$E(\widehat{\theta}_2)=E\left(\frac{n+1}{n}X_{(n)}\right)=\frac{n+1}{n}E\left(X_{(n)}\right)=\frac{n+1}{n}\cdot\frac{n}{n+1}\theta=\theta,$$

故 $\widehat{\theta}_1,\widehat{\theta}_2$ 是 θ 的无偏估计量.

(Ⅱ) 由题设

$$D(\widehat{\theta}_1)=D(2\overline{X})=4D(\overline{X})=\frac{4}{n^2}\sum_{i=1}^{n}D(X_i)=\frac{4}{n^2}\cdot n\cdot\frac{\theta^2}{12}=\frac{\theta^2}{3n}.$$

又因为

$$E(X_{(n)}^2)=\int_0^{\theta}x^2\frac{nx^{n-1}}{\theta^n}\mathrm{d}x=\frac{n}{n+2}\theta^2.$$

$$D(\widehat{\theta}_2)=D\left(\frac{n+1}{n}X_{(n)}\right)=\frac{(n+1)^2}{n^2}\left[E(X_{(n)}^2)-(EX_{(n)})^2\right]=\frac{\theta^2}{n(n+2)}.$$

因为
$$D\widehat{\theta}_2=\frac{\theta^2}{n(n+2)}<\frac{\theta^2}{3n}=D\widehat{\theta}_1,$$
故估计量 $\widehat{\theta}_2$ 比 $\widehat{\theta}_1$ 有效.

(Ⅲ) 由切比雪夫不等式得, 对 $\forall\varepsilon>0$, 当 $n\to\infty$ 时, 有
$$P\left\{\left|\widehat{\theta}_1-\theta\right|\geqslant\varepsilon\right\}\leqslant\frac{D(\widehat{\theta}_1)}{\varepsilon^2}=\frac{\theta^2}{3n\varepsilon^2}\to 0,$$
$$P\left\{\left|\widehat{\theta}_2-\theta\right|\geqslant\varepsilon\right\}\leqslant\frac{D(\widehat{\theta}_2)}{\varepsilon^2}=\frac{\theta^2}{n(n+2)\varepsilon^2}\to 0,$$
所以 $\widehat{\theta}_1$ 和 $\widehat{\theta}_2$ 都是 θ 的一致性估计量.

第三节　专题精讲及解题技巧

专题一　矩估计和最大似然估计综合题

【例 1】 设连续型总体 X 的概率密度为
$$f(x)=\begin{cases}\dfrac{1}{2\theta}, & |x|<\theta,\\ 0, & \text{其他},\end{cases}$$
其中 $\theta>0$ 是未知参数. 1 是来自总体 X 的一个容量为 n 的简单随机样本, 分别用矩估计法和极大似然估计法求 θ 的估计量. □□□

【解析】 矩估计法: 总体 X 的数学期望为
$$E(X)=\int_{-\infty}^{+\infty}xf(x)\mathrm{d}x=0,$$
一阶矩失效, 考虑用二阶矩估计
$$E(X^2)=\int_{-\infty}^{+\infty}x^2f(x)\mathrm{d}x=\int_{-\theta}^{\theta}\frac{x^2}{2\theta}\mathrm{d}x=\frac{\theta^2}{3}.$$
令 $\dfrac{\theta^2}{3}=\dfrac{1}{n}\sum\limits_{i=1}^{n}X_i^2$, 解得未知参数 θ 的矩估计量为 $\hat{\theta}=\sqrt{\dfrac{3}{n}\sum\limits_{i=1}^{n}X_i^2}$.

极大似然估计: 设 $x_1,x_2,\cdots x_n$ 是相应于样本 $X_1,X_2,\cdots,X_n$ 的样本值, 则似然函数为
$$L(\theta)=\prod_{i=1}^{n}f(x_i;\theta)=\begin{cases}\dfrac{1}{(2\theta)^n}, & |x_i|\leqslant\theta,\ i=1,2,\cdots,n,\\ 0, & \text{其他}.\end{cases}$$
取对数得
$$\ln L(\theta)=-n\ln(2\theta),$$

求导得

$$\frac{\mathrm{d}\ln L}{\mathrm{d}\theta}=-\frac{n}{\theta}<0,\quad |x_i|\leqslant\theta.$$

由极大似然估计原理得, θ 的极大似然估计量为

$$\hat{\theta}=\max_{1\leqslant i\leqslant n}\{|x_1|,|x_2|,\cdots,|x_n|\}.$$

【例 2】 设总体 X 的概率分布为

X	-1	0	1
P	θ	$1-2\theta$	θ

其中 $\theta\left(0<\theta<\dfrac{1}{2}\right)$ 是未知参数, 利用总体 X 的如下样本值 $-1,0,0,1,1$, 求 θ 的矩估计值和最大似然估计值.　□□□

【解析】 矩估计: 总体的期望为

$$EX=(-1)\times\theta+0\times(1-2\theta)+1\times\theta=0,$$

故一阶原点矩失效, 要考虑二阶原点矩

$$EX^2=(-1)^2\times\theta+0^2\times(1-2\theta)+1^2\times\theta=2\theta,$$

样本二阶原点矩为

$$\frac{1}{n}\sum_{i=1}^{n}x_i^2=\frac{1}{5}((-1)^2+0^2+0^2+1^2+1^2)=\frac{3}{5}.$$

令 $EX^2=\dfrac{1}{n}\displaystyle\sum_{i=1}^{n}x_i^2$, 即 $2\theta=\dfrac{3}{5}$, 得 θ 的矩估计值 $\hat{\theta}=\dfrac{3}{10}$.

最大似然估计: 似然函数为

$$L(\theta)=\theta(1-2\theta)^2\theta^2=\theta^3(1-2\theta)^2.$$

取对数得

$$\ln L(\theta)=3\ln\theta+2\ln(1-2\theta),$$

求导得

$$\frac{\mathrm{d}\ln L(\theta)}{\mathrm{d}\theta}=\frac{3}{\theta}-\frac{4}{1-2\theta}=0,$$

令 $\dfrac{\mathrm{d}\ln L(\theta)}{\mathrm{d}\theta}=0$, 解得 θ 的最大似然估计值为 $\hat{\theta}=\dfrac{3}{10}$.

【例 3】 设总体 X 的概率密度为

$$f(x)=\begin{cases}\dfrac{1}{\theta_2}\mathrm{e}^{-\frac{x-\theta_1}{\theta_2}}, & x>\theta_1,\\ 0, & \text{其他},\end{cases}$$

其中参数 $-\infty<\theta_1<+\infty, 0<\theta_2<+\infty$. 设 $X_1,X_2,\cdots,X_n$ 为来自总体 X 的简单随机样本. 试求未知参数 θ_1,θ_2 的最大似然估计量. □□□

【解析】 设 $x_1,x_2,\cdots,x_n$ 为样本 $X_1,X_2,\cdots,X_n$ 的观测值, 则似然函数为

$$L(\theta_1,\theta_2)=\prod_{i=1}^{n}f(x_i)=\begin{cases}\dfrac{1}{\theta_2^n}\mathrm{e}^{-\frac{1}{\theta_2}\sum\limits_{i=1}^{n}(x_i-\theta_1)}, & x_i\geqslant\theta_1,\\ 0, & \text{其他},\end{cases}$$

当 $x_i\geqslant\theta_1$ 时, 取对数得

$$\ln L(\theta_1,\theta_2)=-n\ln\theta_2-\frac{1}{\theta_2}\sum_{i=1}^{n}(x_i-\theta_1),$$

对参数 θ_1,θ_2 求偏导数, 得

$$\begin{cases}\dfrac{\partial\ln L(\theta_1,\theta_2)}{\partial\theta_1}=\dfrac{n}{\theta_2}>0,\\ \dfrac{\partial\ln L(\theta_1,\theta_2)}{\partial\theta_2}=-\dfrac{n}{\theta_2}+\dfrac{1}{\theta_2^2}\sum\limits_{i=1}^{n}(x_i-\theta_1)=0.\end{cases}$$

由于 $\dfrac{\partial\ln L}{\partial\theta_1}>0, x_i\geqslant\theta_1$, 得 θ_1 的最大似然估计量为 $\hat{\theta}_1=\min\{X_1,X_2,\cdots,X_n\}$.

由第二个方程解得 $\theta_2=\dfrac{1}{n}\sum\limits_{i=1}^{n}(x_i-\theta_1)=\bar{x}-\theta_1$, 故 θ_2 的最大似然估计量为

$$\hat{\theta}_2=\bar{X}-\min\{X_1,X_2,\cdots,X_n\}.$$

【例 4】 设总体 X 的概率密度

$$f(x)=\frac{1}{2}\mathrm{e}^{-|x-\mu|}, -\infty<x<+\infty,$$

其中 μ 为未知参数, 利用总体 X 的样本值: 1028, 968, 1007, 求参数 μ 的矩估计和最大似然估计. □□□

【解析】 (Ⅰ) 矩估计: 由题设

$$E(X)=\int_{-\infty}^{+\infty}f(x)\mathrm{d}x=\int_{-\infty}^{+\infty}\frac{1}{2}\mathrm{e}^{-|x-\mu|}\mathrm{d}x=\mu.$$

$$\bar{x}=\frac{1}{3}(1028+968+1007)=\frac{3003}{3}=1001,$$

故矩估计 $$\hat{\mu}_1=\bar{x}=1001.$$

(Ⅱ) 最大似然估计: 由题设, 似然函数

$$L(x_1,x_2,x_3)=\left(\frac{1}{2}\right)^n\mathrm{e}^{-\sum\limits_{i=1}^{3}|x_i-\mu|},$$

取对数得
$$\ln L = -n\ln 2 - \sum_{i=1}^{3}|x_i - \mu|,$$

要求 $\ln L$ 最大, 即要求 $\sum\limits_{i=1}^{3}|x_i - \mu|$ 最小.

记 $l = \sum\limits_{i=1}^{3}|x_i - \mu| = |1028-\mu| + |968-\mu| + |1007-\mu|$,

当 $\mu \leqslant 968$ 时,

$$l = (1028-\mu) + (968-\mu) + (1007-\mu) = 3(1001-\mu) \geqslant 3(1001-968) = 99.$$

当 $\mu \geqslant 1028$ 时,

$$l = (\mu-1028) + (\mu-968) + (\mu-1007) = 3(\mu-1001) \geqslant 3(1028-1001) = 81.$$

当 $968 < \mu < 1028$ 时,

$$l = (1028-\mu) + (\mu-968) + |1007-\mu| = 60 + |1007-\mu|.$$

故当 $\hat{\mu} = 1007$ 时 l 最小, 取值 60, 最大似然估计 $\hat{\mu}_2 = 1007$.

专题二 估计量的数字特征综合题 (仅数学一)

【例 1】 设总体 X 的概率密度为

$$f(x) = \begin{cases} \dfrac{6x}{\theta^3}(\theta - x), & 0 < x < \theta, \\ 0, & 其他, \end{cases}$$

$X_1, X_2, \cdots, X_n$ 是取自总体 X 的简单随机样本.

(Ⅰ) 求 θ 的矩估计量 $\hat{\theta}$.

(Ⅱ) 求 $\hat{\theta}$ 的方差 $D(\hat{\theta})$. □□□

【解析】 (Ⅰ) $E(X) = \displaystyle\int_{-\infty}^{\infty} xf(x)\mathrm{d}x = \int_0^{\theta}\frac{6x^2}{\theta^3}(\theta - x)\mathrm{d}x = \frac{\theta}{2}$.

记 $\overline{X} = \dfrac{1}{n}\sum\limits_{i=1}^{n}X_i$, 令 $\dfrac{\theta}{2} = \overline{X}$, 得 θ 的矩估计量为

$$\hat{\theta} = 2\overline{X}.$$

(Ⅱ) 由于

$$E(X^2) = \int_{-\infty}^{\infty} x^2 f(x)\mathrm{d}x = \int_0^{\theta}\frac{6x^2}{\theta^3}(\theta - x)\mathrm{d}x = \frac{6\theta^2}{20},$$

$$D(X) = E(X^2) - [E(X)]^2 = \frac{6\theta^2}{20} - \left(\frac{\theta}{2}\right)^2 = \frac{\theta^2}{20},$$

所以 $\hat{\theta} = 2\overline{X}$ 的方差为

$$D(\hat{\theta}) = D(2\overline{X}) = 4D(\overline{X}) = \frac{4}{n}D(X) = \frac{\theta^2}{5n}.$$

【例 2】 设总体 X 的概率密度为

$$f(x)=\begin{cases}2\mathrm{e}^{-2(x-\theta)}, & x>\theta,\\ 0, & x\leqslant\theta,\end{cases}$$

其中 $\theta>0$ 是未知参数. 从总体 X 中抽取简单随机样本 $X_1,X_2,\cdots,X_n$, 记 $\hat{\theta}=\min(X_1,X_2,\cdots,X_n)$.

(Ⅰ) 求总体 X 的分布函数 $F(x)$;

(Ⅱ) 求统计量 $\hat{\theta}$ 的分布函数 $F_{\hat{\theta}}(x)$;

(Ⅲ) 如果用 $\hat{\theta}$ 作为 θ 的估计量, 讨论它是否具有无偏性. □□□

【解析】 (Ⅰ) 分布函数

$$F(x)=\int_{-\infty}^{x}f(t)\mathrm{d}t=\begin{cases}1-\mathrm{e}^{-2(x-\theta)}, & x>\theta,\\ 0, & x\leqslant\theta.\end{cases}$$

(Ⅱ) 统计量 $\hat{\theta}$ 的分布函数:

$$\begin{aligned}F_{\hat{\theta}}(x)&=P\left\{\hat{\theta}\leqslant x\right\}=P\{\min(X_1,X_2,\cdots,X_n)\leqslant x\}\\&=1-P\{\min(X_1,X_2,\cdots,X_n)>x\}\\&=1-P\{X_1>x,X_2>x,\cdots,X_n>x\}\\&=1-P\{X_1>x\}\cdot P\{X_2>x\}\cdots P\{X_n>x\}\\&=1-[1-F(x)]^n\\&=\begin{cases}1-\mathrm{e}^{-2n(x-\theta)}, & x>\theta,\\ 0, & x\leqslant\theta.\end{cases}\end{aligned}$$

(Ⅲ) $\hat{\theta}$ 的概率密度为

$$f_{\hat{\theta}}(x)=F'_{\hat{\theta}}(x)=\begin{cases}2n\mathrm{e}^{-2n(x-\theta)}, & x>\theta,\\ 0, & x\leqslant\theta.\end{cases}$$

因为

$$E\hat{\theta}=\int_{-\infty}^{+\infty}xf_{\hat{\theta}}(x)\mathrm{d}x=\int_{\theta}^{+\infty}2nx\mathrm{e}^{-2n(x-\theta)}\mathrm{d}x=\theta+\frac{1}{2n}\neq\theta,$$

所以 $\hat{\theta}$ 作为 θ 的估计量不具有无偏性.

【例 3】 设总体 X 的概率密度为

$$f(x,\theta)=\begin{cases}\dfrac{1}{2\theta}, & 0<x<\theta,\\ \dfrac{1}{2(1-\theta)}, & \theta\leqslant x<1,\\ 0, & 其他,\end{cases}$$

其中参数 $\theta(0<\theta<1)$ 未知, $X_1,X_2,\cdots,X_n$ 是来自总体 X 的简单随机样本, $\overline{X}$ 是样本均值.

（Ⅰ）求参数 θ 的矩估计量 $\hat{\theta}$;

（Ⅱ）判断 $4\overline{X}^2$ 是否为 θ^2 的无偏估计量, 并说明理由.　□□□

【解析】（Ⅰ）由题设

$$EX=\int_{-\infty}^{+\infty} xf(x,\theta)\mathrm{d}x=\int_0^{\theta}\frac{x}{2\theta}\mathrm{d}x+\int_{\theta}^{1}\frac{x}{2(1-\theta)}\mathrm{d}x=\frac{1}{4}+\frac{\theta}{2}.$$

令 $\overline{X}=EX$, 即 $\overline{X}=\frac{1}{4}+\frac{\theta}{2}$, 得 θ 的矩估计量为

$$\hat{\theta}=2\overline{X}-\frac{1}{2}.$$

（Ⅱ）因为

$$\begin{aligned}E(4\overline{X}^2)&=4E(\overline{X}^2)=4\left[D\overline{X}+(E\overline{X})^2\right]\\&=4\left[\frac{1}{n}DX+\left(\frac{1}{4}+\frac{1}{2}\theta\right)^2\right]\\&=\frac{4}{n}DX+\frac{1}{4}+\theta+\theta^2\neq\theta^2,\end{aligned}$$

因此 $4\overline{X}^2$ 不是 θ^2 的无偏估计量.

【例 4】 设随机变量 X 与 Y 相互独立且分别服从正态分布 $N(\mu,\sigma^2)$ 与 $N(\mu,2\sigma^2)$, 其中 σ 是未知参数且 $\sigma>0$. 记 $Z=X-Y$.

（Ⅰ）求 Z 的概率密度 $f(z,\sigma^2)$;

（Ⅱ）设 $Z_1,Z_2,\cdots,Z_n$ 为来自总体 Z 的简单随机样本, 求 σ^2 的最大似然估计量 $\hat{\sigma}^2$;

（Ⅲ）证明 $\hat{\sigma}^2$ 为 σ^2 的无偏估计量.　□□□

【解析】（Ⅰ）因为 X 与 Y 相互独立, 所以 $Z=X-Y$ 服从正态分布, 且 $EZ=0$, $DZ=DX+DY=3\sigma^2$, 故 Z 的概率密度为

$$f(z,\sigma^2)=\frac{1}{\sqrt{6\pi\sigma^2}}\mathrm{e}^{-\frac{z^2}{6\sigma^2}},-\infty<z<+\infty.$$

（Ⅱ）设 $z_1,z_2,\cdots,z_n$ 为样本 $Z_1,Z_2,\cdots,Z_n$ 的观测值, 则似然函数为

$$L(\sigma^2)=\prod_{i=1}^{n}f(z_i,\sigma^2)=(6\pi\sigma^2)^{-\frac{n}{2}}\mathrm{e}^{-\frac{1}{6\sigma^2}\sum\limits_{i=1}^{n}z_i^2},$$

$$\ln L(\sigma^2)=-\frac{n}{2}\ln(6\pi\sigma^2)-\frac{1}{6\sigma^2}\sum_{i=1}^{n}z_i^2.$$

令 $\frac{\mathrm{d}(\ln L)}{\mathrm{d}(\sigma^2)}=-\frac{n}{2\sigma^2}+\frac{1}{6\sigma^4}\sum\limits_{i=1}^{n}z_i^2=0$, 解得 $\sigma^2=\frac{1}{3n}\sum\limits_{i=1}^{n}z_i^2$, 故 σ^2 的最大似然估计量为

$$\hat{\sigma}^2=\frac{1}{3n}\sum_{i=1}^{n}Z_i^2.$$

(III)【证明】 因为
$$E\hat{\sigma}^2=\frac{1}{3n}\sum_{i=1}^{n}EZ_i^2=\frac{1}{3}EZ^2=\frac{1}{3}DZ=\sigma^2,$$
所以 $\hat{\sigma}^2$ 是 σ^2 的无偏估计量.

【例 5】 设 $X_1,X_2,\cdots,X_n$ 为来自正态总体 $N(\mu_0,\sigma^2)$ 的简单随机样本, 其中 μ_0 已知, $\sigma^2>0$ 未知, $\overline{X}$ 和 S^2 分别表示样本均值和样本方差.

(Ⅰ) 求参数 σ^2 的最大似然估计 $\hat{\sigma}^2$;

(Ⅱ) 计算 $E\hat{\sigma}^2$ 和 $D\hat{\sigma}^2$. □□□

【解析】 (Ⅰ) 设 $x_1,x_2,\cdots,x_n$ 为样本观测值, 则似然函数
$$L(\sigma^2)=(2\pi\sigma^2)^{-\frac{n}{2}}\cdot\mathrm{e}^{-\frac{1}{2\sigma^2}\sum\limits_{i=1}^{n}(x_i-\mu_0)^2},$$
$$\ln L(\sigma^2)=-\frac{n}{2}\ln(2\pi\sigma^2)-\frac{1}{2\sigma^2}\sum_{i=1}^{n}(x_i-\mu_0)^2,$$
令 $\dfrac{\mathrm{d}(\ln L)}{\mathrm{d}(\sigma^2)}=0$, 得
$$-\frac{n}{2\sigma^2}+\frac{1}{2\sigma^4}\sum_{i=1}^{n}(x_i-\mu_0)^2=0,$$
从而得 σ^2 最大似然估计
$$\hat{\sigma}^2=\frac{1}{n}\sum_{i=1}^{n}(X_i-\mu_0)^2.$$

(Ⅱ) 由于
$$\frac{n\hat{\sigma}^2}{\sigma^2}=\frac{1}{\sigma^2}\sum_{i=1}^{n}(X_i-\mu_0)^2\sim\chi^2(n),$$
所以
$$E\hat{\sigma}^2=\frac{\sigma^2}{n}\cdot n=\sigma^2,D\hat{\sigma}^2=\frac{\sigma^4}{n^2}\cdot 2n=\frac{2\sigma^4}{n}.$$

【例 6】 设总体 X 的概率密度为
$$f(x,\theta)=\begin{cases}\dfrac{3x^2}{\theta^3}, & 0<x<\theta,\\ 0, & \text{其他}.\end{cases}$$
其中 $\theta\in(0,+\infty)$ 为未知参数, X_1,X_2,X_3 为来自总体 X 的简单随机样本, 令 $T=\max\{X_1,X_2,X_3\}$.

(Ⅰ) 求 T 的概率密度;

(Ⅱ) 确定 a, 使得 aT 为 θ 的无偏估计. □□□

【解析】 (Ⅰ) 总体 X 的分布函数为
$$F(x)=\int_{-\infty}^{x}f(t)\mathrm{d}t=\begin{cases}0, & x<0\\ \displaystyle\int_0^x\frac{3t^2}{\theta^3}\mathrm{d}t, & 0\leqslant x<\theta\\ 1, & x\geqslant\theta\end{cases}=\begin{cases}0, & x<0,\\ \dfrac{x^3}{\theta^3}, & 0\leqslant x<\theta,\\ 1, & x\geqslant\theta.\end{cases}$$

从而 T 的分布函数为 $F_T(z)=F^3(z)=\begin{cases}0, & z<0,\\ \dfrac{z^9}{\theta^9}, & 0\leqslant z<\theta,\\ 1, & z\geqslant\theta.\end{cases}$

T 的概率密度为

$$f_T(z)=\begin{cases}\dfrac{9z^8}{\theta^9}, & 0<z<\theta,\\ 0, & \text{其他}.\end{cases}$$

(Ⅱ) $E(aT)=aE(T)=a\int_{-\infty}^{+\infty}zf_T(z)\mathrm{d}z=a\int_0^{\theta}\dfrac{9z^9}{\theta^9}\mathrm{d}z=\dfrac{9}{10}a\theta.$

令 $E(aT)=\dfrac{9}{10}a\theta=\theta$, 得 $a=\dfrac{10}{9}$. 故 $a=\dfrac{10}{9}$ 时, aT 为 θ 的无偏估计量.

【例 7】 设总体 X 的密度函数为 $f(x;\sigma)=\dfrac{1}{2\sigma}\mathrm{e}^{-\frac{|x|}{\sigma}},-\infty<x<+\infty$, 其中 $\sigma\in(0,+\infty)$ 为未知参数, $X_1,X_2,\cdots,X_n$ 为来自总体 X 的简单随机样本, 记 σ 的最大似然估计量为 $\hat{\sigma}$.

(Ⅰ) 求 $\hat{\sigma}$;

(Ⅱ) 求 $E\hat{\sigma},D\hat{\sigma}$. □□□

【解析】 (Ⅰ) 联合概率密度为

$$L(\sigma)=\prod_{i=1}^{n}f(x_i;\sigma)=\prod_{i=1}^{n}\frac{1}{2\sigma}\mathrm{e}^{-\frac{|x_i|}{\sigma}}=\frac{1}{2^n\sigma^n}\mathrm{e}^{-\frac{1}{\sigma}\sum\limits_{i=1}^{n}|x_i|},\quad -\infty<x_i<+\infty,$$

取对数 $$\ln L(\sigma)=-n\ln 2-n\ln\sigma-\frac{1}{\sigma}\sum_{i=1}^{n}|x_i|,$$

求导 $$\frac{\mathrm{d}\ln L(\sigma)}{\mathrm{d}\sigma}=-\frac{n}{\sigma}+\frac{1}{\sigma^2}\sum_{i=1}^{n}|x_i|=0,$$

解得 σ 的极大似然估计 $$\hat{\sigma}=\frac{1}{n}\sum_{i=1}^{n}|x_i|.$$

(Ⅱ) $$E(|X|)=\int_{-\infty}^{+\infty}|x|\frac{1}{2\sigma}\mathrm{e}^{-\frac{|x|}{\sigma}}\mathrm{d}x=\int_0^{+\infty}x\frac{1}{\sigma}\mathrm{e}^{-\frac{x}{\sigma}}\mathrm{d}x=\sigma$$

$$E(|X|^2)=E(X^2)=\int_{-\infty}^{+\infty}x^2\frac{1}{2\sigma}\mathrm{e}^{-\frac{|x|}{\sigma}}\mathrm{d}x=\int_0^{+\infty}\frac{x^2}{\sigma}\mathrm{e}^{-\frac{x}{\sigma}}\mathrm{d}x=2\sigma^2,$$

$$E(\hat{\sigma})=E\left(\frac{1}{n}\sum_{i=1}^{n}|X_i|\right)=E(|X|)=\sigma,$$

$$D(\hat{\sigma})=D\left(\frac{1}{n}\sum_{i=1}^{n}|X_i|\right)=\frac{1}{n}D(|X|)=\frac{1}{n}\left\{E(X^2)-E^2(|X|)\right\}=\frac{\sigma^2}{n}.$$

【例 8】 设总体 X 的概率分布为

X	1	2	3
P	$1-\theta$	$\theta-\theta^2$	θ^2

其中参数 $\theta \in (0,1)$ 未知. 以 N_i 表示来自总体 X 的简单随机样本 (样本容量为 n) 中等于 i 的个数 $(i=1,2,3)$. 试求常数 a_1, a_2, a_3, 使 $T=\sum\limits_{i=1}^{3} a_i N_i$ 为 θ 的无偏估计量, 并求 T 的方差. □□□

【解析】 记 $p_1 = 1-\theta, p_2 = \theta-\theta^2, p_3 = \theta^2$. 由于 $N_i \sim B(n, p_i), i=1,2,3$, 故

$$EN_i = np_i,$$

于是

$$ET = a_1 EN_1 + a_2 EN_2 + a_3 EN_3 = n\left[a_1(1-\theta) + a_2(\theta-\theta^2) + a_3\theta^2\right].$$

为使 T 是 θ 的无偏估计量, 必有

$$n\left[a_1(1-\theta) + a_2(\theta-\theta^2) + a_3\theta^2\right] = \theta,$$

因此

$$\begin{cases} a_1 = 0, \\ a_2 - a_1 = \dfrac{1}{n}, \\ a_3 - a_2 = 0. \end{cases}$$

解得

$$a_1 = 0, \quad a_2 = a_3 = \frac{1}{n}.$$

由于 $N_1 + N_2 + N_3 = n$, 故

$$T = \frac{1}{n}(N_2 + N_3) = \frac{1}{n}(n - N_1) = 1 - \frac{N_1}{n},$$

注意到 $N_1 \sim B(n, 1-\theta)$, 故

$$DT = \frac{1}{n^2} DN_1 = \frac{n(1-\theta)\theta}{n^2} = \frac{(1-\theta)\theta}{n}.$$

【例 9】 设总体 X 的分布函数为

$$F(x;\theta) = \begin{cases} 1 - \mathrm{e}^{-\frac{x^2}{\theta}}, & x \geqslant 0, \\ 0, & x < 0, \end{cases}$$

其中 θ 是未知参数且大于零. $X_1, X_2, \cdots, X_n$ 为来自总体 X 的简单随机样本.

(Ⅰ) 求 EX 与 EX^2;

(Ⅱ) 求 θ 的最大似然估计量 $\widehat{\theta}_n$;

(Ⅲ) 是否存在实数 a, 使得对任何 $\varepsilon > 0$, 都有 $\lim\limits_{n\to\infty} P\left\{\left|\widehat{\theta}_n - a\right| \geqslant \varepsilon\right\} = 0$? □□□

【解析】 (Ⅰ) 总体 X 的概率密度为

$$f(x;\theta) = \begin{cases} \dfrac{2x}{\theta}\mathrm{e}^{-\frac{x^2}{\theta}}, & x \geqslant 0, \\ 0, & x < 0, \end{cases}$$

$$EX = \int_0^{+\infty} x \cdot \frac{2x}{\theta}\mathrm{e}^{-\frac{x^2}{\theta}}\mathrm{d}x = -\int_0^{+\infty} x\mathrm{d}(\mathrm{e}^{-\frac{x^2}{\theta}}) = \int_0^{+\infty} \mathrm{e}^{-\frac{x^2}{\theta}}\mathrm{d}x$$

$$= \frac{\sqrt{\pi\theta}}{2}\int_{-\infty}^{+\infty}\frac{1}{\sqrt{\pi\theta}}\cdot \mathrm{e}^{-\frac{x^2}{\theta}}\mathrm{d}x = \frac{\sqrt{\pi\theta}}{2},$$

$$EX^2 = \int_0^{+\infty} x^2\cdot\frac{2x}{\theta}\mathrm{e}^{-\frac{x^2}{\theta}}\mathrm{d}x = -\int_0^{+\infty}x^2\mathrm{d}\mathrm{e}^{-\frac{x^2}{\theta}} = \int_0^{+\infty}\mathrm{e}^{-\frac{x^2}{\theta}}\mathrm{d}x^2 = \theta.$$

(Ⅱ) 设 $x_1,x_2,\cdots,x_n$ 为样本观测值, 似然函数为

$$L(\theta)=\prod_{i=1}^{n}f(x_i)=\begin{cases}\dfrac{2^n x_1x_2\cdots x_n}{\theta^n}\mathrm{e}^{-\frac{1}{\theta}\sum\limits_{i=1}^{n}x_i^2}, & x_i>0\\ 0, & \text{其他.}\end{cases}$$

当 $x_1>0,x_2>0,\cdots,x_n>0$ 时,

取对数得
$$\ln L(\theta)=n\ln 2+\sum_{i=1}^{n}\ln x_i-n\ln\theta-\frac{1}{\theta}\sum_{i=1}^{n}x_i.$$

对 θ 求导, 令其为零得
$$\frac{\mathrm{d}\ln L(\theta)}{\mathrm{d}\theta}=-\frac{n}{\theta}+\frac{1}{\theta^2}\sum_{i=1}^{n}x_i^2=0,$$

解得 $\widehat{\theta}=\frac{1}{n}\sum\limits_{i=1}^{n}X_i^2$, 故 θ 的最大似然估计量为 $\widehat{\theta}_n=\frac{1}{n}\sum\limits_{i=1}^{n}X_i^2$.

(Ⅲ) 存在, $a=\theta$. 因为 $\{X_n^2\}$ 是独立同分布的随机变量序列, 且 $EX_1^2=\theta<+\infty$, 所以根据辛钦大数定律, 当 $n\to\infty$ 时, $\widehat{\theta}_n=\frac{1}{n}\sum\limits_{i=1}^{n}X_i^2$ 依概率收敛于 EX_1^2, 即 θ. 所以对任何 $\varepsilon>0$ 都有

$$\lim_{n\to\infty}P\left\{\left|\widehat{\theta}_n-\theta\right|\geqslant\varepsilon\right\}=0.$$

【例 10】 设随机变量 X 在区间 $[\theta,\theta+1]$ 上均匀分布, 其中 θ 未知. $X_1,X_2,\cdots,X_n\,(n>1)$ 是来自总体 X 的简单随机样本, $\overline{X}=\frac{1}{n}\sum\limits_{i=1}^{n}X_i$ 是样本均值, 而 $X_{(1)}=\min\{X_1,X_2,\cdots,X_n\}$ 是最小顺序统计量, 记

$$\widehat{\theta}_1=\overline{X}-\frac{1}{2},\quad \widehat{\theta}_2=X_{(1)}-\frac{1}{n+1}.$$

证明: (Ⅰ) $\widehat{\theta}_1$ 和 $\widehat{\theta}_2$ 都是 θ 的无偏估计量;

(Ⅱ) 当 $n>3$ 时, $\widehat{\theta}_2$ 比 $\widehat{\theta}_1$ 更有效, 即 $D\widehat{\theta}_2<D\widehat{\theta}_1$. □□□

【证明】 (Ⅰ) 由题设 X 在区间 $[\theta,\theta+1]$ 上均匀分布, 知

$$EX=\frac{\theta+\theta+1}{2}=\theta+\frac{1}{2},\quad E\overline{X}=EX=\theta+\frac{1}{2},$$

$$E\widehat{\theta}_1=E\left(\overline{X}-\frac{1}{2}\right)=\theta+\frac{1}{2}-\frac{1}{2}=\theta.$$

故 $\widehat{\theta}_1$ 是 θ 的无偏估计量.

由题设, X 的概率密度为

$$f(x)=\begin{cases}1, & \theta\leqslant x\leqslant\theta+1,\\ 0, & \text{其他.}\end{cases}$$

分布函数
$$F(x)=\begin{cases}0, & x<\theta,\\ x-\theta, & \theta\leqslant x<\theta+1,\\ 1, & x\geqslant\theta+1.\end{cases}$$

故 $X_{(1)}$ 的分布函数为

$$\begin{aligned}F_{(1)}(x)&=P\left\{\min\left\{X_1,X_2,\cdots,X_n\right\}\leqslant x\right\}\\&=1-P\left\{X_1>x,X_2>x,\cdots,X_n>x\right\}\\&=1-\prod_{i=1}^{n}P\left\{X_i>x\right\}\\&=1-[1-F(x)]^n,\end{aligned}$$

$X_{(1)}$ 的密度函数为
$$f_{(1)}(x)=F'_{(1)}(x)=\begin{cases}n(1+\theta-x)^{n-1}, & \theta\leqslant x\leqslant\theta+1,\\ 0, & \text{其他}.\end{cases}$$

$$EX_{(1)}=\int_{\theta}^{\theta+1}x\cdot n(1+\theta-x)^{n-1}\mathrm{d}x=n\left(-\frac{1}{n+1}+\frac{1+\theta}{n}\right)=\frac{1}{n+1}+\theta,$$

$$E\widehat{\theta}_2=E\left(X_{(1)}-\frac{1}{n+1}\right)=\theta.$$

故 $\widehat{\theta}_2$ 也是 θ 的无偏估计量.

(Ⅱ) 由题设
$$DX=\frac{(\theta+1-\theta)^2}{12}=\frac{1}{12},\quad DX=\frac{1}{12n},$$

$$D\widehat{\theta}_1=D\left(\overline{X}-\frac{1}{2}\right)=D\overline{X}=\frac{1}{12n}.$$

$$\begin{aligned}E(X_{(1)}^2)&=\int_{\theta}^{\theta+1}x^2\cdot n(1+\theta-x)^{n-1}\mathrm{d}x=n\int_0^1u^{n-1}(1+\theta-u)^2\mathrm{d}u\\&=n\int_0^1\left[(1+\theta)^2u^{n-1}-2(1+\theta)u^n+u^{n+1}\right]\mathrm{d}u\\&=(1+\theta)^2-\frac{2n}{n+1}(1+\theta)+\frac{n}{n+2},\end{aligned}$$

$$DX_{(1)}=E(X_{(1)}^2)-(EX_{(1)})^2=\frac{n}{(n+1)^2(n+2)},$$

$$D\widehat{\theta}_2=D\left(X_{(1)}-\frac{1}{n+1}\right)=DX_{(1)}=\frac{n}{(n+1)^2(n+2)}.$$

当 $n>3$ 时, $D\widehat{\theta}_2<D\widehat{\theta}_1$.

第八章 区间估计和假设检验

第一节 考试要求及考点精讲

一、考试要求

考试要求	科目	考试内容
了解	数学一	假设检验可能产生的两类错误
理解	数学一	显著性检验的基本思想
掌握	数学一	假设检验的基本步骤; 单个及两个正态总体的均值和方差的假设检验

二、考点精讲

本章重点为单个及双正态总体分布的区间估计, 注意不同情形下的统计量的不同. 记住常见的区间估计表示.

重点掌握假设检验的思想和原理, 会设原假设和对立假设, 构造统计量及相应的拒绝域, 计算样本观察值是否属于拒绝域. 理解两类错误, 第一类错误 (弃真) 和第二类错误 (纳伪).

第二节 内容精讲及典型题型

一、区间估计 (仅数学一)

1. 置信区间

设总体 X 的分布函数为 $F(x,\theta)$, 其中 θ 为未知参数, $X_1,X_2,\cdots,X_n$ 是来自总体 X 的简单随机样本. 对给定的常数 $\alpha(0<\alpha<1)$, 如果存在两个统计量 $\theta_1=\theta_1(X_1,X_2,\cdots,X_n)$ 和 $\theta_2=\theta_2(X_1,X_2,\cdots,X_n)$, 使得

$$P\{\theta_1<\theta<\theta_2\}=1-\alpha,$$

则称随机区间 (θ_1,θ_2) 为 θ 的置信度 (或置信水平) 为 $1-\alpha$ 的置信区间. θ_1 和 θ_2 分别称为置信下限和置信上限. α 称为风险度或显著性水平.

【名师点睛】 置信度为 $1-\alpha$ 的置信区间一般不唯一，根据题目需要予以构造. 置信区间的长度表示估计的精度，希望能找到长度最短的置信区间.

2. 单个正态总体的区间估计

设 $X\sim N(\mu,\sigma^2)$, $X_1,X_2,\cdots,X_n$ 是来自总体 X 的样本, $\bar{X}$ 是样本的均值, S^2 是样本方差.

(1) 在 σ^2 已知的情况下，估计参数 μ 构造的统计量为 $U=\dfrac{\overline{X}-\mu}{\dfrac{\sigma}{\sqrt{n}}}\sim N(0,1)$. 由于统计量 $U=\dfrac{\overline{X}-\mu}{\dfrac{\sigma}{\sqrt{n}}}$ 服从标准正态分布，根据标准正态分布的密度函数图像 (图 8.1)，找两边对称且面积各占 $\dfrac{\alpha}{2}$ 的区间，则中间的区间的面积为 $1-\alpha$. 显然

$$P\left\{-u_{\frac{\alpha}{2}}<\frac{\overline{X}-\mu}{\dfrac{\sigma}{\sqrt{n}}}<u_{\frac{\alpha}{2}}\right\}=1-\alpha,$$

解不等式可得
$$P\left\{\overline{X}-u_{\frac{\alpha}{2}}\frac{\sigma}{\sqrt{n}}<\mu<\overline{X}+u_{\frac{\alpha}{2}}\frac{\alpha}{\sqrt{n}}\right\}=1-\alpha,$$

即在 σ^2 已知的情况下，未知参数 μ 的置信度为 $1-\alpha$ 的置信区间为

$$\left(\overline{X}-u_{\frac{\alpha}{2}}\frac{\sigma}{\sqrt{n}},\overline{X}+u_{\frac{\alpha}{2}}\frac{\sigma}{\sqrt{n}}\right).$$

(2) 在 σ^2 未知的情况下，估计参数 μ 构造的统计量为 $T=\dfrac{\overline{X}-\mu}{\dfrac{S}{\sqrt{n}}}\sim t(n-1)$. 由于统计量 $T=\dfrac{\overline{X}-\mu}{\dfrac{S}{\sqrt{n}}}$ 服从自由度为 $n-1$ 的 t 分布，根据 t 分布的密度函数的图像 (图 8.2)，

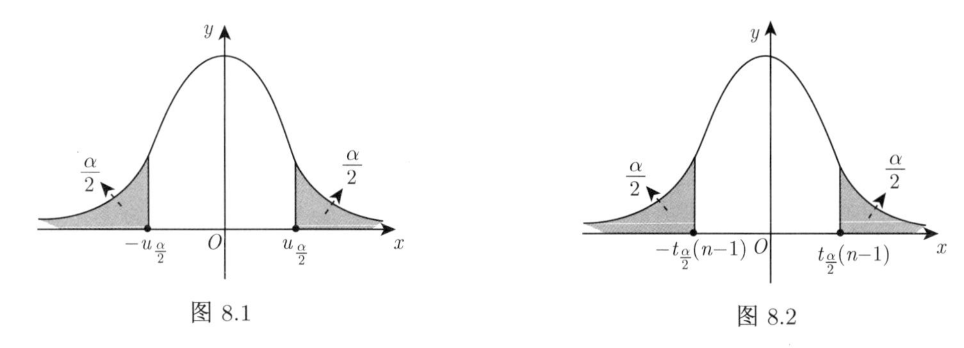

图 8.1　　图 8.2

找两边对称且面积且各占 $\dfrac{\alpha}{2}$ 的区间，则中间区间占的面积为 $1-\alpha$. 显然

$$P\left\{-t_{\frac{\alpha}{2}}(n-1)<\frac{\overline{X}-\mu}{\dfrac{S}{\sqrt{n}}}<t_{\frac{\alpha}{2}}(n-1)\right\}=1-\alpha,$$

解不等式可得

$$P\left\{\overline{X}-t_{\frac{\alpha}{2}}(n-1)\frac{S}{\sqrt{n}}<\mu<\overline{X}+t_{\frac{\alpha}{2}}(n-1)\frac{S}{\sqrt{n}}\right\}=1-\alpha,$$

即在 σ^2 未知的情况下, 未知参数 μ 的置信度 $1-\alpha$ 为的置信区间为

$$\left(\overline{X}-t_{\frac{\alpha}{2}}(n-1)\frac{S}{\sqrt{n}},\overline{X}+t_{\frac{\alpha}{2}}(n-1)\frac{S}{\sqrt{n}}\right).$$

(3) 在 μ 已知的情况下, 估计参数 σ^2, 构造的统计量为 $\frac{1}{\sigma^2}\sum_{i=1}^{n}(X_i-\mu)^2\sim\chi^2(n)$. 由于统计量 $\frac{1}{\sigma^2}\sum_{i=1}^{n}(X_i-\mu)^2$ 服从自由度为 n 的 χ^2 分布, 根据 $\chi^2(n)$ 分布的密度函数图像 (图 8.3) 找两边对称且面积各占 $\frac{a}{2}$ 的区间, 则中间区间占的面积为 $1-\alpha$. 显然

$$P\left\{\chi^2_{1-\frac{\alpha}{2}}(n)<\frac{1}{\sigma^2}\sum_{i=1}^{n}(X_i-\mu)^2<\chi^2_{\frac{\alpha}{2}}(n)\right\}=1-\alpha,$$

解不等式可得

$$P\left\{\frac{\sum\limits_{i=1}^{n}(X_i-\mu)^2}{\chi^2_{\frac{\alpha}{2}}(n)}<\sigma^2<\frac{\sum\limits_{i=1}^{n}(X_i-\mu)^2}{\chi^2_{1-\frac{\alpha}{2}}(n)}\right\}=1-a.$$

在 μ 已知的情况下, 未知参数 σ^2 的置信度为 $1-\alpha$ 的置信区间为

$$\left(\frac{\sum\limits_{i=1}^{n}(X_i-\mu)^2}{\chi^2_{\frac{\alpha}{2}}(n)},\frac{\sum\limits_{i=1}^{n}(X_i-\mu)^2}{\chi^2_{1-\frac{\alpha}{2}}(n)}\right).$$

(4) 在 μ 未知的情况下, 估计参数 σ^2, 构造的统计量为 $\frac{(n-1)S^2}{\sigma^2}\sim\chi^2(n-1)$. 由于统计量 $\frac{(n-1)S^2}{\sigma^2}$ 服从自由度为 $n-1$ 的 χ^2 分布, 根据 $\chi^2(n-1)$ 分布的密度函数图像 (图 8.4),

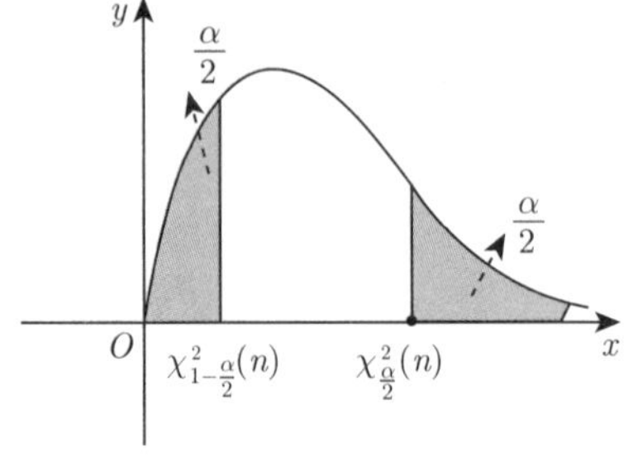

图 8.3

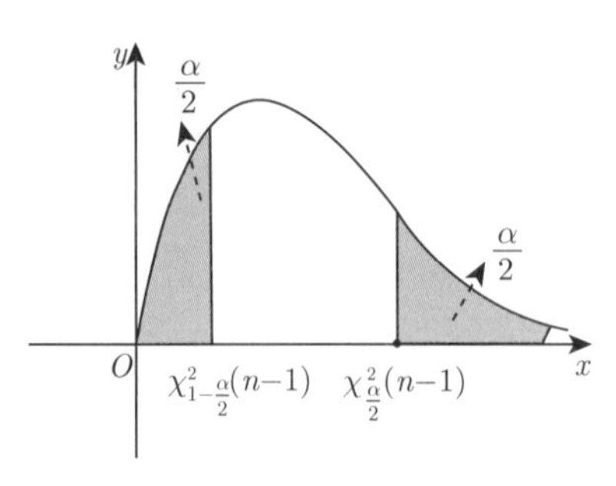

图 8.4

找两边对称且面积各占 $\dfrac{a}{2}$ 的区间, 则中间区间占的面积为 $1-\alpha$, 显然

$$P\left\{\chi^2_{1-\frac{\alpha}{2}}(n-1)<\frac{(n-1)S^2}{\sigma^2}<\chi^2_{\frac{\alpha}{2}}(n-1)\right\}=1-\alpha,$$

解不等式可得

$$P\left\{\frac{(n-1)S^2}{\chi^2_{\frac{\alpha}{2}}(n-1)}<\sigma^2<\frac{(n-1)S^2}{\chi^2_{1-\frac{\alpha}{2}}(n-1)}\right\}=1-\alpha.$$

即在 μ 未知的情况下, 未知参数 σ^2 的置信度为 $1-\alpha$ 的置信区间为

$$\left(\frac{(n-1)S^2}{\chi^2_{\frac{\alpha}{2}}(n-1)},\frac{(n-1)S^2}{\chi^2_{1-\frac{\alpha}{2}}(n-1)}\right).$$

以上单个正态总体置信水平为 $1-\alpha$ 的双侧置信区间总结列表如下.

未知参数		$1-\alpha$ 置信区间
μ	σ^2 已知	$\left(\overline{X}-u_{\frac{\alpha}{2}}\frac{\sigma}{\sqrt{n}},\ \overline{X}+u_{\frac{\alpha}{2}}\frac{\sigma}{\sqrt{n}}\right)$
	σ^2 未知	$\left(\overline{X}-t_{\frac{\alpha}{2}}(n-1)\frac{S}{\sqrt{n}},\ \overline{X}+t_{\frac{\alpha}{2}}(n-1)\frac{S}{\sqrt{n}}\right)$
σ^2	μ 已知	$\left(\frac{\sum\limits_{i=1}^{n}(X_i-\mu)^2}{\chi^2_{\frac{\alpha}{2}}(n)},\ \frac{\sum\limits_{i=1}^{n}(X_i-\mu)^2}{\chi^2_{1-\frac{\alpha}{2}}(n)}\right)$
	μ 未知	$\left(\frac{(n-1)S^2}{\chi^2_{\frac{\alpha}{2}}(n-1)},\ \frac{(n-1)S^2}{\chi^2_{1-\frac{\alpha}{2}}(n-1)}\right)$

3. 两个正态总体的区间估计

设总体 $X\sim N(\mu_1,\sigma_1^2), Y\sim N(\mu_2,\sigma_2^2)$, $X_1,X_2,\cdots,X_{n_1}$ 是来自总体 X 的简单随机样本, 样本均值为 $\overline{X}$, 样本方差为 S_1^2, $Y_1,Y_2,\cdots,Y_{n_2}$ 是来自总体 Y 的简单随机样本, 样本均值为 $\overline{Y}$, 样本方差为 S_2^2, 且两个样本是相互独立的, 则置信度为 $1-\alpha$ 的置信区间列表如下.

未知参数		$1-\alpha$ 置信区间
$\mu_1-\mu_2$	σ_1^2,σ_2^2 已知	$\left(\overline{X}-\overline{Y}-u_{\frac{\alpha}{2}}\sqrt{\frac{\sigma_1^2}{n_1}+\frac{\sigma_2^2}{n_2}},\ \overline{X}-\overline{Y}+u_{\frac{\alpha}{2}}\sqrt{\frac{\sigma_1^2}{n_1}+\frac{\sigma_2^2}{n_2}}\right)$
	σ_1^2,σ_2^2 未知, 且 $\sigma_1^2=\sigma_2^2$	$\left(\overline{X}-\overline{Y}-t_{\frac{\alpha}{2}}(n_1+n_2-2)S_\omega\sqrt{\frac{1}{n_1}+\frac{1}{n_2}},\ \overline{X}-\overline{Y}+t_{\frac{\alpha}{2}}(n_1+n_2-2)S_\omega\sqrt{\frac{1}{n_1}+\frac{1}{n_2}}\right)$
$\frac{\sigma_1^2}{\sigma_2^2}$	μ_1,μ_2 已知	$\left(\frac{n_2\sum\limits_{i=1}^{n_1}(X_i-\mu_1)^2}{n_1\sum\limits_{i=1}^{n_2}(Y_j-\mu_2)^2}\frac{1}{F_{\frac{\alpha}{2}}(n_1,n_2)},\ \frac{n_2\sum\limits_{i=1}^{n_1}(X_i-\mu_1)^2}{n_1\sum\limits_{i=1}^{n_2}(Y_j-\mu_2)^2}\frac{1}{F_{1-\frac{\alpha}{2}}(n_1,n_2)}\right)$
	μ_1,μ_2 未知	$\left(\frac{S_1^2}{S_2^2}\frac{1}{F_{\frac{\alpha}{2}}(n_1-1,n_2-1)},\ \frac{S_1^2}{S_2^2}\frac{1}{F_{1-\frac{\alpha}{2}}(n_1-1,n_2-1)}\right)$

其中, $S_\omega=\sqrt{\dfrac{(n_1-1)S_1^2+(n_2-1)S_2^2}{n_1+n_2-2}}$.

【名师点睛】 单个正态总体的区间估计需要重点记忆, 两个正态总体的区间估计了解即可.

【规律总结】 区间估计的解题步骤.

(1) 根据题设的条件 (μ,σ^2 已知、未知情况), 确定题型, 确定选定的统计量 Q 及其分布.

(2) 根据给定的显著性水平 α 或置信水平 $1-\alpha$, 通过查表确定分位数 λ_1,λ_2, 于是得到

$$P\{\lambda_1<Q<\lambda_2\}=1-\alpha.$$

(3) 将已知数据代入不等式 $\lambda_1<Q<\lambda_2$ 的 Q 中, 由不等式解出置信区间.

题型1 区间估计

【例 1】 已知一批零件的长度 X(单位: cm) 服从正态分布 $N(\mu,1)$, 从中随机地抽取 16 个零件, 得到长度的平均值为 40(cm), 则 μ 的置信度为 0.95 的置信区间是________.

【注】 标准正态分布函数值 $\Phi(1.96)=0.975,\Phi(1.645)=0.95$. □□□

【解析】 记 $\overline{X}$ 为样本均值, 置信度为 0.95(即 $\alpha=0.05$) 的双侧置信区间为

$$\left(\overline{X}-\frac{\sigma}{\sqrt{n}}u_{\frac{\alpha}{2}},\overline{X}+\frac{\sigma}{\sqrt{n}}u_{\frac{\alpha}{2}}\right).$$

由于 $u_{\frac{\alpha}{2}}=u_{0.025},\Phi(1.96)=0.975$, 所以 $u_{0.025}=1.96$. 将数据代入, 得置信区间为

$$\left(40-\frac{1}{\sqrt{16}}\times1.96,40+\frac{1}{\sqrt{16}}\times1.96\right)=(39.51,40.49).$$

【例 2】 设一批零件的长度服从正态分布 $N(\mu,\sigma^2)$, 其中 μ,σ^2 均未知, 现从中随机抽取 16 个零件, 测得样本均值 $\overline{x}=20$(cm), 样本标准差 $s=1$(cm), 则 μ 的置信度为 0.90 的置信区间是(　　).

(A) $\left(20-\frac{1}{4}t_{0.05}(16),20+\frac{1}{4}t_{0.05}(16)\right)$.　(B) $\left(20-\frac{1}{4}t_{0.1}(16),20+\frac{1}{4}t_{0.1}(16)\right)$.

(C) $\left(20-\frac{1}{4}t_{0.05}(15),20+\frac{1}{4}t_{0.05}(15)\right)$.　(D) $\left(20-\frac{1}{4}t_{0.1}(15),20+\frac{1}{4}t_{0.1}(15)\right)$. □□□

【解析】 因为在 σ^2 未知的情况下, 估计 μ 的统计量为 $\dfrac{\overline{X}-\mu}{\frac{S}{\sqrt{n}}}\sim t(n-1)$, 则 μ 的置信

度为 $1-\alpha$ 的置信区间是

$$\left(\overline{x}-\frac{s}{\sqrt{n}}t_{\frac{\alpha}{2}}(n-1),\ \ \overline{x}+\frac{s}{\sqrt{n}}t_{\frac{\alpha}{2}}(n-1)\right),$$

故选 (C).

【例 3】 设总体 $X\sim N(\mu,\sigma^2)$, 其中 σ^2 未知, 则对于给定的样本, 总体均值 μ 的置信区间的长度 L 与置信度 $1-a$ 的关系是 (　　).

(A) 当 $1-a$ 变小时, L 变长.　　(B) 当 $1-a$ 变小时, L 变短.

(C) 当 $1-a$ 变小时, L 不变.　　(D) 以上说法都不正确.　□□□

【解析】 由题设, σ^2 未知, 求 μ 的置信区间, 得置信区间为

$$\left(\overline{X}-t_{\frac{\alpha}{2}}(n-1)\frac{S}{\sqrt{n}},\ \ \overline{X}+t_{\frac{\alpha}{2}}(n-1)\frac{S}{\sqrt{n}}\right).$$

区间长度为

$$L=2t_{\frac{\alpha}{2}}(n-1)\frac{S}{\sqrt{n}},$$

当 $1-\alpha$ 减少时, $t_{\frac{\alpha}{2}}(n-1)$ 减少, 故区间长度变短, 选 (B).

【例 4】 设总体 $X\sim N(\mu,8)$, μ 为未知参数, $X_1,X_2,\cdots,X_{32}$ 是取自总体 X 的一个简单随机样本, 如果以区间 $(\overline{X}-1,\overline{X}+1)$ 作为 μ 的置信区间, 则置信水平 =________.

【注】 精确到 3 位小数, 参考数值: $\Phi(2)=0.977,\Phi(3)\approx 0.999,\Phi(4)\approx 1$.　□□□

【解析】 由题设, σ^2 已知, 求 μ 的置信区间, 随机变量 $\overline{X}\sim N\left(\mu,\dfrac{8}{32}\right)=N\left(\mu,\dfrac{1}{4}\right)$, 则

$$P\left\{\overline{X}-1<\mu<\overline{X}+1\right\}=P\left\{-1<\overline{X}-\mu<1\right\}$$

$$=P\left\{-\frac{1}{\sqrt{\frac{1}{4}}}<\frac{\overline{X}-\mu}{\sqrt{\frac{1}{4}}}<\frac{1}{\sqrt{\frac{1}{4}}}\right\}=\Phi(2)-\Phi(-2)=2\Phi(2)-1=0.954.$$

【例 5】 从正态总体 $N(3.4,6^2)$ 中抽取容量为 n 的样本, 如果要求其样本均值位于区间 $(1.4,5.4)$ 内的概率不小于 0.95, 问样本容量 n 至少应取多大?　□□□

附表: 标准正态分布表

$$\Phi(z)=\int_{-\infty}^{z}\frac{1}{\sqrt{2\pi}}\mathrm{e}^{-\frac{t^2}{2}}\mathrm{d}t$$

z	1.28	1.645	1.96	2.33
$\Phi(z)$	0.900	0.950	0.975	0.990

【解析】 以 $\overline{X}$ 表示该样本均值, 则

$$\frac{\overline{X}-3.4}{6}\sqrt{n}\sim N(0,1),$$

从而有

$$P\left\{1.4<\overline{X}<5.4\right\}=P\left\{-2<\overline{X}-3.4<2\right\}$$

$$= P\left\{\left|\overline{X} - 3.4\right| < 2\right\} = P\left\{\frac{\left|\overline{X} - 3.4\right|}{6}\sqrt{n} < \frac{\left|2\sqrt{n}\right|}{6}\right\}$$
$$= 2\Phi\left(\frac{\sqrt{n}}{3}\right) - 1 \geqslant 0.95,$$

故
$$\Phi\left(\frac{\sqrt{n}}{3}\right) \geqslant 0.975.$$

由此得 $\dfrac{\sqrt{n}}{3} \geqslant 1.96$, 解得 $n \geqslant (1.96 \times 3)^2 \approx 34.57$, 所以 n 至少应取 35.

【例 6】 假设 0.50, 1.25, 0.80, 2.00 是来自总体 X 的简单随机样本值, 已知 $Y = \ln X$ 服从正态分布 $N(\mu, 1)$.

(Ⅰ) 求 X 的数学期望 EX(记 EX 为 b);

(Ⅱ) 求 μ 的置信度为 0.95 的置信区间;

(Ⅲ) 利用上述结果求 b 的置信度为 0.95 的置信区间. □□□

【解析】 (Ⅰ) Y 的概率密度为

$$f(y) = \frac{1}{\sqrt{2\pi}} \mathrm{e}^{-\frac{(y-\mu)^2}{2}}, -\infty < y < +\infty.$$

于是, 令 $t = y - \mu$,

$$b = EX = E\mathrm{e}^Y = \frac{1}{\sqrt{2\pi}} \int_{-\infty}^{+\infty} \mathrm{e}^y \mathrm{e}^{-\frac{(y-\mu)^2}{2}} \mathrm{d}y$$
$$= \frac{1}{\sqrt{2\pi}} \int_{-\infty}^{+\infty} \mathrm{e}^{t+\mu} \mathrm{e}^{-\frac{t^2}{2}} \mathrm{d}y = \mathrm{e}^{\mu+\frac{1}{2}} \int_{-\infty}^{+\infty} \frac{1}{\sqrt{2\pi}} \mathrm{e}^{-\frac{(t-1)^2}{2}} \mathrm{d}y$$
$$= \mathrm{e}^{\mu+\frac{1}{2}}.$$

(Ⅱ) 当置信度为 $1-\alpha = 0.95$ 时, $\alpha = 0.05$. 标准正态分布的水平为 $\alpha = 0.05$ 的双侧分位数等于 1.96. 故由 $\overline{Y} \sim N\left(\mu, \dfrac{1}{4}\right)$, 可得

$$P\left\{\overline{Y} - 1.96 \times \frac{1}{\sqrt{4}} < \mu < \overline{Y} + 1.96 \times \frac{1}{\sqrt{4}}\right\} = 0.95,$$

其中 $\overline{Y} = \dfrac{1}{4}(\ln 0.5 + \ln 0.8 + \ln 1.25 + \ln 2) = \dfrac{1}{4}\ln 1 = 0$. 于是有

$$P\{-0.98 < \mu < 0.98\} = 0.95,$$

从而 $(-0.98, 0.98)$ 就是 μ 的置信度为 0.95 的置信区间.

(Ⅲ) 由 e^x 的递增性, 可见

$$0.95 = P\left\{-0.48 < \mu + \frac{1}{2} < 1.48\right\} = P\left\{\mathrm{e}^{-0.48} < \mathrm{e}^{\mu+\frac{1}{2}} < \mathrm{e}^{1.48}\right\},$$

因此 b 的置信度为 0.95 的置信区间为 $(\mathrm{e}^{-0.48}, \mathrm{e}^{1.48})$.

二、假设检验 (仅数学一)

1. 假设检验的思想

为了对总体的分布类型或者分布中的参数做出推断, 首先对它提出一个假设 H_0, 然后在 H_0 为真的条件下, 选取恰当的统计量来构造一个小概率事件, 若在一次试验中, 小概率事件居然发生了, 与小概率原理矛盾, 就有充分的理由拒绝原假设 H_0, 否则没有充分理由拒绝原假设 H_0, 从而接受原假设.

2. 原假设 (零假设)

关于总体分布中未知参数所提出的假设称为原假设 (或零假设), 记为 H_0. 对立于原假设的假设称为对立假设或备择假设, 记为 H_1.

3. 两类错误

(1) 第一类错误 (弃真错误): 样本观察值落入拒绝域而做出拒绝实际为真的假设 H_0, 称为弃真错误或第一类错误.

(2) 第二类错误 (纳伪错误): 样本观察值落入接受域而做出的接受实际为假的假设 H_0, 称为纳伪错误或第二类错误.

4. 显著性检验

在给定样本容量的情况下, 我们总是控制出现第一类错误的概率, 使它不大于给定的常数 $\alpha(0<\alpha<1)$, 这种检验问题统称为显著性检验问题, 给定的 α 称为显著性水平, 通常取 $\alpha=0.1, 0.05, 0.01, 0.001$.

【规律总结】 显著性检验的解题步骤.

(1) 根据问题要求, 提出原假设 H_0 和备择 (对立) 假设 H_1.

(2) 确定显著性水平 α 及样本容量 n.

(3) 确定检验统计量及拒绝域形式.

(4) 按照出现第一类错误的概率等于 α, 求出拒绝域 W.

(5) 根据样本观测值, 计算检验统计量 T 的观测值 t. 当 $t\in W$ 时, 拒绝原假设 H_0 接受备择假设 H_1. 否则, 接受原假设 H_0, 拒绝备择假设 H_1.

【名师点睛】 一般情况下, 拒绝域是人为构造的一个对应于小概率的区域, 由于一个小概率事件在一次试验中几乎不可能发生. 因此, 若只做一次试验, 结果就发生了, 则有理由相信原假设有问题, 从而拒绝原假设, 接受备择假设.

5. 正态总体参数的假设检验

设显著性水平为 α 单个正态总体为 $N(\mu,\sigma^2)$ 的参数的假设检验以及两个正态总体 $N(\mu_1,\sigma_1^2)$ 与 $N(\mu_2,\sigma_2^2)$ 的 $\mu_1-\mu_2$ 和 $\sigma_1^2-\sigma_2^2$ 的假设检验, 列表如下:

检验参数	情形	假设		检验统计量	H_0 为真时检验统计量的分布	拒绝域
		H_0	H_1			
μ	σ^2 已知	$\mu=\mu_0$	$\mu\neq\mu_0$	$U=\dfrac{\overline{X}-\mu_0}{\frac{\sigma}{\sqrt{n}}}$	$N(0,1)$	$\|U\|\geqslant u_{\frac{\alpha}{2}}$
		$\mu\leqslant\mu_0$	$\mu>\mu_0$			$U\geqslant u_\alpha$
		$\mu\geqslant\mu_0$	$\mu<\mu_0$			$U\leqslant -u_\alpha$
	σ^2 未知	$\mu=\mu_0$	$\mu\neq\mu_0$	$T=\dfrac{\overline{X}-\mu_0}{\frac{S}{\sqrt{n}}}$	$t(n-1)$	$\|T\|\geqslant t_{\frac{\alpha}{2}}(n-1)$
		$\mu\leqslant\mu_0$	$\mu>\mu_0$			$T\geqslant t_\alpha(n-1)$
		$\mu\geqslant\mu_0$	$\mu<\mu_0$			$T\leqslant -t_\alpha(n-1)$
σ^2	μ 已知	$\sigma^2=\sigma_0^2$	$\sigma^2\neq\sigma_0^2$	$\chi^2=\dfrac{1}{\sigma_0^2}\sum\limits_{i=1}^{n}(X_i-\mu)^2$	$\chi^2(n)$	$\chi^2\leqslant\chi^2_{1-\frac{\alpha}{2}}(n)$ 或 $\chi^2\geqslant\chi^2_{\frac{\alpha}{2}}(n)$
		$\sigma^2\leqslant\sigma_0^2$	$\sigma^2>\sigma_0^2$			$\chi^2\geqslant\chi^2_\alpha(n)$
		$\sigma^2\geqslant\sigma_0^2$	$\sigma^2<\sigma_0^2$			$\chi^2\leqslant\chi^2_{1-\alpha}(n)$
	μ 未知	$\sigma^2=\sigma_0^2$	$\sigma^2\neq\sigma_0^2$	$\chi^2=\dfrac{(n-1)S^2}{\sigma_0^2}$	$\chi^2(n-1)$	$\chi^2\geqslant\chi^2_{1-\frac{\alpha}{2}}(n-1)$ 或 $\chi^2\geqslant\chi^2_{\frac{\alpha}{2}}(n-1)$
		$\sigma^2\leqslant\sigma_0^2$	$\sigma^2>\sigma_0^2$			$\chi^2\geqslant\chi^2_\alpha(n-1)$
		$\sigma^2\geqslant\sigma_0^2$	$\sigma^2<\sigma_0^2$			$\chi^2\leqslant\chi^2_{1-\alpha}(n-1)$
$\mu_1-\mu_2$	σ_1^2,σ_2^2 已知	$\mu_1-\mu_2=\mu_0$	$\mu_1-\mu_2\neq\mu_0$	$U=\dfrac{X-Y-\mu_0}{\sqrt{\frac{\sigma_1^2}{n_1}+\frac{\sigma_2^2}{n_2}}}$	$N(0,1)$	$\|U\|\geqslant u_{\frac{\alpha}{2}}$
		$\mu_1-\mu_2\leqslant\mu_0$	$\mu_1-\mu_2>\mu_0$			$U\geqslant u_\alpha$
		$\mu_1-\mu_2\geqslant\mu_0$	$\mu_1-\mu_2<\mu_0$			$U\leqslant -u_\alpha$
	σ_1^2,σ_2^2 未知，但 $\sigma_1^2=\sigma_2^2$	$\mu_1-\mu_2=\mu_0$	$\mu_1-\mu_2\neq\mu_0$	$T=\dfrac{X-Y-\mu_0}{S_\omega\sqrt{\frac{1}{n_1}+\frac{1}{n_2}}}$	$t(n_1+n_2-2)$	$\|T\|\geqslant t_{\frac{\alpha}{2}}(n_1+n_2-2)$
		$\mu_1-\mu_2\leqslant\mu_0$	$\mu_1-\mu_2>\mu_0$			$T\geqslant t_\alpha(n_1+n_2-2)$
		$\mu_1-\mu_2\geqslant\mu_0$	$\mu_1-\mu_2<\mu_0$			$T\leqslant -t_\alpha(n_1+n_2-2)$
$\sigma_1^2=\sigma_2^2$	μ_1,μ_2 未知	$\sigma_1^2=\sigma_2^2$	$\sigma_1^2\neq\sigma_2^2$	$F=\dfrac{n_2\sum\limits_{i=1}^{n_1}(X_i-\mu_1)^2}{n_1\sum\limits_{i=1}^{n_1}(X_j-\mu_2)^2}$	$F(n_1,n_2)$	$F\leqslant F_{1-\frac{\alpha}{2}}(n_1,n_2)$ 或 $F\geqslant F_{\frac{\alpha}{2}}(n_1,n_2)$
		$\sigma_1^2\leqslant\sigma_2^2$	$\sigma_1^2>\sigma_2^2$			$F\geqslant F_\alpha(n_1,n_2)$
		$\sigma_1^2\geqslant\sigma_2^2$	$\sigma_1^2<\sigma_2^2$			$F\leqslant F_{1-\alpha}(n_1,n_2)$
	μ_1,μ_2 未知	$\sigma_1^2=\sigma_2^2$	$\sigma_1^2\neq\sigma_2^2$	$F=\dfrac{S_1^2}{S_2^2}$	$F(n_1-1,n_2-1)$	$F\leqslant F_{1-\frac{\alpha}{2}}(n_1-1,n_2-1)$ 或 $F\geqslant F_{\frac{\alpha}{2}}(n_1-1,n_2-1)$
		$\sigma_1^2\leqslant\sigma_2^2$	$\sigma_1^2>\sigma_2^2$			$F\geqslant F_\alpha(n_1-1,n_2-1)$
		$\sigma_1^2\geqslant\sigma_2^2$	$\sigma_1^2<\sigma_2^2$			$F\leqslant F_{1-\alpha}(n_1-1,n_2-1)$

其中，$S_\omega=\sqrt{\dfrac{(n_1-1)S_1^2+(n_2-1)S_2^2}{n_1+n_2-2}}$.

题型2 假设检验

【例 1】 设$X_1,X_2,\cdots,X_n$ 是来自正态总体 $N(\mu,\sigma^2)$ 的简单随机样本，其中参数 μ 和

σ^2 未知, 记 $\overline{X}=\dfrac{1}{n}\sum\limits_{i=1}^{n}X_i, Q^2=\sum\limits_{i=1}^{n}(X_i-\overline{X})^2$, 则假设 $H_0:\mu=0$ 的 t 检验应使用统计量 $t=$________.　□□□

【解析】 统计量 t 的定义为: $t=\dfrac{\overline{X}-\mu}{S/\sqrt{n}}$, 这里 $\mu=0, S^2=\dfrac{1}{n-1}\sum\limits_{i=1}^{n}(X_i-\overline{X})^2=\dfrac{1}{n-1}Q^2$, 代入统计量 t 得

$$t=\frac{\overline{X}-0}{\dfrac{Q/\sqrt{n-1}}{\sqrt{n}}}=\frac{\overline{X}}{Q}\sqrt{n(n-1)}.$$

【例 2】 设总体 X 服从正态分布 $N(\mu,\sigma^2)$, 方差 σ^2 已知, 给定样本 $X_1,X_2,\cdots,X_n$, 对总体均值 μ 进行检验, 令 $H_0:\mu=\mu_0, H_1:\mu\neq\mu_0$, 则 (　　).

(A) 若显著性水平 $\alpha=0.05$ 时拒绝 H_0, 则 $\alpha=0.01$ 时也拒绝 H_0.

(B) 若显著性水平 $\alpha=0.05$ 时接受 H_0, 则 $\alpha=0.01$ 时拒绝 H_0.

(C) 若显著性水平 $\alpha=0.05$ 时拒绝 H_0, 则 $\alpha=0.01$ 时接受 H_0.

(D) 若显著性水平 $\alpha=0.05$ 时接受 H_0, 则 $\alpha=0.01$ 时也接受 H_0.　□□□

【解析】 若显著性水平 $\alpha=0.05$ 时, 在方差 σ^2 已知时, 接受域为

$$\left(\overline{X}-u_{0.025}\frac{\sigma}{\sqrt{n}},\ \overline{X}+u_{0.025}\frac{\sigma}{\sqrt{n}}\right),$$

因为 $u_{0.025}<u_{0.005}$, 故在显著水平 $\alpha=0.01$ 时接受域为

$$\left(\overline{X}-u_{0.005}\frac{\sigma}{\sqrt{n}},\ \overline{X}+u_{0.005}\frac{\sigma}{\sqrt{n}}\right),$$

故选 (D).

【例 3】 显著性假设检验中的第二类错误指的是 (　　).

(A) H_0 为真, 检验结果是拒绝 H_0.　(B) H_0 为假, 检验结果是接受 H_0.

(C) H_1 为真, 检验结果是拒绝 H_1.　(D) H_1 为假, 检验结果是接受 H_1.　□□□

【解析】 由第二类错误定义为纳伪的错误, 选 (B).

【例 4】 设某次考试的学生成绩服从正态分布, 从中随机地抽取 36 位考生的成绩, 算得平均成绩为 66.5 分, 标准差为 15 分, 问在显著性水平 0.05 下, 是否可以认为这次考试全体考生的平均成绩为 70 分? 并给出检验过程.

附表: 分布表

$$P\{t(n)\leqslant t_p(n)\}=p.$$

n \ $t_p(n)$ \ p	0.95	0.975
35	1.6896	2.0301
36	1.6883	2.0281

□□□

【解析】 设该次考试的考生成绩为 X, 则 $X\sim N(\mu,\sigma^2)$. 把从 X 中抽取的容量为 n 的样本均值记为 $\overline{X}$, 样本标准差记为 S. 本题是在显著性水平 $\alpha=0.05$ 下检验假设

$$H_0:\mu=70:H_1:\mu\neq70,$$

拒绝域为

$$|t| = \frac{|\overline{X} - 70|}{s}\sqrt{n} \geqslant t_{1-\frac{\alpha}{2}}(n-1)$$

由 $n = 36, \overline{x} = 66.5, s = 15, t_{0.975}(36-1) = 2.0301$, 算得

$$|t| = \frac{|66.5 - 70|\sqrt{36}}{15} = 1.4 < 2.0301$$

所以接受假设 $H_0: \mu = 70$, 即在显著性水平 0.05 下, 可以认为这次考试全体考生的平均成绩为 70 分.